U0799509

高水平地方应用型大学建设系列教材

化工原理课程设计

（下册）

朱 晟　辛志玲　张 萍　编著

北 京
冶 金 工 业 出 版 社
2022

内 容 提 要

本书是高等院校化工原理课程设计的教学用书。本书旨在培养学生化工单元操作基本设计技能，树立工程设计理念，提升学生运用化工原理知识分析解决工程实际问题的能力，达到学以致用的目的。

本书共12章，分上、下两册出版。下册共6章，包括板式塔的工艺设计、板式塔的结构设计、利用 Aspen Plus 进行板式塔设计、填料塔的工艺设计、填料塔的结构设计、利用 Aspen Plus 进行填料塔设计。

本书内容体系完整，论述翔实，注重实践，将理论知识、现代设计方法和工程实例三者有机结合，不仅可作为高等院校化工及相关专业的化工原理课程设计和化工设计课程设计教材，也可供化工及相关专业从事科研、设计和生产的技术人员参考。

图书在版编目(CIP)数据

化工原理课程设计．下册/朱晟，辛志玲，张萍编著．—北京：冶金工业出版社，2022.3

高水平地方应用型大学建设系列教材

ISBN 978-7-5024-9083-6

Ⅰ.①化… Ⅱ.①朱… ②辛… ③张… Ⅲ.①化工原理—课程设计—高等学校—教材 Ⅳ.①TQ02－41

中国版本图书馆 CIP 数据核字(2022)第 038640 号

化工原理课程设计（下册）

出版发行 冶金工业出版社　　**电　　话** (010)64027926
地　　址 北京市东城区嵩祝院北巷 39 号　　**邮　　编** 100009
网　　址 www.mip1953.com　　**电子信箱** service@mip1953.com

责任编辑 王 双 程志宏 美术编辑 彭子赫 版式设计 郑小利
责任校对 范天娇 责任印制 李玉山
北京印刷集团有限责任公司印刷
2022 年 3 月第 1 版，2022 年 3 月第 1 次印刷
787mm × 1092mm 1/16；12 印张；288 千字；357 页
定价 45.00 元

投稿电话 (010)64027932 投稿信箱 tougao@cnmip.com.cn
营销中心电话 (010)64044283
冶金工业出版社天猫旗舰店 yjgycbs.tmall.com
(本书如有印装质量问题，本社营销中心负责退换)

《高水平地方应用型大学建设系列教材》序

应用型大学教育是高等教育结构中的重要组成部分。高水平地方应用型高校在培养复合型人才、服务地方经济发展以及为现代产业体系提供高素质应用型人才方面越来越显现出不可替代的作用。2019 年，上海电力大学获批上海市首个高水平地方应用型高校建设试点单位，为学校以能源电力为特色，着力发展清洁安全发电、智能电网和智慧能源管理三大学科，打造专业品牌，增强科研层级，提升专业水平和服务能力提出了更高的要求和发展的动力。清洁安全发电学科汇聚化学工程与工艺、材料科学与工程、材料化学、环境工程、应用化学、新能源科学与工程、能源与动力工程等专业，力求培养出具有创新意识、创新性思维和创新能力的高水平应用型建设者，为煤清洁燃烧和高效利用、水质安全与控制、环境保护、设备安全、新能源开发、储能系统、分布式能源系统等产业，输出合格应用型优秀人才，支撑国家和地方先进电力事业的发展。

教材建设是搞好应用型特色高校建设非常重要的方面。以往应用型大学的本科教学主要使用普通高等教育教学用书，实践证明并不适应在应用型高校教学使用。由于密切结合行业特色及新的生产工艺以及与先进教学实验设备相适应且实践性强的教材稀缺，迫切需要教材改革和创新。编写应用性和实践性强及有行业特色教材，是提高应用型人才培养质量的重要保障。国外一些教育发达国家的基础课教材涉及内容广、应用性强，确实值得我国应用型高校教材编写出版借鉴和参考。

为此，上海电力大学和冶金工业出版社合作共同组织了高水平地方应用型大学建设系列教材的编写，包括课程设计、实践与实习指导、实验指导等各类型的教学用书，首批出版教材 18 种。教材的编写将遵循应用型高校教学特色、学以致用、实践教学的原则，既保证教学内容的完整性、基础性，又强调其应用性，突出产教融合，将教学和学生专业知识和素质能力提升相结合。

本系列教材的出版发行，对于我校高水平地方应用型大学的建设、高素质应用型人才培养具有十分重要的现实意义，也将为教育综合改革提供示范素材。

上海电力大学校长 李和兴

2020 年 4 月

前 言

化工原理课程设计是化工及相关专业化工原理实践教学的重要环节。该课程既是对化工原理课程理论知识的巩固和应用，又是对先修课程所学知识的一次综合实训，是理论联系实际的桥梁，是使学生体察实际工程问题的复杂性、学习化工设计基本知识的初次尝试。通过课程设计，培养学生化工单元操作基本设计技能，树立工程设计理念，提升学生运用化工原理知识分析解决工程实际问题的能力，达到学以致用的目的。

作为教学用书，本书根据化工原理课程教学体系的基本要求，结合作者多年教授“化工原理课程设计”的体会和指导全国大学生化工设计竞赛的经验，在参阅了最新同类教材的基础上编写而成。绪论部分阐述了课程设计的一般概念、内容、步骤和要求。基础知识部分由设计计算基础和绘图基本知识组成。典型化工单元操作部分详细介绍了管壳式换热器、板式塔、填料塔及其辅助设备的选型和设计，每种单元设备的设计均包含工艺设计、结构设计和现代设计方法应用三方面内容。所有介绍的单元操作过程均有设计示例，以便于读者自学。本书力求系统性、完整性和实用性，相关章节和附录均附有设计所需的大量公式、图表和数据，试图使学生在有限的设计时间内抛开繁琐的参考资料查阅过程。在内容上对主体设备的结构设计进行了强化，将以往两个原本相互依存却彼此独立的化工原理课程设计和化工机械基础课程设计结合起来，使之形成一个有机的整体，并在相应章节中融入了化工制图的内容。此外，我们还参照全国大学生化工设计竞赛的标准和要求，在物性分析、单元设备的计算与优化、设计与校核中引入了 Aspen Plus 和 Aspen Exchanger Design & Rating（Aspen EDR）等计算机模拟软件进行计算与设计，充分体现了现代设计方法在化工原理课程设计中的应用，是对高校化工类专业化工原理课程设计教学改革的有益探索。

本书可作为高等院校化工及相关专业的化工原理课程设计和化工设计课程设计教材，也可供化工及相关专业从事科研、设计和生产的技术人员参考。

本书的编写得到了上海电力大学高水平地方应用型大学建设项目的资助以及环境与化学工程学院领导和同事的大力支持，在此表示衷心感谢。同时还要对本书所列参考文献的作者表示诚挚的谢意。

由于编者水平有限，经验不足，书中疏漏和不妥之处，恳请读者批评指正。

编著者

2019 年 10 月

目　　录

7　板式塔的工艺设计 …… 179

7.1　板式塔的类型 …… 181

7.1.1　泡罩塔板 …… 181

7.1.2　筛孔塔板 …… 182

7.1.3　浮阀塔板 …… 182

7.1.4　喷射型塔板 …… 183

7.2　设计方案的确定 …… 185

7.2.1　板式塔结构类型的选择 …… 185

7.2.2　精馏方式的选择 …… 186

7.2.3　装置流程的确定 …… 186

7.2.4　操作条件的确定 …… 187

7.3　板式塔的工艺计算 …… 187

7.3.1　工艺计算的基本步骤 …… 187

7.3.2　塔体的工艺计算 …… 188

7.3.3　塔板的工艺计算 …… 192

7.3.4　塔板的流体力学校核 …… 201

7.3.5　塔板的负荷性能图 …… 208

7.3.6　板式塔工艺计算示例 …… 210

7.4　辅助设备的设计 …… 225

7.4.1　传热设备 …… 225

7.4.2　容器、管道和泵 …… 227

8　板式塔的结构设计 …… 229

8.1　塔体结构 …… 229

8.1.1　塔顶空间 …… 229

8.1.2　塔底空间 …… 229

8.1.3　进料板处板间距 …… 230

8.1.4　塔体总高度 …… 230

8.2　塔板结构 …… 231

8.2.1　整块式塔板 …… 231

8.2.2 分块式塔板 …… 234
8.2.3 塔板上的浮阀 …… 237
8.2.4 溢流装置 …… 238
8.3 塔附件结构 …… 240
8.3.1 进、出口接管 …… 240
8.3.2 除沫装置 …… 245
8.3.3 裙座 …… 246
8.3.4 人孔和手孔 …… 247
8.3.5 吊柱 …… 248

9 利用 Aspen Plus 进行板式塔设计 …… 249

10 填料塔的工艺设计 …… 278

10.1 填料的类型 …… 278
10.1.1 散装填料 …… 278
10.1.2 规整填料 …… 280
10.2 设计方案的确定 …… 281
10.2.1 填料的选择 …… 281
10.2.2 装置流程的确定 …… 284
10.2.3 吸收剂和吸收方法的选择 …… 286
10.2.4 操作条件的确定 …… 287
10.2.5 能量的合理利用 …… 287
10.3 填料塔的工艺计算 …… 288
10.3.1 工艺计算的基本步骤 …… 288
10.3.2 塔体的工艺计算 …… 288
10.3.3 塔内件的工艺计算 …… 296
10.3.4 填料塔的流体力学校核 …… 306
10.3.5 填料塔工艺计算示例 …… 310
10.4 辅助设备的设计 …… 315

11 填料塔的结构设计 …… 316

11.1 塔体结构 …… 316
11.2 塔内件结构 …… 317
11.2.1 液体分布器 …… 317
11.2.2 液体收集与再分布装置 …… 321
11.2.3 填料支承装置 …… 322
11.2.4 填料压紧与限位装置 …… 325
11.3 塔附件结构 …… 326

12　利用 Aspen Plus 进行填料塔设计 …… 327

附录 …… 350

附录 1　塔板结构参数系列化标准 …… 350
附录 2　常用散装填料特性参数 …… 353
附录 3　常用规整填料特性参数 …… 355

参考文献 …… 357

7 板式塔的工艺设计

塔设备是炼油、化工、制药等生产中最重要的设备之一。它可使气（或汽）液或液液两相之间进行紧密接触，达到相际传质和传热的目的。塔设备可完成的常见单元操作有精馏、吸收、解吸和萃取等。

在炼油厂和化工厂，塔设备的性能对整个装置的产品产量、质量、生产能力和消耗定额，以及三废处理和环境保护等各方面都有重大影响。据有关资料报道，塔设备的投资费用占整个工艺设备投资费用的比例高达30%，它所耗用的钢材在各类工艺设备中也较多。因此，塔设备的设计和研究受到了炼油和化工等行业的极大重视。

塔设备经过长期发展，形成了型式繁多的结构，以满足各方面的特殊需要，为便于研究和比较，可以从不同角度对塔设备进行分类。例如，按操作压力可分为加压塔、常压塔和减压塔；按单元操作可分为精馏塔、吸收塔、解吸塔、萃取塔和反应塔。但长期以来，最常用的分类是按塔内气液接触部件的结构形式，分为板式塔和填料塔两大类。

板式塔内设置一定数量的塔板，气体以鼓泡或喷射的形式穿过板上液层进行传质与传热。在正常操作状况下，气相为分散相，液相为连续相，气相组成呈阶梯变化，属逐级接触逆流操作过程。

填料塔内设置一定高度的填料层，液体自塔顶沿填料表面下流，气体逆流向上（有时也采用并流向下）流动，气液相密切接触进行传质与传热。在正常操作状况下，气相为连续相，液相为分散相，气相组成呈连续变化，属微分接触逆流操作过程。

为使塔设备具有优良的性能及满足生产的需要，通常要考虑以下几方面因素。

（1）生产能力大。即单位塔截面积可通过较大的气、液相流量，不会产生液泛等不正常流动。

（2）效率高。气、液两相在塔内流动时能保持充分的密切接触，具有较高的塔板效率或较大的传质速率。

（3）流动阻力小。流体通过塔设备的阻力小，可以节能、降低操作费用，在减压操作时易于达到规定的真空度。

（4）有一定的操作弹性。当气、液相流量有一定波动时，两相均能维持正常的流动，且不会使效率产生较大的变化。

（5）结构简单，造价低，安装检修方便。

（6）能满足某些特殊物性要求，如腐蚀性、热敏性、起泡性等。

根据上述要求，板式塔与填料塔的性能比较见表7-1。

表 7-1 板式塔与填料塔的性能比较

项 目	板 式 塔	填 料 塔
生产能力	塔板开孔率一般占塔截面积的 7% ~13%，单位塔截面积上的生产能力低	塔内件的开孔率通常在 50% 以上，而填料层的空隙率则超过 90%，液泛点较高，单位塔截面积上的生产能力高
分离效率	常用板式塔每米理论级不超过 2 级，在减压、常压和低压（压力小于 0.3MPa）下操作，效率明显不及填料塔，在高压下操作，效率略高于填料塔	常用填料塔每米理论级为 2 ~ 8 级，在减压、常压和低压（压力小于 0.3MPa）下操作，效率明显优于板式塔，在高压下操作，效率略低于板式塔
塔压降	每个理论级压降为 0.4 ~1.1kPa	每个理论级压降为 0.01 ~0.3kPa
操作弹性	操作弹性受塔板液泛和液漏的限制，设计良好的板式塔操作弹性比填料塔要大得多	操作弹性取决于填料的润湿性能和塔内件的设计，当液相负荷过小时，即使液体分布器设计很合理，也难以确保填料表面充分润湿，液相负荷过大时，容易产生液流，操作弹性比板式塔小
持液量	为塔体积的 8% ~12%	为塔体积的 1% ~6%
液气比	液气比适应范围较宽，小液气比时填料可能润湿不良，多采用板式塔	液气比适应范围较窄，大液气比时填料塔气液通过能力高，多采用填料塔
材质要求	一般用金属材料制作	可用非金属耐腐蚀材料制作
结构与制造	结构相对复杂，制造不便	结构相对简单，制造容易
安装、维修与清洗	较方便	较不便
造价	直径大于 800mm 时比填料塔造价低	直径小于 800mm 时比板式塔便宜，直径增大造价显著增加
重量	较轻	较重

由表 7-1 可知，优先选用板式塔的场合如下所述。

（1）负荷波动较大。板式塔操作弹性大，易于稳定，对进料浓度变化也不敏感。

（2）易聚合、结晶、结垢或含固体颗粒的物系。板式塔不易堵塞，且清洗和检修也比填料塔方便。

（3）有明显的吸热或放热效应的物系。板式塔持液量大，塔内温度变化小。

（4）需要设置内部换热元件如蛇管、多股进料或侧线出料。板式塔的结构易于实现，而填料塔因涉及液体均布的问题，使结构复杂化。

（5）高压操作。生产实践表明，高压操作仍多采用板式塔，因为在高压时，塔内液气比过大，以及由于气相返混剧烈等原因，应用填料塔时分离效果往往不佳。

优先选用填料塔的场合如下所述。

（1）分离要求高。填料塔可有效降低塔高，节省投资费用。

（2）腐蚀性物系。填料可采用耐腐蚀性好的非金属材料。

（3）热敏性物系。填料塔的压降低，适合热敏性物料的减压操作，同时持液量小，物料在塔内停留时间短，不易分解破坏。

（4）起泡性物系。填料对泡沫有限制和破碎的作用，而板式塔则容易导致过度的液沫夹带，甚至淹塔。

对多数气液逆流接触过程，板式塔和填料塔都适用，设计者应根据具体情况综合考虑，选取适宜的塔型。本书从第 7 章到第 9 章将以精馏过程为例，介绍板式塔的设计。

7.1　板式塔的类型

板式塔按塔板的不同大致可分为两类：一类是有降液管式塔板，如泡罩塔板、筛孔塔板、浮阀塔板、导向筛板、新型垂直筛板、舌形塔板、弓形塔板、多降液管塔板等；另一类是无降液管式塔板，如穿流式筛板、穿流式波纹板等。在工业生产中，以有降液管式塔板应用最为广泛，此处只讨论有降液管式塔板。

7.1.1　泡罩塔板

泡罩塔板是工业上应用最早的塔板，其结构如图 7-1 所示。它主要由升气管和泡罩构成。泡罩安装在升气管的顶部，分圆形和条形两种，应用较多的是圆形泡罩。泡罩有 ϕ80mm、ϕ100mm 和 ϕ150mm 三种尺寸，可根据塔径大小选择。通常塔径小于 1000mm 选用 ϕ80mm 的泡罩；塔径大于 2000mm 选用 ϕ150mm 的泡罩。泡罩的下部周边开有很多齿缝，齿缝一般为三角形、矩形或梯形。泡罩在塔板上为正三角形排列。

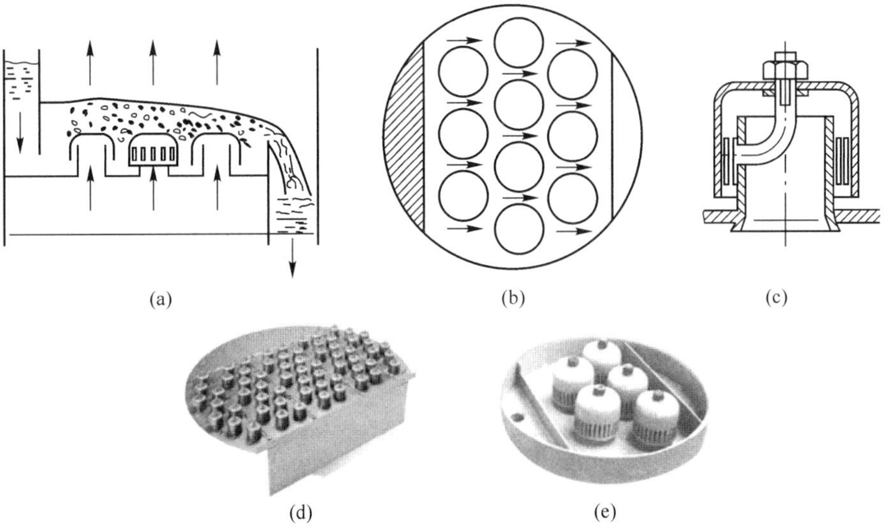

图 7-1　泡罩塔板结构

（a）泡罩塔盘操作示意图；（b）泡罩塔盘平面图；（c）圆形泡罩结构图；

（d）泡罩塔盘实物图；（e）圆形泡罩实物图

操作时，液体横向流过塔板，靠溢流堰保持板上有一定厚度的液层，齿缝浸没于液层之中而形成液封。升气管的顶部应高于泡罩齿缝的上沿，以防止液体从中漏下。上升气体通过齿缝进入液层时，被分散成许多细小的气泡或流股，在板上形成鼓泡层，为气液两相的传热和传质提供大量的界面。

泡罩塔板的优点是操作弹性较大，在负荷变化较大时仍能保持较高的分离效率，无泄漏，不易堵塞，能适应多种介质，稳定可靠。缺点是结构复杂，造价高，板上液层厚，压降大，生产能力及板效率较低。泡罩塔板已逐渐被筛板、浮阀塔板所取代，在新建塔设备中已很少采用。

7.1.2 筛孔塔板

筛孔塔板简称筛板，其结构如图7-2所示。塔板上开有许多均匀的小孔，根据孔径的大小分为小孔径筛板（孔径为3~8mm）和大孔径筛板（孔径为10~25mm）两类。工业应用中以小孔径筛板为主，大孔径筛板多用于某些特殊场合（如分离黏度大、易结焦等物系）。筛孔在塔板上为正三角形排列。塔板上设置溢流堰，使板上能保持一定厚度的液层。

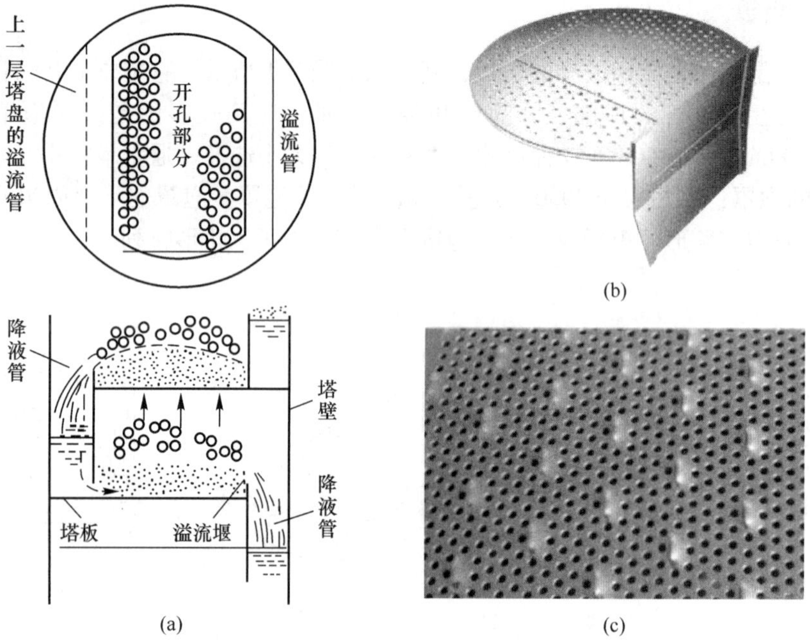

图7-2 筛板结构

（a）筛板塔盘上汽液接触状况示意图；（b）筛板塔盘整体实物图；（c）筛板塔盘局部图

操作时，液体从上一层塔板经降液管流下，横向流过塔板；气体经筛孔分散成小股气流，自下而上鼓泡通过液层，气液间密切接触而进行传热和传质。正常操作下，通过筛孔上升的气流应能阻止液体经筛孔向下泄漏。

筛板塔的优点是结构简单、造价低，板上液面落差小，气体压降低，生产能力大，气体分散均匀，传质效率高。缺点是操作弹性较小，筛孔小时容易堵塞。

筛板塔的设计和操作精度要求较高，若设计和操作不当，容易产生漏液，使分离效率下降，因此过去工业上应用较为谨慎。近年来，由于设计和控制水平的不断提高，可使筛板塔的操作非常精确，因此应用日趋广泛。

7.1.3 浮阀塔板

浮阀塔板是在泡罩塔板和筛板的基础上发展起来的，它吸收了两种塔板的优点，应用广泛。浮阀的类型很多，国内常用的有 F_1 型、V_4 型和 T 型等，其结构如图7-3所示。

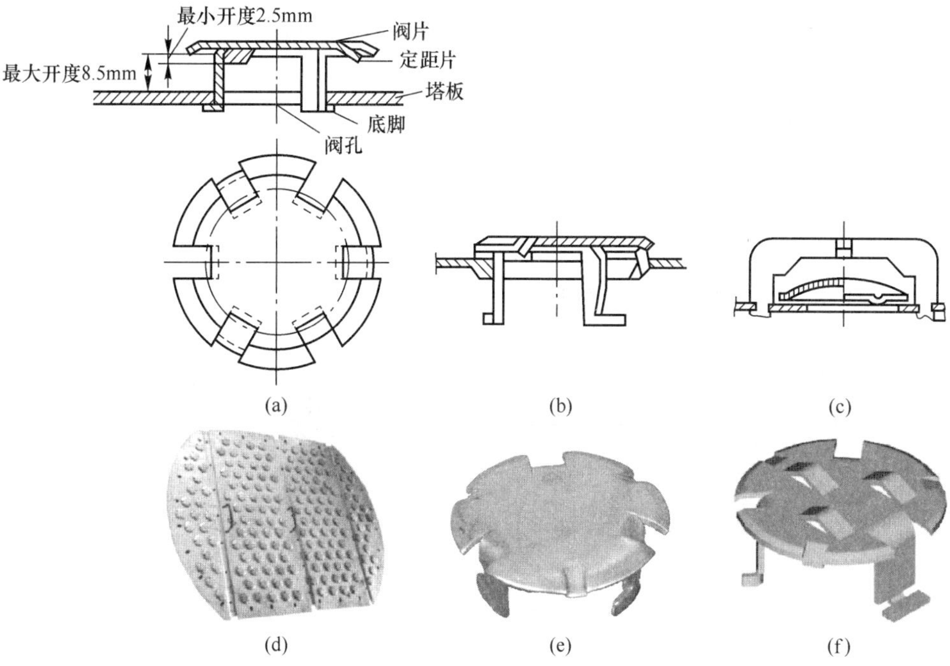

图 7-3 浮阀塔板结构

（a）F_1 型浮阀结构示意图；（b）V_4 型浮阀结构示意图；（c）T 型浮阀结构示意图；（d）F_1 型浮阀塔盘实物图；（e）F_1 型浮阀实物图；（f）ADV 型浮阀实物图

浮阀塔板的结构特点是在塔板上开有许多阀孔，每个阀孔装有一个可上下浮动的阀片，阀片本身连有几个阀腿，插入阀孔后将阀腿底脚拨转 90°，以限制阀片升起的最大高度，并防止阀片被气体吹走。阀片周边冲出几个略向下弯的定距片，当气速很低时，由于定距片的作用，阀片与塔板呈点接触而坐落在阀孔上，在一定程度上可防止阀片与板面的黏结。

操作时，由阀孔上升的气流经阀片与塔板间隙沿水平方向进入液层，增加了气液接触时间。浮阀开度随着气体负荷而变，在低气量时，开度较小，气体仍能以足够的气速通过缝隙，避免过多的漏液；在高气量时，阀片自动浮起，开度增大，使气速不致过大。有数据表明，浮阀塔在接近阀全开时的操作状态下传热、传质效果最好。

浮阀塔板的优点是结构简单，造价低，生产能力和操作弹性大，塔板效率较高。其缺点是处理高黏度、易结焦的物料时，阀片易与塔板黏结；在操作过程中有时会发生阀片脱落或卡死等现象，使塔板效率和操作弹性下降。

7.1.4 喷射型塔板

上述几种塔板，气体都是以鼓泡或泡沫状态和液体接触，当气体垂直向上穿过液层时，分散形成的液滴或泡沫具有一定的向上初速度。若气速过高，会造成较为严重的液沫夹带，使塔板效率下降，因而生产能力受到限制。近年发展起来的喷射型塔板克服了这一缺点。在喷射型塔板上，气体喷出方向与液体流动方向一致，充分利用气体的动能来促进两相间的接触。气体不再通过较深的液层而鼓泡，因而塔板压降降低，液沫夹带量减小，不仅提高了生产能力，而且可采用较大的气速，提高了生产能力。喷射型塔板大致有以下几种类型。

7.1.4.1　舌形塔板

舌形塔板结构如图 7-4 所示，塔板上冲出许多舌形孔，方向朝塔板液流出口侧张开。舌孔与板面成一定角度，有 18°、20°和 25°三种（一般为 20°），舌片尺寸有 50mm × 50mm 和 25mm × 50mm 两种。舌孔按正三角形排列，塔板的液流出口侧不设溢流堰，只保留降液管，降液管截面积比一般塔板设计得大些。

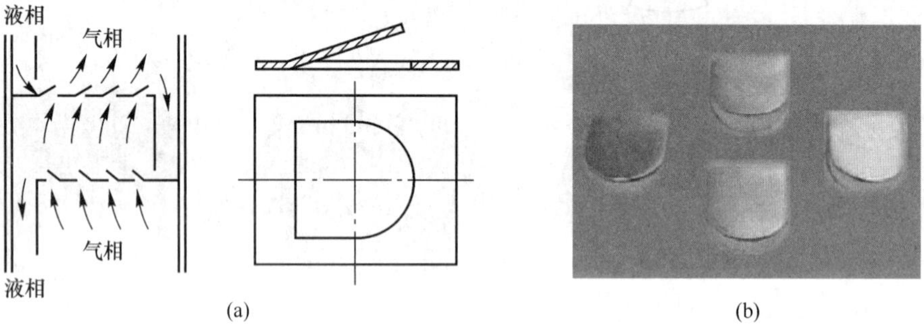

图 7-4　舌形塔板结构

（a）舌形塔板结构示意图；（b）舌形塔板结构实物图

操作时，上升的气流以较高的速度（可达 20 ~ 30m/s）沿舌片张角向斜上方喷出。从上层塔板降液管流出的液体，流过每排舌孔时，即被喷出的气流强烈扰动而形成液沫，被斜向喷射到液层上方，喷射的液流冲至降液管上方的塔壁后流入降液管中，流到下一层塔板。

舌形塔板的优点是生产能力大，塔板压降低，传质效率较高；缺点是操作弹性小，气体喷射作用易使降液管中的液体夹带气泡流到下层塔板，降低塔板效率。

7.1.4.2　浮舌塔板

为提高舌形塔板的操作弹性，将舌形塔板的固定舌片改为浮动舌片，即为浮舌塔板，结构如图 7-5 所示。浮舌塔板兼有浮阀塔板和固定舌形塔板的特点，具有处理能力大，压

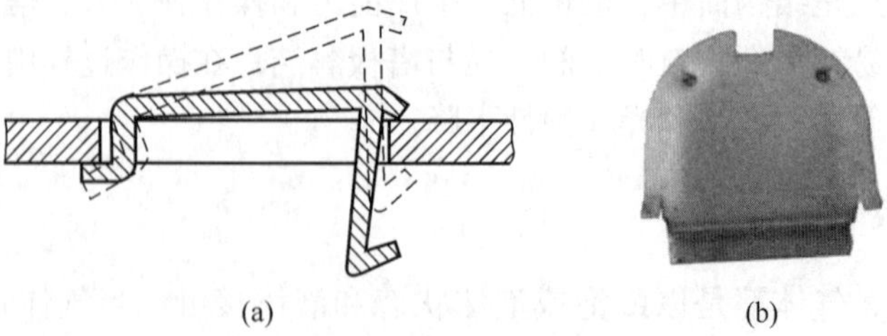

图 7-5　浮舌塔板结构

（a）浮舌塔板结构示意图；（b）浮舌塔板结构实物图

降低，操作弹性大，制造方便，效率较高等优点，特别适合于热敏性物系的减压分离过程。

7.1.4.3　斜孔塔板

斜孔塔板结构如图 7-6 所示。板上开有斜孔，孔口与板面成一定角度。斜孔的开口方向与液流方向垂直，同一排孔的孔口方向一致，相邻两排开孔方向相反，使相邻两排孔的气体向相反的方向喷出。这样，气流不会对喷又能相互牵制，既可得到水平方向较大的气速，又阻止了液沫夹带，使板面上液层低而均匀，气液两相不断分散和聚集，相接触良好，传质效率提高。

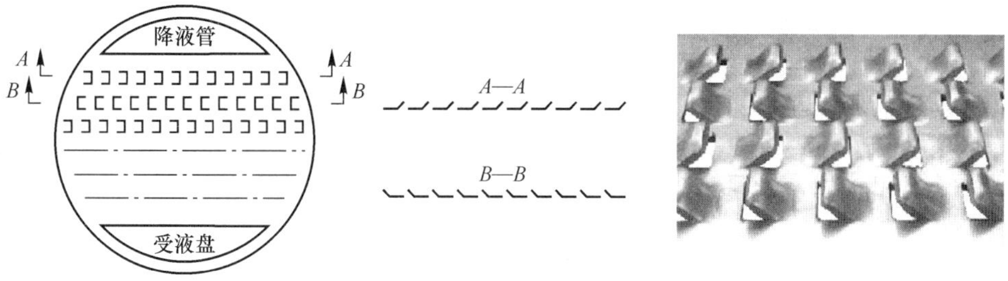

(a)　(b)

图 7-6　斜孔塔板结构

（a）斜孔塔板结构示意图；（b）斜孔塔板结构实物图

斜孔塔板克服了筛孔塔板、浮阀塔板和舌形塔板的某些缺点，其生产能力比浮阀塔板大 30% 左右，塔板效率与之相当，且结构简单，加工制造方便，压降较低，适合于大塔装置和减压操作，是一种性能优良的塔板。

7.2　设计方案的确定

确定设计方案是指确定设备结构、精馏方式、装置流程和一些操作指标，例如组分的分离顺序、操作压力、进料状况、塔顶蒸汽的冷凝方式及测量仪表的设置等。

确定设计方案的总原则是尽可能选用当前先进并且成熟的研究成果，使生产在满足安全的前提下，达到技术上先进、经济上合理，具体包括：（1）满足工艺和操作的要求；（2）满足经济上的要求；（3）保证安全生产、环保的要求。在化工原理课程设计中，对第一个原则应作较多考虑，对第二个原则作定性考虑，而对第三个原则仅作一般性思考。

7.2.1　板式塔结构类型的选择

不同类型的塔板，都各自具有某些独特的优点，也都存在一定的缺点。因此，任何一种塔型都难以完全满足对塔设备的所有要求，设计者只能根据被分离物系的性质和其他某几项主要的要求，通过分析比较，选取一种相对来说比较合适的结构类型。表 7-2 为主要塔板性能的量化比较，可作为选型时的参考。

表 7-2 主要塔板性能的量化比较

项 目	泡罩塔板	浮阀塔板	筛孔塔板	舌形塔板
生产能力	1.0	1.2～1.3	1.2～1.4	1.3～1.5
塔板效率	1.0	1.1～1.2	1.1	1.1
操作弹性	5	9	3	3
压降	1.0	0.6	0.5	0.8
结构	复杂	一般	简单	简单
成本	1.0	0.7～0.9	0.4～0.5	0.5～0.6

7.2.2 精馏方式的选择

精馏过程按操作方式的不同，可分为连续精馏和间歇精馏两种流程。连续精馏具有生产能力大、产品质量稳定等优点，工业生产中以连续精馏为主。间歇精馏具有操作灵活、适应性强等优点，适合小规模、多品种或多组分物系的初步分离。

7.2.3 装置流程的确定

精馏装置包括精馏塔、原料输送泵、预热器、塔顶冷凝器和塔釜再沸器等设备。

7.2.3.1 物料的储存和输送

在流程中应设置原料槽、产品槽和离心泵。原料可由泵直接送入塔内，也可通过高位槽送料，以免受泵操作波动的影响。为使过程连续稳定的进行，产品还需用泵送入下一工序。

7.2.3.2 参数的检测和调控

流量、温度和压力等是生产中的重要工艺参数，必须在流程中的适当位置装设仪表，以测量这些参数。

同时，在生产过程中，物流、加热剂或冷却剂的状态（流量、温度、压力）都不可避免存在一定程度的波动，因此必须在流程中设置一定的阀门（手动或自动）进行调节，以适应这些波动，保证产品达到规定的要求。

7.2.3.3 冷凝器和再沸器的选用

塔顶冷凝装置根据生产情况以决定采用分凝器或全凝器。塔顶分凝器对上升蒸汽虽有一定增浓作用，但在石油等工业中往往采用全凝器，以便准确地控制回流比。若后续装置使用气相物料，则宜用分凝器。

再沸器的结构形式有立式热虹吸式、卧式热虹吸式、强制循环式和釜式再沸器等。强制循环再沸器适用于进料黏度大或含有固体颗粒的情况，但操作费用高。当传热量较小时，可选用立式热虹吸式再沸器；当传热量较大时，可选用卧式热虹吸式再沸器。釜式再沸器操作稳定可靠，适用于气化率较大的场合。此外，若塔釜产品中主要成分是水，且在低浓度下轻组分的相对挥发度较大时（如乙醇和水的混合物），可不设再沸器，采用塔釜直接蒸汽加热，节省投资费用。

7.2.3.4 能量的回收

精馏是组分多次部分汽化和多次部分冷凝的过程，能耗较高。进入再沸器的热能中，约有95%以上被塔顶冷凝器的冷却介质带走而白白损失。若能利用塔釜产品去预热原料，塔顶蒸汽的冷凝潜热去加热温位低一些的物料，则可将余热充分利用，达到回收能量的目的。

总之，确定流程时要较全面、合理地兼顾设备、操作费用、操作控制和安全等因素。

7.2.4 操作条件的确定

操作条件的选择通常以物系的性质、分离要求等工艺条件以及所能提供的公用工程实际条件作为前提，以达到某一目标为最优来选择适宜的操作条件。在精馏装置中，首先选择精馏塔的操作条件，其他单元设备操作条件随之而定。同时，还要考虑本装置与上、下游装置衔接的工况。精馏塔操作条件的选择通常从以下几方面考虑。

7.2.4.1 操作压力

精馏操作可以在常压、加压或减压下进行，操作压力的大小应根据物料的性质和经济上的合理性来决定。一般来说，除热敏性物料外，凡通过常压蒸馏不难实现分离要求，并能用常温冷却水将馏出物冷凝下来的系统，都应采用常压精馏；对热敏性物料或混合液沸点过高的系统则宜采用减压精馏；对常压下馏出物冷凝温度过低的系统，可适当提高压力，用常温冷却水取代冷却剂，但如果压力需要提得很高，致使设备费过高时，提高压力与适宜冷却剂应同时考虑；对常压下的气态物料（如石油气）则必须采用加压精馏。

7.2.4.2 进料状态

进料状态可以是过冷液体、饱和液体、气液混合物、饱和蒸汽或过热蒸汽。不同的进料状态对塔内气、液相流量分布、塔径、能耗和所需的塔板数都有一定的影响。从能量的数量角度出发，应“热在塔釜，冷在塔顶”，使产生的气相和液相回流在全塔发挥作用，进料状态应和前一工序来的物料状态保持一致，不做任何改变。但从设计角度看，如果来的原料为过冷液体，则可考虑加设原料预热器，将原料预热至饱和液体状态进料，这样精馏段和提馏段的气相流率接近，两段的塔径可以相同，便于设计和制造，操作上也比较容易控制。从能量的质量角度看，采用塔釜产品或其他工艺物流的余热对原料进行预热，可减少再沸器高品位热能的消耗，降低系统的有效能损失，使耗能趋于合理。但是，若将进料温度提得过高，可导致提馏段气、液相流量同时减少，从而引起提馏段液气比的增加，削弱了提馏段的分离能力，使塔板数有所增加。

7.2.4.3 回流比

回流比的选择，主要从经济角度出发，力求使设备费用和操作费用之和，即总费用最小。一般适宜的回流比大致为最小回流比的1.1~2倍，通常，能源价格较高或物系比较容易分离时，这一倍数可以适当取得小些。实际生产中，回流比往往是调节产品质量的重要手段，必须留有一定的裕度。因此，具体的倍数需要参考实际生产中的经验数据进行选取。

7.3 板式塔的工艺计算

7.3.1 工艺计算的基本步骤

板式塔的结构种类繁多，但工艺计算步骤却大致相同，其计算框图如图7-7所示。

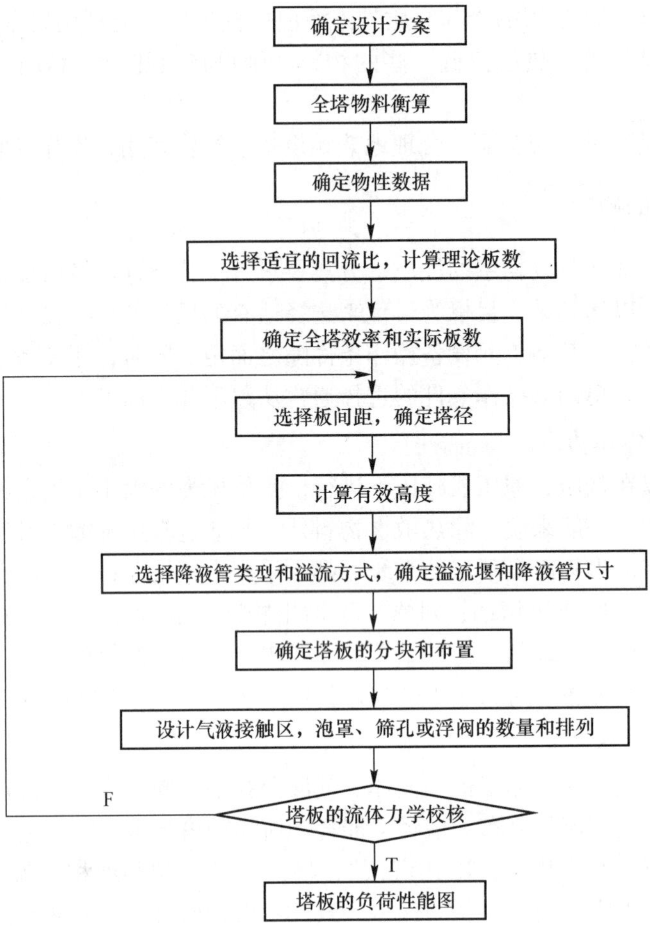

图 7-7 板式塔工艺计算框图

工艺计算的任务是以流经塔内的气液两相流量、操作条件和系统物性为依据设计出具有良好性能（压降小、弹性宽、效率高）的塔板工艺尺寸。但因在一定的操作条件下，塔板的性能与其结构、尺寸密切相关，又因必须由设计确定的塔板结构参数实在太多，无法一一找出结构参数、物性、操作条件与流体力学性能之间的定量关系，因此为了简化设计程序又可得到合理的结果，设计中通常是选定若干参数（如板间距、塔径、溢流堰尺寸等）作为独立变量，定出这些变量之后，再对其流体力学性能进行计算，校核其是否符合规定的数据范围，并绘制塔板负荷性能图，从而确定该塔板的适当操作区。如不符合要求就必须修改设计参数，重复上述设计步骤，直至符合要求为止。必须指出，在设计中不论是确定独立变量还是进行流体力学校核都是以经验数据作为设计的依据和比较的标准。

7.3.2 塔体的工艺计算

塔体的工艺计算包括塔的有效高度和塔径。

7.3.2.1 塔的有效高度

板式塔的有效高度是指安装塔板部分的高度，可按下式估算：

$$Z = \left(\frac{N_T}{E_T} - 1\right)H_T \tag{7-1}$$

式中 Z——板式塔的有效高度，m；

N_T——塔内所需理论板数；

E_T——全塔效率（总板效率），无因次；

H_T——塔板间距，m。

A 理论板数的计算

理论板数的计算方法包括简捷计算法、逐板计算法和计算机模拟法等。简捷计算法是在分离任务和分离要求给定的条件下，估算理论板数的方法，只解决精馏过程中级数、进料与产品组成间的关系，而不涉及级间的温度与组成的分布。逐板计算法主要针对双组分近似理想物系，结合恒摩尔流假定，通过解析或图解的方法，计算理论板数和塔内各板的温度、组成变化。上述两种方法的计算结果可作为过程的分析和严格计算的初值，最终结果应参考实验或生产数据加以确认。在实际工程设计中，一般均采用计算机模拟法。计算机模拟法通过选择合适的热力学方法，建立严格的物料衡算方程（M）、相平衡方程（E）、组分归一方程（S）和热量衡算方程（H)(简称 MESH 方程组）进行求解。国际上通用的流程模拟软件有 Aspen Plus、Pro Ⅱ等。通过模拟即可获得所需的理论板数、进料位置、各板的温度、压力、组成和气液相流量的变化等，计算快捷准确。

B 全塔效率的估算

全塔效率与系统的物性、塔板结构及操作条件等都有密切关系，由于影响因素多且复杂，目前尚无精确的计算方法。工业上的测定值通常在 0.3 ~ 0.7 之间。

全塔效率一般由下列估算方法确定：

（1）参考生产过程中的同类型塔板、物系性质相同或相近的全塔效率的经验数据。

（2）在生产现场对同类型塔板、类似物系的塔进行实际测定。

（3）采用全塔效率的关联图，目前应用较广泛的是奥康奈尔（O'Connell）关联。

对精馏塔，O'Connell 将全塔效率对液相黏度与相对挥发度的乘积进行了关联，得到如图 7-8 所示的曲线，该曲线也可用下式表达：

$$E_T = 0.49(\alpha\mu_L)^{-0.245} \tag{7-2}$$

式中 α——塔顶和塔底平均温度下的相对挥发度，多组分系统取关键组分间的相对挥发度，无因次；

μ_L——塔顶和塔底平均温度下的液相黏度，mPa · s。

对多组分系统，μ_L 可按下式计算：

$$\mu_L = \sum_i \mu_{Li} x_i \tag{7-3}$$

式中 μ_{Li}——组分 i 在塔顶和塔底平均温度下的液相黏度，mPa · s；

x_i——组分 i 在进料中的摩尔分数，无因次。

图 7-8 是对几十个生产中的泡罩塔和筛板塔实际测定的结果，实践证明此图也可用于浮阀塔的效率估计。

对吸收塔，O'Connell 也将全塔效率对液相黏度、亨利系数和总压进行了关联，所得曲线如图 7-9 所示。图中，μ_L 为塔顶和塔底平均温度下的液相黏度，mPa · s；H_p 为溶质的亨利系数，kPa · m^3/kmol；p 为操作压强，kPa。

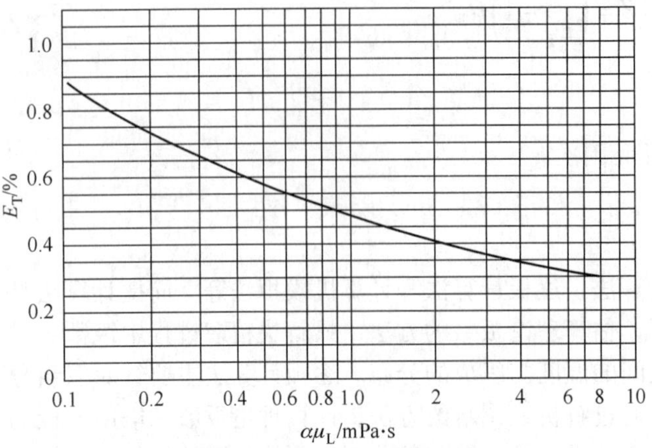

图 7-8 精馏塔全塔效率关联图

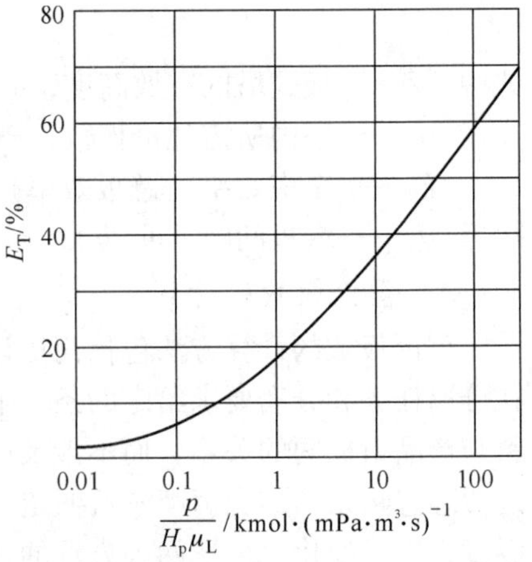

图 7-9 吸收塔全塔效率关联图

C 塔板间距的选定

板间距的选定很重要，它与塔高、塔径、物系性质、分离效果、操作弹性以及塔的安装、检修等都有关。设计时通常根据塔径的大小，由表 7-3 列出的经验值选取。

表 7-3 塔板间距与塔径关系

塔径/m	0.3～0.5	0.5～0.8	0.8～1.6	1.6～2.0	2.0～2.4	>2.4
塔板间距/mm	200～300	250～350	350～450	450～600	600～800	≥800

化工生产中常用的板间距有 300mm、350mm、400mm、450mm、500mm、600mm、700mm 和 800mm。选取板间距时，还应考虑实际情况，例如塔板数很多时，可选用较小的板间距，适当增大塔径以降低塔高；塔内各段负荷差别较大时，也可采用不同的板间距以保持塔径一致；对易起泡的物系，板间距应取得大些，以保证塔的分离效果；对生产负荷波动较大的场合，也需要加大板间距以保证一定的操作弹性。此外，考虑安装检修的需要，在塔体人孔出的板间距不应小于 600mm，以便有足够的工作空间。在设计中，有时需要反复调整，选定合适的板间距。

7.3.2.2 塔径

根据流量公式可初步计算塔径，即：

$$D=\sqrt{\frac{4V_s}{\pi u}} \tag{7-4}$$

式中 D——塔内径，m；

V_s——塔内气相体积流量，m³/s；

u——空塔气速，m/s。

由式（7-4）可知，计算塔径的关键在于确定适当的空塔气速 u。设计中，空塔气速的计算方法是，先按防止出现液沫夹带液泛的原则求得开始发生液泛时的空塔气速（液泛气速）u_f，然后根据设计经验乘以一定的安全系数（泛点率），即：

$$u = (0.5 \sim 0.8) u_f \tag{7-5}$$

式中　u_f——液泛气速（泛点气速），m/s。

泛点率的选取与分离物系的起泡程度密切相关。对易起泡的物系，可取 0.5～0.6；对一般液体，可取 0.6～0.8。

液泛气速 u_f 可根据悬浮液滴沉降原理导出，其结果为：

$$u_f = C_f \sqrt{\frac{\rho_L - \rho_V}{\rho_V}} \tag{7-6}$$

式中　C_f——开始发生液泛时的气相负荷因子，即泛点负荷因子，m/s；

ρ_V，ρ_L——气、液相密度，kg/m^3。

泛点负荷因子 C_f 与气、液相流量、物性及塔板结构有关，一般由实验确定。史密斯（Smith）等人收集了多个泡罩、筛孔、浮阀塔板的数据，整理成泛点负荷因子与各影响因素之间的关系曲线，如图 7-10 所示。

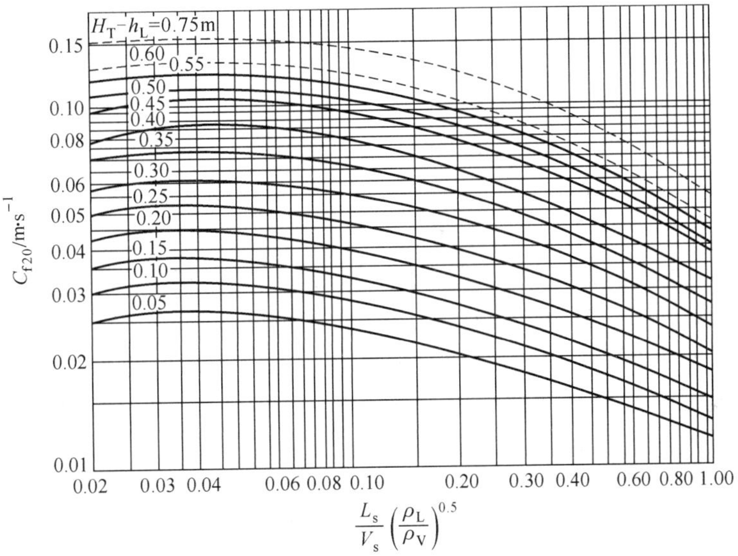

图 7-10　史密斯关联图

V_s，L_s—塔内气、液相体积流量，m^3/s；ρ_V，ρ_L—分别为气、液相密度，kg/m^3；
H_T—塔板间距，m；h_L—板上清液层高度，m

图 7-10 中，横坐标 $\frac{L_s}{V_s}\left(\frac{\rho_L}{\rho_V}\right)^{0.5}$ 是无因次比值，称为两相流动参数，以 F_{LV} 表示，它实际上是液、气两相动能因子的比值，反映了液、气两相的流量与密度对泛点负荷因子的影响；纵坐标 C_{f20} 是液相表面张力为 20mN/m 时的泛点负荷因子；参数 $H_T - h_L$ 反映了液滴沉降空间高度对泛点负荷因子的影响。

设计中，板上清液层高度 h_L 由设计者选定。对常压塔一般取 0.05～0.08m；对减压塔一般取 0.025～0.03m。

图 7-10 是按液相表面张力为 20mN/m 的物系绘制的，若所处理的物系表面张力为其

他值，可按下式进行校正：

$$C_{\mathrm{f}} = C_{\mathrm{f20}}\left(\frac{\sigma}{20}\right)^{0.2} \tag{7-7}$$

式中 σ——所处理物系的液相表面张力，mN/m。

由式（7-4）计算出塔径 D 后，还应按塔径系列标准值进行圆整。常用的标准塔径为：400mm、500mm、600mm、700mm、800mm、1000mm、1200mm、1400mm、1600mm、1800mm、2000mm、2200mm 等。

以上算出的塔径只是初值，还要根据流体力学原则进行校核。另外，对精馏过程，精馏段和提馏段的气、液相负荷和物性数据是不同的，故设计中两端的塔径应分别计算。若两者相差不大，应取较大者作为塔径；若两者相差较大，应采用变径塔。

7.3.3 塔板的工艺计算

7.3.3.1 溢流装置设计

板式塔的溢流装置包括溢流堰、降液管和受液盘等几部分，其结构和尺寸对塔的性能有重要影响。

A 溢流装置结构

a 降液管的类型

降液管是塔板间流体流动的通道，也是溢流液中所夹带的气体得以分离的场所。降液管有圆形与弓形两种，如图 7-11 所示。图 7-11(a)中的圆形降液管的流通面积较小，通常只在液相负荷很低或塔径较小时使用，工业上多采用弓形。弓形降液管有如下几种形式：图 7-11(b)是将稍小的弓形降液管固定在塔板上，它适用于小直径的塔，又能有较大的降液管容积；图 7-11(c)是将堰与塔壁之间的全部截面均作为降液管，这种结构塔板利用率高，适用于大直径的塔，塔径较小时则制作不便；图 7-11(d)中的降液管分为垂直段和倾斜段，倾斜段的倾斜角度根据工艺要求而定，这种结构有利于塔板面积的充分利用，并增加降液管两相分离空间，一般与凹形受液盘配合使用。

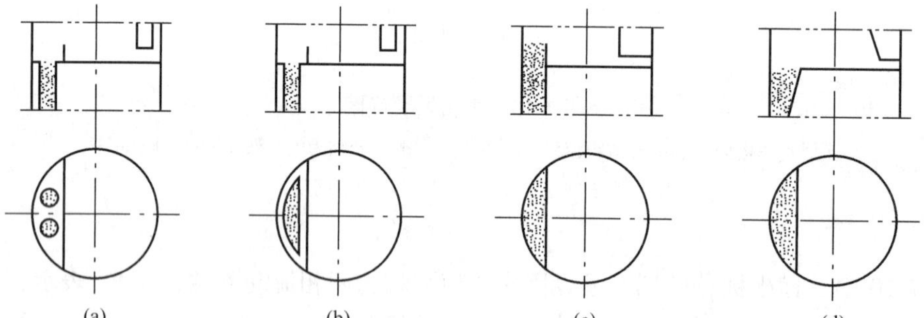

图 7-11 降液管的类型

（a）圆形降液管；（b）内弓形降液管；（c）弓形降液管；（d）倾斜式弓形降液管

b 溢流方式

溢流方式与降液管的布置有关。常用的溢流方式有单溢流、双溢流、U 形流和阶梯式双溢流等，如图 7-12 所示。

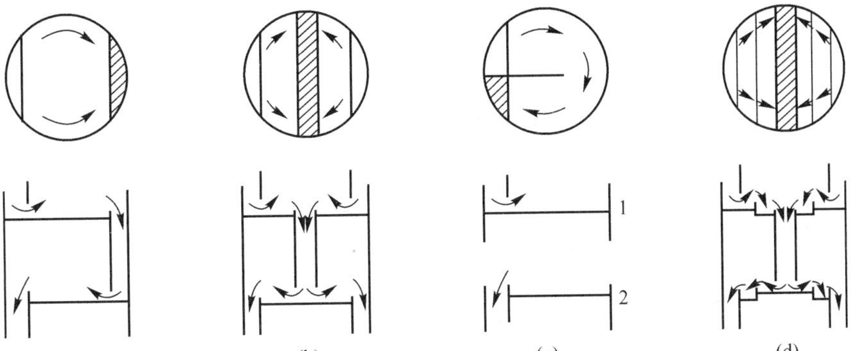

图 7-12 塔板溢流方式

（a）单溢流；（b）双溢流；（c）U 形流；（d）阶梯式双溢流

单溢流（见图 7-12(a)）又称直径流。液体自受液盘横向流过塔板至溢流堰。这种溢流方式液体流经的距离长，塔板效率高，结构简单，加工方便，在直径小于 2.2m 的塔中被广泛采用。

双溢流（见图 7-12(b)）又称半径流。其结构是降液管交替设在塔截面的中部和两侧，来自上层塔板的液体分别从两侧的降液管进入塔板，横过半块塔板而进入中部降液管，到下层塔板液体则由中央向两侧流动。这种溢流方式的优点是液体流动的路程短，可降低液面落差，但塔板结构复杂，板面利用率低，一般用于直径大于 2m 的塔中。

U 形流（见图 7-12(c)）又称回转流。其结构是将弓形降液管用挡板隔成两半，一半作受液盘，另一半作降液管，降液和受液装置安排在同一侧，迫使流经塔板的液体作 U 形流动。这种溢流方式液体流经的距离长，可以提高板效率，板面利用率也高，但液面落差较大，只适用于小塔或液相流量小的场合。

阶梯式双溢流（见图 7-12(d)）塔板做成阶梯形式，每一阶梯均有溢流。这种溢流方式可在不缩短液体流动距离的情况下减小液面落差，但结构最为复杂，只适用于塔径很大、液相流量很大的场合。

综上所述，溢流方式与液相负荷及塔径有关。表 7-4 列出了溢流方式与液相负荷及塔径的经验关系，可供设计时参考。

表 7-4 溢流方式与液相负荷及塔径的经验关系

塔径/mm	液相体积流量/$m^3 \cdot h^{-1}$			
	单溢流	双 溢 流	U 形流	阶梯式双溢流
600	5 ~ 25	—	<5	—
800	7 ~ 25	—	<7	—
1000	<45	—	<7	—
1400	<70	—	<9	—
2000	<90	90 ~ 160	<11	—

续表 7-4

塔径/mm	液相体积流量/m³·h⁻¹			
	单溢流	双 溢 流	U 形流	阶梯式双溢流
3000	<110	110~200	<11	200~300
4000	<110	110~230	<11	230~350
5000	<110	110~250	<11	250~400
6000	<110	110~250	<11	250~450
适用场合	一般场合	高液气比或大型塔	较低液气比	极高液气比或超大型塔

B 溢流装置尺寸

a 溢流堰

溢流堰又称出口堰，它的作用是维持塔板上有一定的液层高度，并使液体能较均匀的横过塔板流动。溢流堰的形状有平直形和齿形两种，设计中一般采用平直形。溢流堰的主要尺寸为堰长 l_W 和堰高 h_W，如图 7-13 所示。

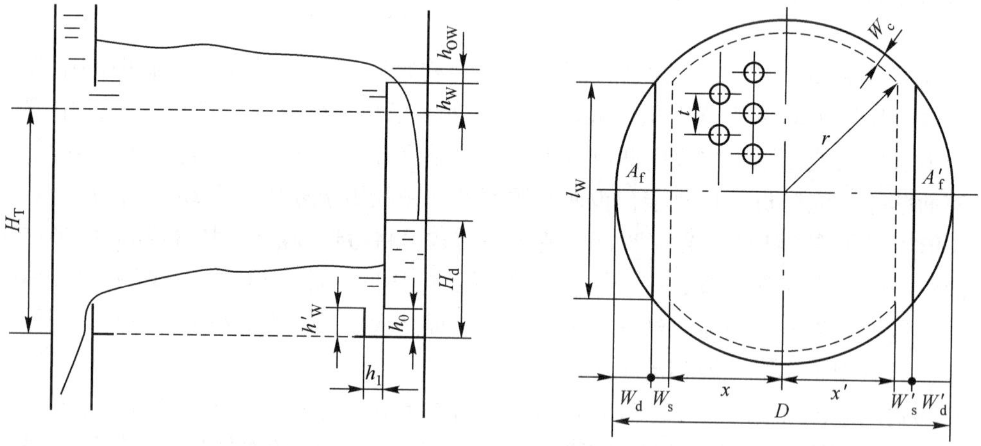

图 7-13 弓形降液管塔板结构和主要尺寸

弓形降液管的弦长称为堰长。堰长 l_W 一般根据经验确定：对单溢流，$l_W=(0.6\sim0.8)D$；对双溢流，$l_W=(0.5\sim0.6)D$。

其中，l_W 为堰长，m；D 为塔内径，m。

溢流堰上端面（对齿形堰为齿根）高出塔板板面的距离称为堰高。堰高 h_W 与板上清液层高度 h_L 及堰上液层高度 h_{OW} 的关系为：

$$h_L = h_W + h_{OW} \tag{7-8}$$

式中 h_L——板上清液层高度，m；

h_W——堰高，m；

h_{OW}——堰上液层高度，m。

于是，堰高 h_W 可由板上清液层高度 h_L 和堰上液层高度 h_{OW} 而定。设计时，一般应保持板上清液层高度 h_L 在 50~100mm。堰上液层高度 h_{OW} 可根据溢流堰的形式由以下方法确定。

（1）平直堰。对平直堰，h_{OW}可由弗兰斯（Francis）公式计算，即：

$$h_{OW}=\frac{2.84}{1000}E\left(\frac{L_h}{l_W}\right)^{2/3} \tag{7-9}$$

式中 h_{OW}——堰上液层高度，m；

L_h——塔内液相体积流量，m^3/h；

l_W——堰长，m；

E——液流收缩系数，可由图 7-14 查取，无因次。

工程设计时，若 L_h 不太大，可近似取 $E=1$。

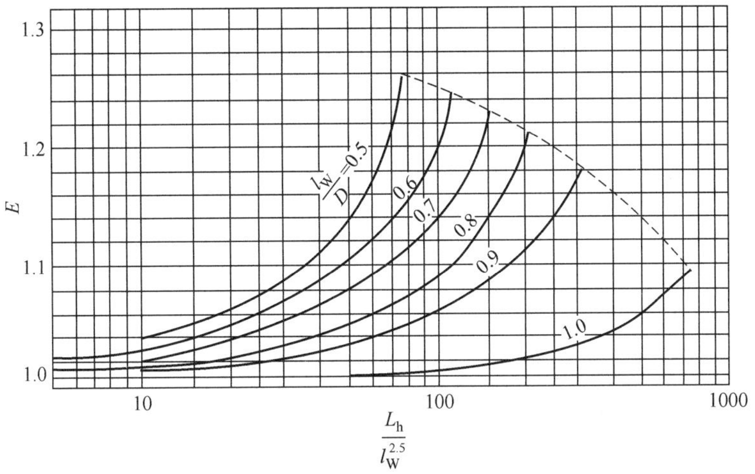

图 7-14 液流收缩系数

堰上液层高度 h_{OW}对塔板的操作性能有很大影响：h_{OW}太小，会造成液体在堰上分布不均，影响传质效果，设计时应使 $h_{OW}>6$mm，若小于此值可减小堰长 l_W 或采用齿形堰；h_{OW}太大，会增大塔板压降及液沫夹带量。一般设计时 h_{OW}不宜大于 60～70mm，超过此值时可增加堰长 l_W 或改用双溢流方式。

（2）齿形堰。图 7-15 所示为齿形堰，齿深 h_n 一般在 15mm 以下。

1）当液层高度不超过齿顶时（见图 7-15（a）），h_{OW}可由下式计算：

$$h_{OW}=1.17\left(\frac{L_s h_n}{l_W}\right)^{2/5} \tag{7-10}$$

2）当液层高度超过齿顶时（见图 7-15(b)），h_{OW}可由下式计算：

$$L_s=0.735\left(\frac{l_W}{h_n}\right)\left[h_{OW}^{5/2}-(h_{OW}-h_n)^{5/2}\right] \tag{7-11}$$

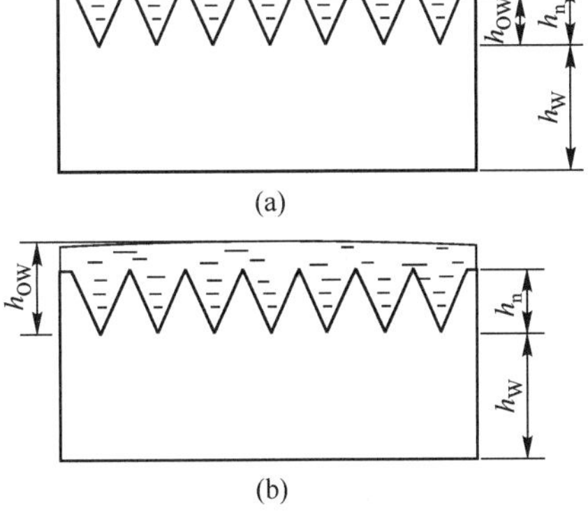

图 7-15 齿形堰

（a）液层高度不超过齿顶；

（b）液层高度超过齿顶

式中 h_{OW}——由齿根算起的堰上液层高度，m；

L_s——塔内液相体积流量，m^3/s；

h_n——齿深，m；

l_W——堰长，m；

式（7-11）需采用试差法计算，也可由图7-16求取。

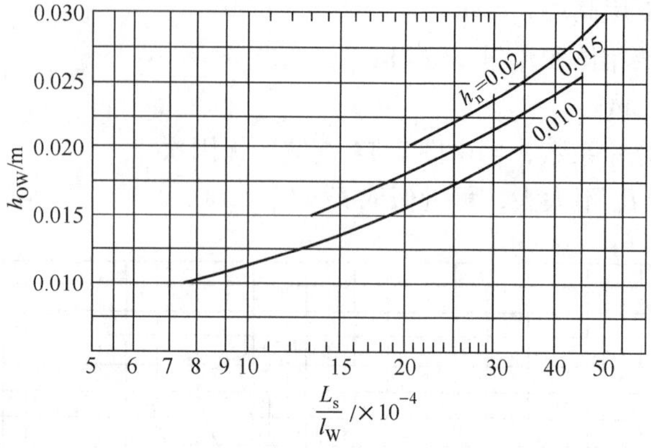

图7-16 溢流液层超高齿顶时的h_{OW}值

求出h_{OW}后，即可按下式范围确定h_W：

$$0.05 - h_{OW} \leqslant h_W \leqslant 0.1 - h_{OW} \tag{7-12}$$

在工业塔中，堰高h_W一般为0.04～0.05m，减压塔为0.015～0.025m，加压塔为0.04～0.08m，一般不宜超过0.1m。

b 降液管

弓形降液管的主要尺寸是降液管宽度W_d和降液管截面积A_f，如图7-13所示。设计中可根据堰长与塔径之比l_W/D由图7-17查得。

降液管下端与受液盘之间的距离称为底隙高度，以h_0表示。确定降液管底隙高度的原则是既能保证液体流经此处时的局部阻力不太大，以防止沉淀物在此堆积而堵塞降液管，又要有良好的液封，防止气体通过降液管造成短路。一般可按下式计算降液管底隙高度：

$$h_0 = \frac{L_s}{l_W u_0'} \tag{7-13}$$

式中 h_0——降液管底隙高度，m；

L_s——塔内液相体积流量，m^3/s；

l_W——堰长，m；

u_0'——流体通过降液管底隙时的流速，m/s。

根据经验，一般可取u_0'=0.07～0.25m/s。

为了简便起见，有时也用下式确定h_0：

$$h_0 = h_W - 0.006(\text{m}) \tag{7-14}$$

即降液管底隙高度比溢流堰高度低6mm，以保证降液管底部的液封。

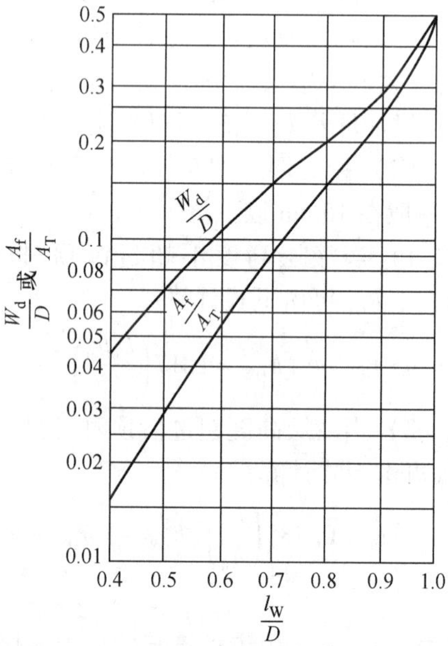

图7-17 弓形降液管尺寸

降液管底隙高度一般不宜小于 20 ~ 25mm，否则易于堵塞，或因安装偏差而使液流不畅，造成液泛。设计时对小塔可取 25 ~ 30mm，对大塔可取 40mm 左右，最大可达 150mm。

c 受液盘

塔板上接受降液管流下液体的那部分区域称为受液盘。受液盘有平形和凹形两种形式，如图 7-18 所示。

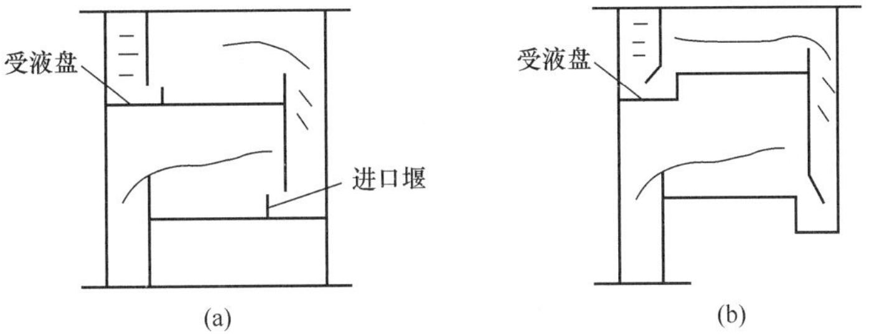

图 7-18 受液盘形式
（a）平形受液盘；（b）凹形受液盘

平形受液盘一般需在塔板上设置进口堰，以保证降液管的液封，并使液体在板上分布均匀。进口堰的高度 h'_W 可按以下原则考虑：当 $h_W > h_0$ 时（一般情况），取 $h'_W = h_W$；在个别情况下，当 $h_W < h_0$ 时，则应取 $h'_W > h_0$，以保证液体由降液管流出时不致受到很大阻力，进口堰与降液管间的水平距离 h_1 不应小于 h_0。

设置进口堰既占用板面，又易使沉淀物淤积此处造成阻塞。采用凹形受液盘不需设置进口堰。凹形受液盘既可在低液量时形成良好的液封，又有改变液体流向的缓冲作用，且便于液体从侧线抽出。对直径 600mm 以上的塔，多采用凹形受液盘。凹形受液盘的深度一般在 50mm 以上，有侧线采出时宜取深些。凹形受液盘不适用于易聚合或含有悬浮固体的情况，易造成死角而堵塞。

7.3.3.2 塔板设计

如前所述，塔板具有多种类型，不同类型的塔板的设计原则虽基本相同，但又有各自的特点，这里主要对应用最为普遍的筛孔塔板和浮阀塔板的设计进行介绍。

A 塔板分块

塔板按结构特点，可分为整块式和分块式两类。塔径在 800mm 以内的小塔一般采用整块式塔板；塔径在 900mm 以上的大塔通常采用分块式塔板，以便通过人孔拆装；塔径在 800 ~ 900mm 之间时，可根据制造与安装具体情况，任意选取一种结构。对单溢流塔板，塔板分块数见表 7-5，其常用的分块方法如图 7-19 所示。

表 7-5 塔板分块数

塔径/mm	800 ~ 1200	1400 ~ 1600	1800 ~ 2000	2200 ~ 2400
塔板分块数	3	4	5	6

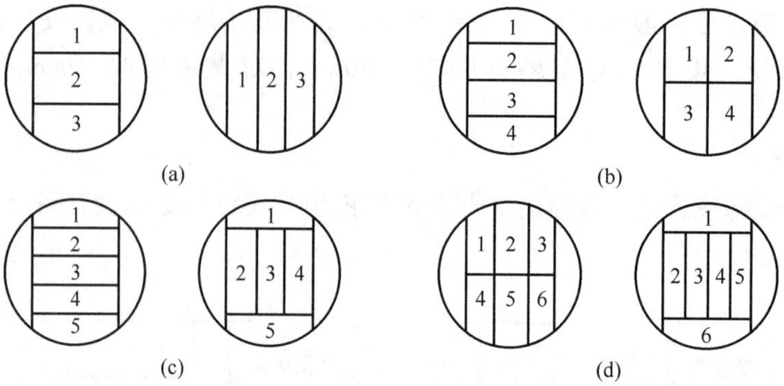

图 7-19 单溢流塔板分块示意图

（a）塔板分为 3 块；（b）塔板分为 4 块；（c）塔板分为 5 块；（d）塔板分为 6 块

塔板分成数块，靠近塔壁的两块称为弓形板，其余的称为矩形板。矩形板的长边尺寸与塔径和堰长有关，短边尺寸统一取 420mm，以便塔板能够从直径为 450mm 的人孔中通过。为了拆装、检修和清洗方便，不管分成几块，矩形板中必有一块作为通道板，通道板的长边尺寸与矩形板相同，短边尺寸取 400mm。

B 塔板布置

塔板板面根据所起作用的不同分为 4 个区域，如图 7-13 所示。

a 开孔区

图 7-13 中虚线以内的区域为开孔区，也称鼓泡区，是用来布置塔板上气、液接触构件（筛孔、浮阀等）的有效传质区。对单溢流塔板，开孔区的面积 A_a 可用下式计算：

$$A_a = x\sqrt{r^2 - x^2} + r^2 \arcsin\frac{x}{r} + x'\sqrt{r^2 - x'^2} + r^2 \arcsin\frac{x'}{r} \tag{7-15}$$

$$r = \frac{D}{2} - W_c \tag{7-16}$$

$$x = \frac{D}{2} - (W_d + W_s) \tag{7-17}$$

$$x' = \frac{D}{2} - (W'_d + W'_s) \tag{7-18}$$

式中 A_a——开孔区面积，m^2；

W_c——边缘区宽度，m；

W_d，W'_d——降液管和受液盘宽度，m；

W_s，W'_s——液体在塔板出口和入口处的安定区宽度，m；

$\arcsin\frac{x}{r}$，$\arcsin\frac{x'}{r}$——以弧度表示的反正弦函数，rad。

通常取 x 和 x' 相等，此时：

$$A_a = 2\left(x\sqrt{r^2 - x^2} + r^2 \arcsin\frac{x}{r}\right) \tag{7-19}$$

b 溢流区

溢流区为降液管和受液盘所占的区域，其中降液管所占面积以 A_f 表示，受液盘所占面积以 A'_f 表示。一般这两个区域面积相等，即 $A_f = A'_f$。

c　安定区

开孔区与溢流区之间不开孔的区域称为安定区，也称破沫区。靠近降液管的不开孔区域为出口安定区，其宽度以 W_s 表示，以避免大量泡沫进入降液管；靠近受液盘的不开孔区域为入口安定区，其宽度以 W_s' 表示，可使降液管底部流出的清液能均匀地分布在整个塔板上，避免入口处因液面落差而引起的液体泄漏。出口安定区的宽度 W_s 可取 50 ~ 100mm，对直径小于 1m 的塔可适当减小；入口安定区的宽度 W_s' 在塔径小于 1.5m 时可取 60 ~ 75mm，在塔径大于 1.5m 时可取 80 ~ 110mm。

d　无效区

在靠近塔壁的塔板部分需留出一圈边缘区域供支撑塔板的边梁之用，称为无效区，也称边缘区。其宽度 W_c 视塔板的支撑需要而定，小塔一般为 30 ~ 50mm，大塔可达 50 ~ 75mm。为防止液体经边缘区流过而产生短路现象，可在塔板上沿塔壁设置旁路挡板。

C　筛孔的计算和排列

a　筛孔直径

筛孔直径 d_0 的选取与塔的操作性能要求、物系性质、塔板厚度、加工要求等有关，是影响气相分散和气液接触的重要工艺尺寸。按设计经验，表面张力为正系统的物系易起泡沫，可采用 d_0 为 3 ~ 8mm（常用 4 ~ 6mm）的小孔径筛板，属鼓泡型操作；表面张力为负系统的物系或易堵塞物系，可采用 d_0 为 10 ~ 25mm 的大孔径筛板，属喷射型操作。近年来，随着设计水平的提高和操作经验的累积，采用大孔径筛板逐渐增多，因大孔径筛板加工简单，造价低且不易堵塞，只要设计合理，操作得当，仍可获得满意的分离效果。

b　筛板厚度

筛孔的加工一般采用冲压法，故确定筛板厚度应根据筛孔直径的大小，考虑加工的可能性。对碳钢塔板，板厚 δ 为 3 ~ 4mm，孔径 d_0 应不小于板厚 δ；对不锈钢塔板，板厚 δ 为 2 ~ 2.5mm，孔径 d_0 应不小于 $(1.5 \sim 2)\delta$。

c　孔心距

相邻两筛孔中心的距离称为孔心距，以 t 表示。孔心距 t 一般为 $(2.5 \sim 5)d_0$。孔心距过小易使上升的气流相互干扰，孔心距过大则易造成鼓泡不均匀，都会影响分离效果。设计的推荐值为 $t = (3 \sim 4)d_0$。

d　筛孔的排列和筛孔数

设计时，筛孔一般按正三角形排列，如图 7-20 所示。当采用正三角形排列时，筛孔的数目 n 可按下式计算：

$$n = \frac{1.155A_a}{t^2} \tag{7-20}$$

式中　n——筛孔数；

A_a——开孔区面积，可按式（7-19）计算，m^2；

t——孔心距，m。

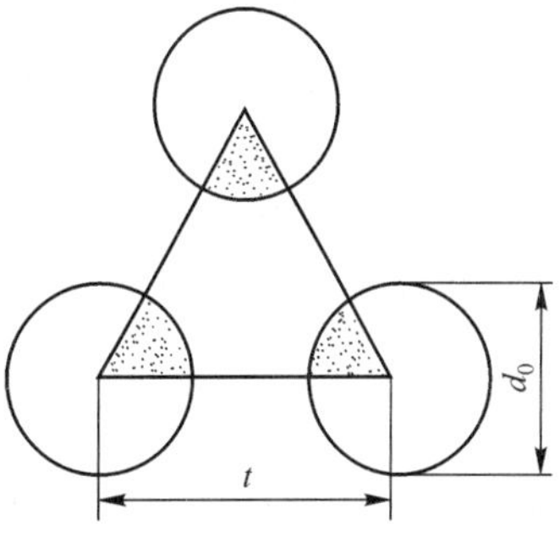

图 7-20　筛孔的正三角形排列

e　开孔率

筛板上筛孔的总面积 A_0 占开孔区面积 A_a 的百分比称

为开孔率，即：

$$\phi = \frac{A_0}{A_a} \times 100\% \qquad (7\text{-}21)$$

式中 ϕ——筛板开孔率，%；

A_0——筛孔的总面积，m^2。

开孔率过大，易产生漏液，操作弹性减小；开孔率过小，塔板阻力加大，液沫夹带增加，易发生液泛。通常开孔率的取值为5%～15%。当筛孔按正三角形排列时，可以导出开孔率 ϕ 的计算公式为：

$$\phi = \frac{0.907}{(t/d_0)^2} \qquad (7\text{-}22)$$

式中 d_0——筛孔直径，m。

通过上述方法求得筛孔直径、孔心距、数目及开孔率等参数后，还需要进行流体力学校核，检验是否合理，若不合理需进行调整。

D 浮阀的计算和排列

a 浮阀的型号和阀孔直径

浮阀的型号很多，目前应用最广的是 F_1 型（相当于国外的 V_1 型）。这种型号的浮阀结构简单、制造方便、性能好、省材料，国内已有相关标准。它又分轻阀（代号 Q）和重阀（代号 Z）两种，轻阀采用厚度1.5mm的钢板冲压制成，质量约为25g；重阀采用厚度2mm的钢板冲压而成，质量约为33g。阀的质量直接影响塔内气体的压降，轻阀阻力较小，但稳定性较差，一般用于减压塔；重阀由于稳定性好，最为常用。两种型式的阀孔直径 d_0 均为39mm。

b 阀孔气速和阀孔数

当气相体积流量 V_s 已知时，由于阀孔直径 d_0 已给定，因为塔板上浮阀的数目 n，亦即阀孔数，就取决于阀孔气速 u_0，可按下式求得：

$$n = \frac{V_s}{\frac{\pi}{4} d_0^2 u_0} \qquad (7\text{-}23)$$

式中 n——阀孔数；

V_s——塔内气相体积流量，m^3/s；

d_0——阀孔直径，m；

u_0——阀孔气速，m/s。

阀孔气速 u_0 常根据阀孔的动能因子 $F_0 = u_0\sqrt{\rho_V}$ 来确定。F_0 反映了密度为 ρ_V 的气体以速度 u_0 通过阀孔时的动能大小。综合考虑 F_0 对塔板效率、压降和生产能力等的影响，对 F_1 型重阀，根据经验可取 $F_0 = 9 \sim 12$，即阀孔刚好全开时比较适宜，此时塔板压降和板上液体泄漏都较小，而操作弹性较大。由此可知阀孔气速 u_0 为：

$$u_0 = \frac{F_0}{\sqrt{\rho_V}} \qquad (7\text{-}24)$$

式中 F_0——气体通过阀孔时的动能因子，$kg^{0.5}/(m^{0.5} \cdot s)$；

ρ_V——气相密度，kg/m^3。

c 阀孔的排列和孔心距

阀孔一般按正三角形排列，常用的孔心距有 75mm、100mm、125mm、150mm 等几种，按照阀孔中心连线与液流方向的关系，又有顺排与错排之分，如图 7-21(a)和(b)所示。通常认为错排时两相接触效果较好，采用较多。对大塔，当采用分块式塔板时，阀孔也可按等腰三角形排列，如图 7-21(c)所示，此时常把三角形的底边孔中心距 t 固定为 75mm，而三角形高度 t' 有 65mm、70mm、80mm、90mm、100mm、110mm 等多种尺寸，其中推荐使用的为 65mm、80mm 和 100mm。

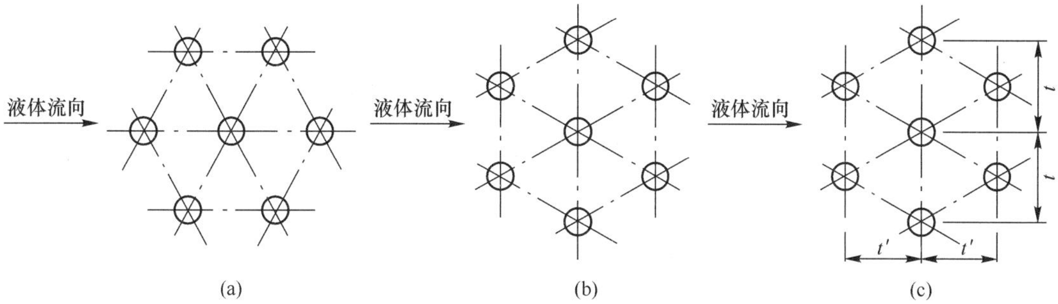

图 7-21 阀孔的排列

(a) 顺排；(b) 错排；(c) 等腰三角形排列

阀孔排列方式和孔心距确定后，应进行作图，确定开孔区内的实际阀孔数，若和式(7-23) 求得的值不同，应按实际阀孔数重新计算实际阀孔气速 u_0 和实际阀孔动能因子 F_0，如 F_0 仍在 9 ~ 12 范围内，即可认为作图得出的阀孔数能够满足要求，否则应调整孔心距，反复计算，直至满足要求为止。

d 开孔率

浮阀塔板的开孔率是指阀孔总面积占塔截面积的百分比，即：

$$\phi = \frac{A_0}{A_T} \times 100\% = \frac{\frac{\pi}{4}d_0^2 n}{\frac{\pi}{4}D^2} \times 100\% = n\frac{d_0^2}{D^2} \times 100\% \tag{7-25}$$

式中 ϕ——浮阀塔板开孔率，%；

A_0——阀孔的总面积，m^2；

A_T——塔截面积，m^2。

开孔率也是空塔气速 u 与阀孔气速 u_0 之比。目前工业生产中，对常压或减压塔，开孔率一般在 10% ~14%，加压塔的开孔率常小于 10%。

7.3.4 塔板的流体力学校核

塔板的流体力学校核，其目的是为了检验以上初步设计出的塔径及各项工艺尺寸是否合理，塔板能否正常操作及是否需要作出相应的调整。校核内容包括以下几项：塔板压降、液面落差、液沫夹带、气泡夹带、漏液和液泛等。

7.3.4.1 筛孔塔板的流体力学校核

A 塔板压降

气体通过筛板时，需克服筛板本身的干板阻力、板上充气液层的阻力及液体表面张力造成的阻力，这些阻力即形成了筛板的压降。气体通过筛板的压降 Δp_P 可由下式计算：

$$\Delta p_P = \rho_L g h_P \tag{7-26}$$

式中 Δp_P——气体通过筛板的压降，Pa；

ρ_L——液相密度，kg/m³；

g——重力加速度，$g = 9.81\mathrm{m/s^2}$；

h_P——气体通过每层塔板压降相当的液柱高度（即塔板阻力），m。

式（7-26）中的液柱高度 h_P 可由下式计算：

$$h_P = h_C + h_E + h_\sigma \tag{7-27}$$

式中 h_C——气体通过筛板的干板压降相当的液柱高度（即干板阻力），m；

h_E——气体通过板上液层的压降相当的液柱高度（即气体通过液层的阻力），m；

h_σ——克服液体表面张力的压降相当的液柱高度（即液体的表面张力阻力），m。

a 干板阻力

干板阻力 h_C 可按以下经验式估算：

$$h_C = 0.051\left(\frac{u_0}{C_0}\right)^2 \frac{\rho_V}{\rho_L}(1-\phi^2) \tag{7-28}$$

式中 u_0——筛孔气速，m/s；

C_0——孔流系数，无因次；

ϕ——筛板开孔率，%。

通常，筛板开孔率 $\phi \leqslant 15\%$，故式（7-28）可简化为：

$$h_C = 0.051\left(\frac{u_0}{C_0}\right)^2 \frac{\rho_V}{\rho_L} \tag{7-29}$$

孔流系数 C_0 的求取方法较多，当 $d_0 < 10\mathrm{mm}$ 时，其值可由图 7-22 直接查出；当 $d_0 \geqslant 10\mathrm{mm}$ 时，由图 7-22 查得 C_0 后再乘以 1.15 的校正系数。

b 气体通过液层的阻力

气体通过液层的阻力 h_E 与板上清液层高度 h_L 及气泡的状况等许多因素有关，其计算方法很多，设计中常采用下式估算：

$$h_E = \beta h_L = \beta(h_W + h_{OW}) \tag{7-30}$$

式中 h_L——板上清液层高度，m；

h_W——堰高，m；

h_{OW}——堰上液层高度，m；

β——充气系数，反映板上液层的充气程度，其值可由图 7-23 查取，无因次。

β 值一般可近似取 0.5～0.6。

图 7-23 中，F_a 为气相动能因子，其定义式为：

$$F_a = u_a \sqrt{\rho_V} \tag{7-31}$$

式中 F_a——气相动能因子，$kg^{0.5}/(m^{0.5}\cdot s)$；

u_a——按有效传质面积计算的气速，m/s。

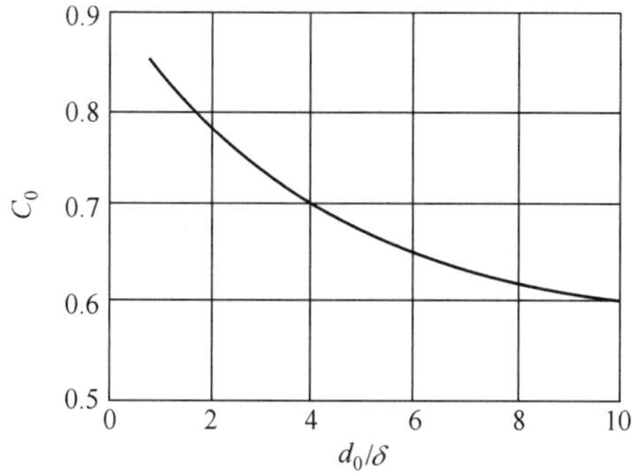

图 7-22 干板孔流系数关联图

d_0—筛孔直径，m；δ—筛板厚度，m

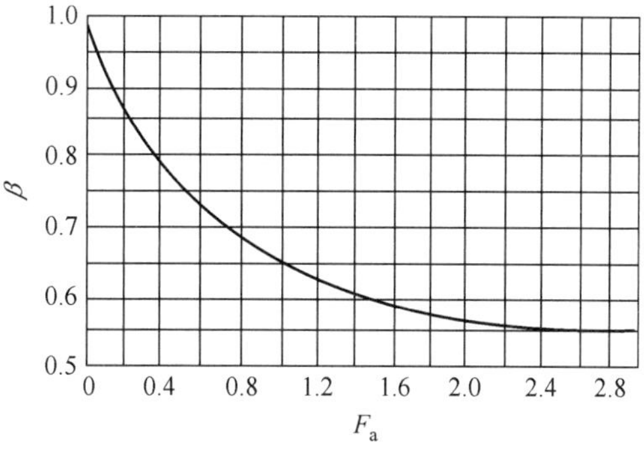

图 7-23 充气系数关联图

对单溢流塔板，u_a 可按下式计算：

$$u_a = \frac{V_s}{A_T - A_f} \tag{7-32}$$

式中 V_s——塔内气相体积流量，m^3/s；

A_T——全塔的截面积，m^2；

A_f——降液管的截面积，m^2。

c 液体的表面张力阻力

液体的表面张力阻力 h_σ 可由下式估算：

$$h_\sigma = \frac{4\sigma}{\rho_L g d_0} \tag{7-33}$$

式中 σ——液相表面张力，N/m；

d_0——筛孔直径，m。

由以上各式分别求出 h_C、h_E 和 h_σ 后，即可计算出气体通过筛板的压降 Δp_P，该计算值应低于设计允许值。若 Δp_P 偏高，应适当增加开孔率 ϕ 或降低堰高 h_W。

B 液面落差

当液体横向流过塔板时，为克服板上的摩擦阻力和板上构件的局部阻力，需要一定的液位差，即液面落差。由于筛板上没有突起的气液接触构件，故液面落差较小。在正常的液相流量范围内，对 $D\leqslant1600$mm 的筛板，液面落差可忽略不计。对液相流量很大及 $D\geqslant$ 2000mm 的筛板，需要考虑液面落差的影响。液面落差的具体计算方法可参考相关资料。

C 液沫夹带

液沫夹带（也称雾沫夹带）是指气流穿过板上液层时夹带雾滴进入上层塔板的现象，它造成液相在塔板间的返混，严重的液沫夹带会使塔板效率急剧下降，甚至形成液泛。为保证塔板效率的基本稳定，应控制液沫夹带在一定范围内，设计中规定液沫夹带量（液体/气体）$e_V < 0.1$kg/kg。

计算液沫夹带量的方法很多，设计中常采用亨特（Hunt）关联图，如图7-24所示。图中的直线部分可回归成下式：

$$e_V = \frac{5.7 \times 10^{-6}}{\sigma}\left(\frac{u_a}{H_T - h_f}\right)^{3.2}, \quad \frac{u_a}{H_T - h_f} < 12 \tag{7-34}$$

式中 e_V——液沫夹带量，kg/kg；

σ——液相表面张力，mN/m；

u_a——按有效传质面积计算的气速，m/s；

H_T——塔板间距，m；

h_f——塔板上鼓泡层高度，m。

根据设计经验，一般取 $h_f = 2.5h_L$。

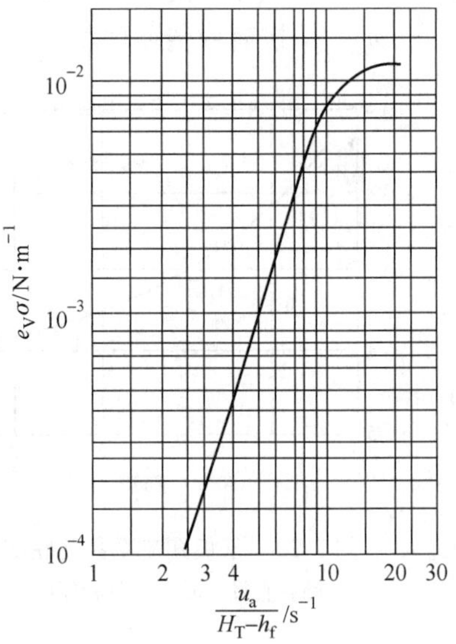

图7-24 液沫夹带关联图

D 气泡夹带

气泡夹带（也称泡沫夹带）是指溢流液夹带的气泡在降液管内来不及分离就进入下层塔板的现象，它造成气相在塔板间的返混，影响塔板分离效率，并使降液管通过能力减小，严重时会形成液泛。为使溢流液中夹带的气泡得以分离，液体在降液管内应有足够的停留时间。由实践经验公式可知，液体在降液管内的停留时间不应小于3～5s，对高压下操作的塔及易气泡物系，停留时间应更长一些。为此，应按下式核算降液管内液体的停留时间，即：

$$\tau = \frac{A_f H_T}{L_s} \geqslant 3 \sim 5\text{s} \tag{7-35}$$

式中 τ——液体在降液管内的停留时间，s。

若不能满足式（7-35）的要求，应适当增加降液管截面积 A_f 或塔板间距 H_T。

E 漏液

当气体通过筛孔的流速减小，气体的动能不足以阻止液体向下流动时，会发生漏液现象。根据经验，当漏液量小于塔内液流量的10%时对塔板效率影响不大，因此漏液量恰好等于塔内液流量的10%时的筛孔气速称为漏液点气速，它是塔板操作气速的下限，以 u_{OW} 表示。

筛板漏液点气速的计算有多种方法，设计中可采用下式计算：

$$u_{OW} = 4.4C_0\sqrt{(0.0056 + 0.13h_L - h_\sigma)\rho_L/\rho_V} \tag{7-36}$$

式中 u_{OW}——筛板漏液点气速，m/s。

当 $h_L < 30$mm 或筛孔孔径 $d_0 < 3$mm 时，用下式计算较适宜：

$$u_{OW} = 4.4C_0\sqrt{(0.01 + 0.13h_L - h_\sigma)\rho_L/\rho_V} \tag{7-37}$$

为使筛板具有一定的操作弹性，要求实际孔速 u_0 与漏液点孔速 u_{OW} 之比依据实验速度区别应不小于1.5～2，即：

$$K = \frac{u_0}{u_{OW}} \geqslant 1.5 \sim 2 \tag{7-38}$$

式中 K——稳定系数，无因次；

u_0——筛孔气速，m/s。

若稳定系数偏低，可适当减小开孔率 ϕ 或降低堰高 h_W，前者影响较大。

F 液泛

液泛也称淹塔，分为液沫夹带液泛和溢流液泛两种情况。之前已对液沫夹带量进行了校核，此处考察溢流液泛。

受降液管通过能力的限制而引起的液泛称为溢流液泛，也称降液管液泛。为使液体能由上层塔板稳定流入下层塔板，降液管内必须维持一定的液层高度 H_d（见图 7-13）。降液管内的清液层高度用于克服塔板阻力、板上液层阻力和液体流过降液管的阻力等。若忽略塔板的液面落差，可用下式计算 H_d：

$$H_d = h_P + h_L + h_d \tag{7-39}$$

式中 H_d——降液管内清液层高度，m；

h_d——液体流过降液管的压降相当的液柱高度（即液体流过降液管的阻力），m。

h_d 主要是由降液管底隙处的局部阻力造成，可按下面的经验公式估算：

塔板上不设置进口堰

$$h_d = 0.153u_0'^2 = 0.153\left(\frac{L_s}{l_W h_0}\right)^2 \tag{7-40}$$

塔板上设置进口堰

$$h_d = 0.2u_0'^2 = 0.2\left(\frac{L_s}{l_W h_0}\right)^2 \tag{7-41}$$

式中 u_0'——流体通过降液管底隙时的流速，m/s；

L_s——塔内液相体积流量，m^3/s；

l_W——堰长，m；

h_0——降液管底隙高度，m。

为了防止液泛，降液管内清液层高度 H_d 不能超过上层塔板的出口堰，即：

$$H_d \leqslant \varphi(H_T + h_W) \tag{7-42}$$

式中 φ——考虑降液管内充气及操作安全的校正系数，无因次。

对一般物系，φ 可取 0.5；对易起泡物系，φ 可取 0.3～0.4；对不易起泡物系，φ 可取 0.6～0.7。

若求得的 H_d 过大，可设法减小塔板阻力 h_P，特别是其中的干板阻力 h_C，或适当增大塔板间距 H_T。

7.3.4.2 浮阀塔板的流体力学校核

A 塔板压降

气体通过浮阀塔板的压降 Δp_P 的计算式同式（7-26）和式（7-27）。

a 干板阻力

对 F_1 型重阀，干板阻力 h_C 可按下式计算：

阀全开前

$$h_C = 19.9 \frac{u_0^{0.175}}{\rho_L} \tag{7-43}$$

阀全开后

$$h_C = 5.34 \frac{\rho_V}{\rho_L} \frac{u_0^2}{2g} \tag{7-44}$$

式中 u_0——阀孔气速，m/s；

ρ_V——气相密度，kg/m^3；

ρ_L——液相密度，kg/m^3。

联立以上两式，可解得阀刚全开时的临界阀孔气速：

$$u_{0C} = \left(\frac{73}{\rho_V}\right)^{1/1.825} \tag{7-45}$$

比较实际阀孔气速 u_0 与 u_{0C}，即可判断浮阀的开启状态，选择式（7-43）或式（7-44）来计算 h_C。

b 气体通过液层的阻力

气体通过液层的阻力 h_E 的计算式同式（7-30）。

液相为水时，β 可取 0.5；液相为油时，β 可取 0.2 ~ 0.35；液相为碳氢化合物时，β 可取 0.4 ~ 0.5。

c 液体的表面张力阻力

液体的表面张力阻力 h_σ 的计算式同式（7-33）。式中，d_0 为阀孔直径，m。

浮阀塔的 h_σ 一般很小，常可忽略不计。

由以上各式分别求出 h_C、h_E 和 h_σ 后，即可计算出气体通过浮阀塔板的压降 Δp_P，该计算值应低于设计允许值。若 Δp_P 偏高，应适当增加开孔率 ϕ 或降低堰高 h_W。

通常，浮阀塔的压降比筛板塔大。对常压塔和加压塔，每层浮阀塔板的压降为 265 ~ 530Pa，减压塔约为 200Pa。

B 液面落差

浮阀塔板的液面落差同筛孔塔板，一般可忽略不计。

C 液沫夹带

目前，浮阀塔板液沫夹带量的校核通常采用操作时的空塔气速与开始发生液泛时的空塔气速的比值作为估算液沫夹带量的指标，该比值称为泛点百分率，或称泛点率，以 F 表示，即：

$$F = \frac{u}{u_f} \times 100\% \tag{7-46}$$

式中 F——泛点率，%；

u——空塔气速，m/s；

u_f——液泛气速，m/s。

根据经验，为保证液沫夹带量（液体/气体）$e_V < 0.1$kg/kg，泛点率应为：

直径大于 900mm 的塔：$F < 80\%$；

直径小于 900mm 的塔：$F < 70\%$；

减压塔：$F<75\%$。

泛点率可按以下两式计算，取其中较大者核算是否满足上述要求：

$$F=\frac{V_s\sqrt{\dfrac{\rho_V}{\rho_L-\rho_V}}+1.36L_sZ_L}{KC_fA_b}\times100\% \tag{7-47}$$

$$F=\frac{V_s\sqrt{\dfrac{\rho_V}{\rho_L-\rho_V}}}{0.78KC_fA_T}\times100\% \tag{7-48}$$

式中　V_s——塔内气相体积流量，m^3/s；

L_s——塔内液相体积流量，m^3/s；

ρ_V——气相密度，kg/m^3；

ρ_L——液相密度，kg/m^3；

A_T——塔截面积，m^2；

K——系统因数，其值可由表7-6查出，无因次；

C_f——泛点负荷因子，根据塔板间距 H_T 和气相密度 ρ_V 由图7-25查取，m/s；

Z_L——液体横过塔板流动的距离，m；

A_b——塔板上液流面积，m^2。

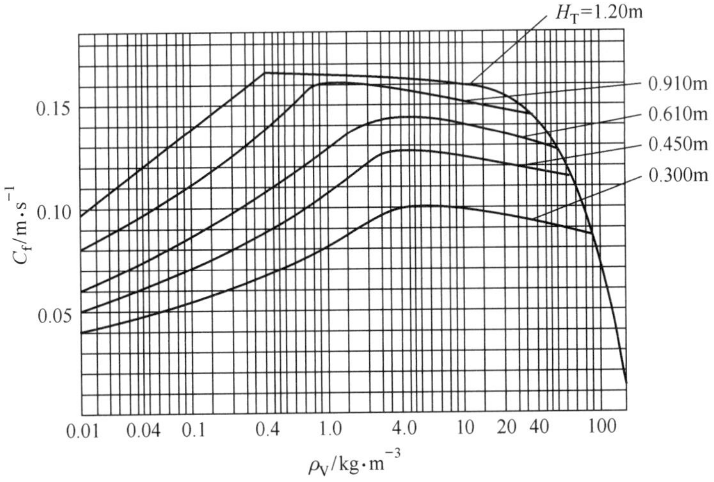

图7-25　泛点负荷因子关联图

单溢流：　$Z_L=D-2W_d$，　$A_b=A_T-2A_f$

双溢流：　$Z_L=\dfrac{D-2W_d-W'_d}{2}$，　$A_b=\dfrac{A_T-2A_f-A'_f}{2}$

式中　W_d 和 W'_d——分别为降液管和受液盘宽度，m；

A_f 和 A'_f——分别为降液管和受液盘所占面积，m^2；

D——塔内径，m。

表 7-6 系统因数 K

系统	K 值
无泡沫，正常系统	1.0
炼油装置较轻组分的分馏系统，如原油常压塔、气体分馏塔	0.95 ~ 1.0
炼油装置重黏油品的分馏系统，如常减压的减压塔	0.85 ~ 0.9
氟化物，如 BF_3、氟利昂	0.9
中等发泡系统，如油吸收塔、胺及乙二醇再生塔	0.85
多泡沫系统，如胺及乙二醇吸收塔	0.73
严重发泡系统，如甲乙酮、一乙醇胺装置	0.60
形成稳定泡沫系统，如碱再生塔	0.30

D 气泡夹带

降液管内液体停留时间的核算式同式（7-35）。

若不能满足式（7-35）的要求，应适当增加降液管截面积 A_f 或塔板间距 H_T。

E 漏液

浮阀塔板的漏液量随阀重增加、孔速增加、开度减少、板上清液层高度的降低而减小，其中以阀重影响较大。实验表明，当阀的质量大于 30g 时，阀重对漏液的影响不大，因此除减压操作外一般均采用 F_1 型重阀（质量约为 33g），此时，取阀孔动能因子 F_0 = 5 ~6 时对应的阀孔气速为其漏液点气速 u_{OW}。实际孔速 u_0 与漏液点孔速 u_{OW} 之比不小于 1.5 ~2，核算式同式（7-38）。

若稳定系数偏低，可适当减小开孔率 ϕ 或降低堰高 h_W，前者影响较大。

F 液泛

浮阀塔板的溢流液泛核算式同式（7-39）~式（7-42）。

若求得的 H_d 过大，可设法减小塔板阻力 h_P，特别是其中的干板阻力 h_C，或适当增大塔板间距 H_T。

7.3.5 塔板的负荷性能图

按以上方法对塔板进行流体力学校核后，还应绘制出塔板的负荷性能图，以检验设计的合理性。

影响板式塔操作状况和分离效果的主要因素是塔板结构、物料性质和气液负荷。对一定的塔板结构，处理固定的物系时，其操作状况只随气液负荷而变。要维持塔板正常操作，必须将气液负荷的波动限定在一定范围内。通常在直角坐标系中，以气相流量 V_s 为纵坐标，以液相流量 L_s 为横坐标，标绘出开始出现异常流动时的气液负荷关系曲线，由这些曲线组合成的图形即为塔板的负荷性能图。典型的塔板负荷性能图如图 7-26 所示，图中各曲线的意义和作法如下。

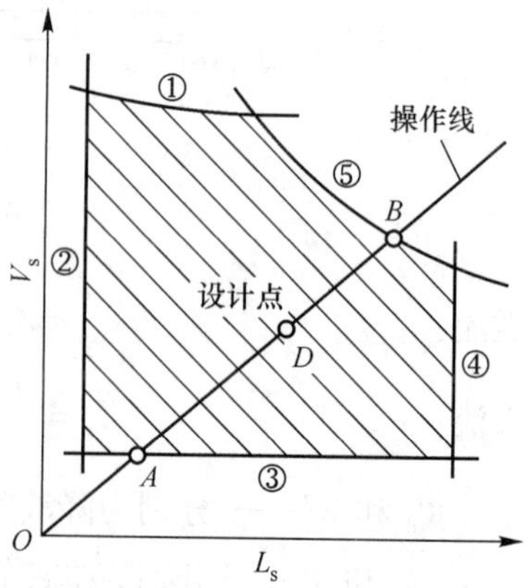

图 7-26 塔板负荷性能图

（1）过量液沫夹带线。曲线①为过量液沫夹带线，是决定气相负荷上限的参数之一。当气相负荷超过此线时，液沫夹带量将过大，使板效率严重下降。对筛板塔，可根据 $e_V < 0.1$kg/kg 的极限值由式（7-34）绘制；对浮阀塔，可根据 $e_V < 0.1$kg/kg 对应泛点率 F 的极限值由式（7-47）或式（7-48）绘制。

（2）液相负荷下限线。曲线②为液相负荷下限线，液相负荷低于此线时塔板上液流不能均匀分布，易出现液相滞留、反流、偏流等现象，导致板效率下降。对平直堰，以堰上液层高度最小允许值 $h_{OW} = 6$mm 时对应的液相负荷作为其下限，可由式（7-9）计算；对齿形堰，以由齿根算起的堰上液层高度最小允许值 $h_{OW} = 6$mm 时对应的液相负荷作为其下限，可由式（7-10）或式（7-11）计算。液相负荷下限与气相负荷无关，故液相负荷下限线为一垂线。

（3）严重漏液线。曲线③为严重漏液线，该线即为气相负荷下限线，气相负荷低于此线将发生严重的漏液现象，气液不能充分接触，板效率下降。对筛板塔，可由式（7-36）或式（7-37）绘制；对浮阀塔，当采用 F_1 型重阀时，可取阀孔动能因子 $F_0 = 5 \sim 6$ 时对应的气相负荷作为其下限，它与液相负荷无关，故严重漏液线为一水平线。

（4）液相负荷上限线。曲线④为液相负荷上限线，该线又称降液管超负荷线。液相负荷超过此线，表明液相流量过大，液体在降液管内停留时间过短，所夹带的气泡来不及分离而被带至下层塔板，使板效率降低。一般可令式（7-35）中的停留时间 $\tau = 5$s 计算液相负荷上限，显然，液相负荷上限线也是一垂线。

（5）溢流液泛线。曲线⑤为溢流液泛线，是另一个决定气相负荷上限的参数。塔板的适宜操作区应在此线以下，否则将会发生液泛，使塔不能正常操作。溢流液泛线可根据降液管内清液层最大允许高度由式（7-39）~式（7-42）绘制。

（6）操作线和操作弹性。以上各条曲线所包围的区域是塔板的正常操作区（见图7-26 中阴影部分），超出此区域，塔板就可能出现非正常流动，导致效率明显降低。操作时的气相流量 V_s 和液相流量 L_s 在负荷性能图上的坐标点称为操作点。一般情况下，塔板上的气液比 V_s/L_s 为定值。因此，每层塔板上的操作点都是沿着通过原点、斜率为 V_s/L_s 的直线而变化，该直线称为操作线（见图 7-26 中直线 OD）。

操作线与正常操作区边界线最内侧的两个交点（见图 7-26 中的 A 和 B 点）分别表示塔板的上、下操作极限，两极限的气相（或液相）流量之比称为塔板的操作弹性（见图7-26 中为 V_{sB}/V_{sA} 或 L_{sB}/L_{sA}）。操作弹性大，说明塔板适应负荷变动的能力大，操作性能好。同一层塔板，若操作的气液比不同，控制负荷上下限的因素也不同。在图 7-26 中，在 OD 线的气液比下操作，上限为液泛控制，下限为漏液控制。

设计塔板时，应将操作点布置在操作区内的适中位置（见图 7-26 中的 D 点），可获得稳定良好的操作效果，若操作点紧靠某一条边界线，则当负荷稍有波动时，便会使塔的正常操作受到破坏。

当物系一定时，负荷性能图中各条曲线的相对位置随塔板结构尺寸而变。因此，在设计塔板时，根据操作点在负荷性能图中的位置，可通过适当调整塔板的某些结构参数，以改进负荷性能图，满足所需的操作弹性范围。例如，加大塔板间距或增大塔径可使液泛线上移；增加降液管截面积可使液相负荷上限线右移；减少塔板开孔率可使漏液线下移等。

由于各层塔板上的操作条件（温度、压力）及物料组成和性质均有所不同，因而各层塔板上的气、液负荷不同，表示各层塔板操作范围的负荷性能图也有差异。设计计算中在考察塔的操作性能时，若采用计算机计算，应对每块塔板进行核算；若采用手工计算，可根据精馏段和提馏段的平均负荷分段进行校核。

7.3.6 板式塔工艺计算示例

例 7-1 在一常压操作的精馏塔内分离苯酚（A）-间甲酚（B）混合物。已知原料液的处理量为 2500kg/h，组成为 0.55（苯酚摩尔分数，下同），要求塔顶馏出液组成为 0.953，釜液组成为 0.0524，单板压降不超过 0.7kPa，其余条件自选。试作出能完成上述精馏任务的浮阀塔的工艺计算。

解： 1. 设计方案的确定

本设计任务为分离苯酚-间甲酚混合物，处理量较大，采用连续精馏流程。设计中采用泡点进料，将原料通过预热器加热至泡点后送入精馏塔内。塔顶上升蒸汽采用全凝器冷凝，泡点回流。该物系属高沸点物系，蒸汽费用较高，且分离相对容易，故操作回流比可取最小回流比的 1.3 倍。塔釜采用间接蒸汽加热。

2. 全塔物料衡算

（1）进料和塔顶、塔底产品摩尔分数。

苯酚的摩尔质量 $M_A = 94.11\text{g/mol}$

间甲酚摩尔质量 $M_B = 108.13\text{g/mol}$

进料摩尔分数 $x_{AF} = 0.55$

塔顶产品摩尔分数 $x_{AD} = 0.953$

塔底产品摩尔分数 $x_{AW} = 0.0524$

（2）进料和塔顶、塔底产品平均摩尔质量。

$$M_F = 0.55 \times 94.11 + (1 - 0.55) \times 108.13 = 100.42\text{g/mol}$$

$$M_D = 0.953 \times 94.11 + (1 - 0.953) \times 108.13 = 94.77\text{g/mol}$$

$$M_W = 0.0524 \times 94.11 + (1 - 0.0524) \times 108.13 = 107.40\text{g/mol}$$

（3）全塔物料衡算。

$$F = \frac{2500}{100.42} = 24.90\text{kmol/h} = D + W$$

$$Fx_{AF} = 24.90 \times 0.55 = Dx_{AD} + Wx_{AW} = D \times 0.953 + W \times 0.0524$$

解得： $D = 13.76\text{kmol/h}$， $W = 11.14\text{kmol/h}$

3. 物性数据的确定

（1）定性温度。

由 Antoine 方程： $\lg p_i^* = A - \dfrac{B}{t + C}$ （p_i^*：mmHg，t：℃）

查阅资料可得：

苯酚： $A = 7.13450$， $B = 1516.070$， $C = 174.570$

间甲酚： $A = 7.50800$， $B = 1856.360$， $C = 199.070$

苯酚-间甲酚为近似理想物系，结合以下公式反复试差计算：

$$x_A=\frac{p-p_B^*}{p_A^*-p_B^*},\quad y_A=\frac{p_A}{p}=\frac{p_A^*x_A}{p},\quad \alpha=\frac{p_A^*}{p_B^*}$$

常压下，$p=760\text{mmHg}$

经计算可得相平衡数据：

塔顶：$t_D=182.6℃$，$(p_A^*)_D=775.9\text{mmHg}$，$(p_B^*)_D=440.8\text{mmHg}$，

$x_{AD}=0.9531$，$y_{AD}=0.9729$，$\alpha_D=1.760$

进料：$t_F=189.6℃$，$(p_A^*)_F=937.8\text{mmHg}$，$(p_B^*)_F=540.2\text{mmHg}$，

$x_{AF}=0.5534$，$y_{AF}=0.6827$，$\alpha_F=1.736$

塔底：$t_W=200.8℃$，$(p_A^*)_W=1245.6\text{mmHg}$，$(p_B^*)_W=733.4\text{mmHg}$，

$x_{AW}=0.05241$，$y_{AW}=0.08588$，$\alpha_W=1.698$

精馏段定性温度：$t_R=\frac{t_D+t_F}{2}=\frac{182.6+189.6}{2}=186.1℃$

提馏段定性温度：$t_S=\frac{t_F+t_W}{2}=\frac{189.6+200.8}{2}=195.2℃$

（2）密度。

1）精馏段。

定性温度 t_R 下：$\lg(p_A^*)_R=7.13450-\frac{1516.070}{186.1+174.570}$

解得：$(p_A^*)_R=853.1\text{mmHg}$

$$\lg(p_B^*)_R=7.50800-\frac{1856.360}{186.1+199.070}$$

解得：$(p_A^*)_R=488.0\text{mmHg}$

液相平均摩尔分数：$x_{AR}=\frac{p-(p_B^*)_R}{(p_A^*)_R-(p_B^*)_R}=\frac{760-488.0}{853.1-488.0}=0.7450$

气相平均摩尔分数：$y_{AR}=\frac{(p_A^*)_R x_{AR}}{p}=\frac{853.1\times0.745}{760}=0.8363$

液相平均摩尔质量：

$$M_{LR}=0.7450\times94.11+(1-0.7450)\times108.13=97.69\text{g/mol}$$

气相平均摩尔质量：

$$M_{VR}=0.8363\times94.11+(1-0.8363)\times108.13=96.41\text{g/mol}$$

查阅资料，由内插法可得两组分密度：

$$\rho_{AR}=913.0\text{kg/m}^3,\quad \rho_{BR}=879.6\text{kg/m}^3$$

液相平均质量分数：

$$w_{AR}=\frac{94.11\times0.7450}{94.11\times0.7450+108.13\times(1-0.7450)}=0.7177$$

液相平均密度：$\frac{1}{\rho_{LR}}=\frac{w_{AR}}{\rho_{AR}}+\frac{w_{BR}}{\rho_{BR}}=\frac{0.7177}{913.0}+\frac{1-0.7177}{879.6}$

解得：$\rho_{LR}=903.3\text{kg/m}^3$

气相平均密度：

$$\rho_{VR}=\frac{pM_{VR}}{RT}=\frac{101325\times 96.41\times 10^{-3}}{8.314\times(186.1+273.15)}=2.558\text{kg/m}^3$$

2）提馏段。

定性温度 t_S 下：
$$\lg(p_A^*)_S=7.13450-\frac{1516.070}{195.2+174.570}$$

解得：
$$(p_A^*)_S=1082.6\text{mmHg}$$

$$\lg(p_B^*)_S=7.50800-\frac{1856.360}{195.2+199.070}$$

解得：
$$(p_A^*)_S=630.5\text{mmHg}$$

液相平均摩尔分数：

$$x_{AS}=\frac{p-(p_B^*)_S}{(p_A^*)_S-(p_B^*)_S}=\frac{760-630.5}{1082.6-630.5}=0.2864$$

气相平均摩尔分数：

$$y_{AS}=\frac{(p_A^*)_S x_{AS}}{p}=\frac{1082.6\times 0.2864}{760}=0.4080$$

液相平均摩尔质量：

$$M_{LS}=0.2864\times 94.11+(1-0.2864)\times 108.13=104.11\text{g/mol}$$

气相平均摩尔质量：

$$M_{VS}=0.4080\times 94.11+(1-0.4080)\times 108.13=102.41\text{g/mol}$$

查阅资料，由内插法可得两组分密度：

$$\rho_{AS}=902.6\text{kg/m}^3,\quad \rho_{BS}=870.1\text{kg/m}^3$$

液相平均质量分数：

$$w_{AS}=\frac{94.11\times 0.2864}{94.11\times 0.2864+108.13\times(1-0.2864)}=0.2589$$

液相平均密度：
$$\frac{1}{\rho_{LS}}=\frac{w_{AS}}{\rho_{AS}}+\frac{w_{BS}}{\rho_{BS}}=\frac{0.2589}{902.6}+\frac{1-0.2589}{870.1}$$

解得：
$$\rho_{LS}=878.3\text{kg/m}^3$$

气相平均密度：

$$\rho_{VS}=\frac{pM_{VS}}{RT}=\frac{101325\times 102.41\times 10^{-3}}{8.314\times(195.2+273.15)}=2.665\text{kg/m}^3$$

（3）黏度。

1）精馏段。

定性温度 t_R 下：

查阅资料，由内插法可得两组分黏度：

$$\mu_{AR}=0.2298\text{mPa}\cdot\text{s},\quad \mu_{BR}=0.1502\text{mPa}\cdot\text{s}$$

液相平均黏度：

$$\mu_{LR}=\mu_{AR}x_{AR}+\mu_{BR}(1-x_{AR})=0.2298\times 0.7450+0.1502\times(1-0.7450)=0.2095\text{mPa}\cdot\text{s}$$

2）提馏段。

定性温度 t_S 下：

查阅资料，由内插法可得两组分黏度：

$$\mu_{AS}=0.2025\text{mPa}\cdot\text{s},\quad \mu_{BS}=0.1436\text{mPa}\cdot\text{s}$$

液相平均黏度：

$$\mu_{LS}=\mu_{AS}x_{AS}+\mu_{BS}(1-x_{AS})=0.2025\times0.2864+0.1436\times(1-0.2864)=0.1605\text{mPa}\cdot\text{s}$$

（4）表面张力。

1）精馏段。

定性温度 t_R 下：

查阅资料，由内插法可得两组分表面张力：

$$\sigma_{AR}=22.58\text{mN/m},\quad \sigma_{BR}=20.76\text{mN/m}$$

液相平均表面张力：

$$\sigma_{LR}=\sigma_{AR}x_{AR}+\sigma_{BR}(1-x_{AR})=22.58\times0.7450+20.76\times(1-0.7450)=22.12\text{mN/m}$$

2）提馏段。

定性温度 t_S 下：

查阅资料，由内插法可得两组分表面张力：

$$\sigma_{AR}=21.54\text{mN/m},\quad \sigma_{BR}=19.85\text{mN/m}$$

液相平均表面张力：

$$\sigma_{LS}=\sigma_{AS}x_{AS}+\sigma_{BS}(1-x_{AS})=21.54\times0.2864+19.85\times(1-0.2864)=20.33\text{mN/m}$$

（5）相对挥发度。

全塔平均相对挥发度：

$$\alpha=\sqrt[3]{\alpha_D\alpha_F\alpha_W}=\sqrt[3]{1.760\times1.736\times1.698}=1.731$$

4. 理论板数的确定

（1）确定回流比。

相平衡方程：
$$y=\frac{\alpha x}{1+(\alpha-1)x}=\frac{1.731x}{1+0.731x}$$

q 线方程：
$$x=x_F=0.55\text{（泡点进料）}$$

联立以上两式：
$$x_e=0.55,\quad y_e=0.679$$

$$\frac{R_{min}}{R_{min}+1}=\frac{x_D-y_e}{x_D-x_e}=\frac{0.953-0.679}{0.953-0.55}=0.68$$

解得：
$$R_{min}=2.124$$

则
$$R=1.3R_{min}=2.761$$

（2）气、液相摩尔流量。

$$L=RD=2.761\times13.76=37.99\text{kmol/h}$$

$$V=(R+1)D=(2.761+1)\times13.76=51.75\text{kmol/h}$$

$$\overline{L}=L+qF=37.99+24.90=62.89\text{kmol/h}$$

$$\overline{V}=V-(1-q)F=51.75\text{kmol/h}$$

（3）操作线方程。

精馏段：

$$y_{n+1}=\frac{R}{R+1}x_n+\frac{x_D}{R+1}=\frac{2.761}{2.761+1}x_n+\frac{0.953}{2.761+1}=0.7341x_n+0.2534$$

提馏段：

$$y_{n+1}=\frac{\overline{L}}{\overline{V}}x_n-\frac{Wx_W}{\overline{V}}=\frac{62.89}{51.75}x_n-\frac{11.14\times0.0524}{51.75}=1.2153x_n-0.0113$$

（4）理论板数。

联立精馏段操作线方程和 q 线方程：

$$x_q = 0.55, \quad y_q = 0.6572$$

塔顶全凝器： $y_1 = x_D = 0.953$

交替使用相平衡方程和精馏段操作线方程：

$y_1 = 0.953$， $x_1 = 0.9213$； $y_2 = 0.9298$， $x_2 = 0.8844$； $y_3 = 0.9026$， $x_3 = 0.8426$；
$y_4 = 0.8720$， $x_4 = 0.7973$； $y_5 = 0.8387$， $x_5 = 0.7503$； $y_6 = 0.8042$， $x_6 = 0.7035$；
$y_7 = 0.7698$， $x_7 = 0.6589$； $y_8 = 0.7371$， $x_8 = 0.6183$； $y_9 = 0.7073$， $x_9 = 0.5826$；
$y_{10} = 0.6811$， $x_{10} = 0.5524$； $y_{11} = 0.6589$， $x_{11} = 0.5274 < x_q$

因此，精馏段理论板数 $N_{TR} = 10$，加料板为第 11 块板。

将 $x_{11} = 0.5274$ 代入提馏段操作线方程，交替使用提馏段操作线方程和相平衡方程：

$y_{12} = 0.6296$， $x_{12} = 0.4955$； $y_{13} = 0.5909$， $x_{13} = 0.4548$； $y_{14} = 0.5415$， $x_{14} = 0.4055$；
$y_{15} = 0.4815$， $x_{15} = 0.3492$； $y_{16} = 0.4131$， $x_{16} = 0.2891$； $y_{17} = 0.3400$， $x_{17} = 0.2293$；
$y_{18} = 0.2674$， $x_{18} = 0.1742$； $y_{19} = 0.2003$， $x_{19} = 0.1264$； $y_{20} = 0.1424$， $x_{20} = 0.0875$；
$y_{21} = 0.0950$， $x_{21} = 0.0572$； $y_{22} = 0.0582$， $x_{22} = 0.0345 < x_W$

因此，提馏段理论板数 $N_{TS} = 12$，全塔总理论板数 $N_T = 22$。

5. 实际板数的确定

全塔平均黏度： $\mu_L = \dfrac{\mu_{LR} + \mu_{LS}}{2} = \dfrac{0.2095 + 0.1605}{2} = 0.185\text{mPa} \cdot \text{s}$

全塔效率：

$$E_T = 0.49(\alpha\mu_L)^{-0.245} = 0.49 \times (1.731 \times 0.185)^{-0.245} = 64.77\%$$

精馏段实际板数： $N_R = \dfrac{N_{TR}}{E_T} = \dfrac{10}{64.77\%} = 15.44 \approx 16$

提馏段实际板数： $N_S = \dfrac{N_{TS}}{E_T} = \dfrac{12}{64.77\%} = 18.53 \approx 19$

全塔实际板数：$N = N_R + N_S = 35$，实际加料板为第 17 块板。

6. 精馏塔塔径的计算

（1）气液相体积流量。

1）精馏段。

气相体积流量： $V_{sR} = \dfrac{VM_{VR}}{\rho_{VR}} = \dfrac{51.75 \times 96.41}{3600 \times 2.558} = 0.5418\text{m}^3/\text{s}$

液相体积流量： $L_{sR} = \dfrac{LM_{LR}}{\rho_{LR}} = \dfrac{37.99 \times 97.69}{3600 \times 903.3} = 0.001141\text{m}^3/\text{s}$

2）提馏段。

气相体积流量： $V_{sS} = \dfrac{\overline{V}M_{VS}}{\rho_{VS}} = \dfrac{51.75 \times 102.41}{3600 \times 2.665} = 0.5524\text{m}^3/\text{s}$

液相体积流量： $L_{sS} = \dfrac{\overline{L}M_{LS}}{\rho_{LS}} = \dfrac{62.89 \times 104.11}{3600 \times 878.3} = 0.002071\text{m}^3/\text{s}$

（2）塔径。

1）精馏段。初选板间距 $H_{TR} = 0.45\text{m}$，板上清液层高度 $h_{LR} = 0.07\text{m}$，则 $H_{TR} - h_{LR} = 0.38\text{m}$。

$$\frac{L_{sR}}{V_{sR}}\left(\frac{\rho_{LR}}{\rho_{VR}}\right)^{0.5}=\frac{0.001141}{0.5418}\left(\frac{903.3}{2.558}\right)^{0.5}=0.0396$$

查图 7-10 得：$C_{f20R}=0.082$。

$$C_{fR}=C_{f20R}\left(\frac{\sigma_{LR}}{20}\right)^{0.2}=0.082\times\left(\frac{22.12}{20}\right)^{0.2}=0.08367$$

$$u_{fR}=C_{fR}\sqrt{\frac{\rho_{LR}-\rho_{VR}}{\rho_{VR}}}=0.08367\times\sqrt{\frac{903.3-2.558}{2.558}}=1.5701\text{m/s}$$

取安全系数为 0.7，则：$u_R=0.7u_{fR}=0.7\times1.5701=1.0991\text{m/s}$。

$$D_R=\sqrt{\frac{4V_{sR}}{\pi u_R}}=\sqrt{\frac{4\times0.5418}{3.14\times1.0991}}=0.7924\text{m}$$

考虑到浮阀布置和检修方便，圆整取 $D_R=1.0\text{m}$，查表 7-3 可知初选的塔板间距 H_{TR} 在经验值范围内。

塔截面积： $A_{TR}=\frac{\pi}{4}D_R^2=0.785\times1.0^2=0.785\text{m}^2$

实际空塔气速： $u_R=\frac{V_{sR}}{A_{TR}}=\frac{0.5418}{0.785}=0.6902\text{m/s}$

2）提馏段。初选板间距 $H_{TS}=0.45\text{m}$，板上清液层高度 $h_{LS}=0.07\text{m}$，则 $H_{TS}-h_{LS}=0.38\text{m}$。

$$\frac{L_{sS}}{V_{sS}}\left(\frac{\rho_{LS}}{\rho_{VS}}\right)^{0.5}=\frac{0.002071}{0.5524}\left(\frac{878.3}{2.665}\right)^{0.5}=0.0681$$

查图 7-10 得：$C_{f20S}=0.079$。

$$C_{fS}=C_{f20S}\left(\frac{\sigma_{LS}}{20}\right)^{0.2}=0.079\times\left(\frac{20.33}{20}\right)^{0.2}=0.07926$$

$$u_{fS}=C_{fS}\sqrt{\frac{\rho_{LS}-\rho_{VS}}{\rho_{VS}}}=0.07926\times\sqrt{\frac{878.3-2.665}{2.665}}=1.4367\text{m/s}$$

取安全系数为 0.7，则：

$$u_S=0.7u_{fS}=0.7\times1.4367=1.0057\text{m/s}$$

$$D_S=\sqrt{\frac{4V_{sS}}{\pi u_S}}=\sqrt{\frac{4\times0.5524}{3.14\times1.0057}}=0.8365\text{m}$$

圆整取 $D_S=1.0\text{m}$，查表 7-3 可知初选的塔板间距 H_{TS}在经验值范围内。

塔截面积： $A_{TS}=\frac{\pi}{4}D_S^2=0.785\times1.0^2=0.785\text{m}^2$

实际空塔气速： $u_S=\frac{V_{sS}}{A_{TS}}=\frac{0.5524}{0.785}=0.7037\text{m/s}$

因此，设计中采用等径塔，塔径 $D=1.0\text{m}$，塔截面积 $A_T=0.785\text{m}^2$，板间距 $H_T=0.45\text{m}$，板上清液层高度 $h_L=0.07\text{m}$。

7. 精馏塔有效高度的计算

$$Z=\left(\frac{N_T}{E_T}-1\right)H_T=\left(\frac{22}{64.77\%}-1\right)\times0.45=14.83\text{m}$$

8. 溢流装置的计算

因塔径 $D=1.0\text{m}$，可选用单溢流弓形降液管，采用凹形受液盘，各项计算如下。

（1）堰长。取堰长 $l_W=0.66D=0.66\times1.0=0.66\text{m}$。

（2）堰高。本设计采用平直堰，由式（7-9）计算堰上液层高度 h_{OW}，并近似取 $E=1$。

1）精馏段。

堰上液层高度：

$$h_{OWR}=\frac{2.84}{1000}E\left(\frac{L_{hR}}{l_W}\right)^{2/3}=\frac{2.84}{1000}\times\left(\frac{0.001141\times3600}{0.66}\right)^{2/3}=0.0096\text{m}>0.006\text{m}$$

满足设计要求。

堰高：$$h_{WR}=h_L-h_{OWR}=0.07-0.0096=0.0604\text{m}$$

2）提馏段。

堰上液层高度：

$$h_{OWS}=\frac{2.84}{1000}E\left(\frac{L_{hS}}{l_W}\right)^{2/3}=\frac{2.84}{1000}\times\left(\frac{0.002071\times3600}{0.66}\right)^{2/3}=0.0143\text{m}>0.006\text{m}$$

满足设计要求。

堰高：$$h_{WS}=h_L-h_{OWS}=0.07-0.0143=0.0557\text{m}$$

（3）降液管的宽度和横截面积。由 $\frac{l_W}{D}=0.66$，查图 7-17 得：$\frac{W_d}{D}=0.124$，$\frac{A_f}{A_T}=0.0722$，故

降液管宽度：$$W_d=0.124\times1.0=0.124\text{m}$$

降液管截面积：$$A_f=0.0722\times0.785=0.0567\text{m}^2$$

（4）降液管底隙高度。

1）精馏段。降液管底隙高度：

$$h_{0R}=h_{WR}-0.006=0.0604-0.006=0.0544\text{m}$$

2）提馏段。降液管底隙高度：

$$h_{0S}=h_{WS}-0.006=0.0557-0.006=0.0497\text{m}$$

9. 塔板布置

（1）边缘区和安定区宽度。本设计取边缘区宽度 $W_c=0.04\text{m}$，安定区宽度 $W_s=0.07\text{m}$。

（2）开孔区面积。

$$r=\frac{D}{2}-W_c=\frac{1.0}{2}-0.04=0.46\text{m}$$

$$x=\frac{D}{2}-(W_d+W_s)=\frac{1.0}{2}-(0.124+0.07)=0.306\text{m}$$

开孔区面积：

$$\begin{aligned}A_a&=2\left(x\sqrt{r^2-x^2}+r^2\arcsin\frac{x}{r}\right)\\&=2\times\left(0.306\times\sqrt{0.46^2-0.306^2}+0.46^2\arcsin\frac{0.306}{0.46}\right)=0.518\text{m}^2\end{aligned}$$

10. 浮阀的计算和排列

（1）浮阀型号。本设计选用 F_1 型重阀，阀孔直径 $d_0=39\text{mm}$。

（2）浮阀数目与排列。

1）精馏段。取阀孔刚好全开时的动能因子 $F_{0R}=11$。

阀孔气速：
$$u_{0R}=\frac{F_{0R}}{\sqrt{\rho_{VR}}}=\frac{11}{\sqrt{2.558}}=6.8777\text{m/s}$$

浮阀数目：
$$n_R=\frac{V_{sR}}{\frac{\pi}{4}d_0^2u_{0R}}=\frac{0.5418}{0.785\times0.039^2\times6.8777}=65.98\approx66$$

因塔径 $D=1.0$m，采用分块式塔板，浮阀排列方式采用等腰三角形排列，取三角形底边孔心距 $t=75$mm，三角形高度 $t'=80$mm，作浮阀布置图如图 7-27 所示，可得实际阀孔数目为 65 个。

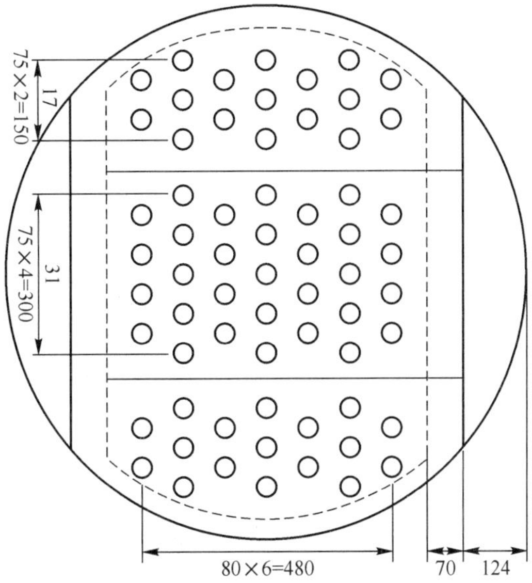

图 7-27 浮阀布置图

按 $n_R=65$ 重新核算孔速和阀孔动能因子。

阀孔气速：
$$u_{0R}=\frac{V_{sR}}{\frac{\pi}{4}d_0^2n_R}=\frac{0.5418}{0.785\times0.039^2\times65}=6.9811\text{m/s}$$

阀孔动能因子：$F_{0R}=u_{0R}\sqrt{\rho_{VR}}=6.9811\times\sqrt{2.558}=11.17$

阀孔动能因子在 9～12 范围内。

开孔率：
$$\phi_R=n_R\frac{d_0^2}{D^2}\times100\%=65\times\frac{0.039^2}{1.0^2}\times100\%=9.89\%$$

2）提馏段。取阀孔刚好全开时的动能因子 $F_{0S}=11$。

阀孔气速：
$$u_{0S}=\frac{F_{0S}}{\sqrt{\rho_{VS}}}=\frac{11}{\sqrt{2.665}}=6.7382\text{m/s}$$

浮阀数目：
$$n_S=\frac{V_{sS}}{\frac{\pi}{4}d_0^2u_{0S}}=\frac{0.5524}{0.785\times0.039^2\times6.7382}=68.66\approx69$$

因塔径 $D=1.0\mathrm{m}$，采用分块式塔板，浮阀排列方式采用等腰三角形排列，取三角形底边孔心距 $t=75\mathrm{mm}$，三角形高度 $t'=80\mathrm{mm}$，作浮阀布置图与图 7-27 相同，可得实际阀孔数目为 65 个。

按 $n_S=65$ 重新核算孔速和阀孔动能因子。

阀孔气速：
$$u_{0S}=\frac{V_{sS}}{\frac{\pi}{4}d_0^2 n_S}=\frac{0.5524}{0.785\times0.039^2\times65}=7.1177\mathrm{m/s}$$

阀孔动能因子：$F_{0S}=u_{0S}\sqrt{\rho_{VS}}=7.1177\times\sqrt{2.665}=11.62$

阀孔动能因子在 9 ~ 12 范围内。

开孔率：
$$\phi_S=n_S\frac{d_0^2}{D^2}\times100\%=65\times\frac{0.039^2}{1.0^2}\times100\%=9.89\%$$

11. 塔板的流体力学校核

（1）塔板压降。

1）精馏段。

① 干板阻力。临界阀孔气速：
$$u_{0CR}=\left(\frac{73}{\rho_{VR}}\right)^{1/1.825}=\left(\frac{73}{2.558}\right)^{1/1.825}=6.2732\mathrm{m/s}<u_{0R}$$

故阀孔处于全开状态。

干板阻力：
$$h_{CR}=5.34\frac{\rho_{VR}}{\rho_{LR}}\frac{u_{0R}^2}{2g}=5.34\times\frac{2.558}{903.3}\times\frac{6.9811^2}{2\times9.81}=0.03756\mathrm{m}$$

② 气体通过液层的阻力。取充气系数 $\beta=0.5$，板上清液层高度 $h_L=0.07\mathrm{m}$，则气体通过液层的阻力：
$$h_{ER}=\beta h_L=0.5\times0.07=0.035\mathrm{m}$$

③ 液体的表面张力阻力。液体的表面张力阻力很小，可忽略不计，即 $h_{\sigma R}\approx0$。

塔板阻力：$h_{PR}=h_{CR}+h_{ER}+h_{\sigma R}=0.03756+0.035=0.07256$

塔板压降：
$$\Delta p_{PR}=\rho_{LR}gh_{PR}=903.3\times9.81\times0.07256=642.98\mathrm{Pa}<0.7\mathrm{kPa}$$

满足设计要求。

2）提馏段。

① 干板阻力。临界阀孔气速：
$$u_{0CS}=\left(\frac{73}{\rho_{VS}}\right)^{1/1.825}=\left(\frac{73}{2.665}\right)^{1/1.825}=6.1339\mathrm{m/s}<u_{0S}$$

故阀孔处于全开状态。

干板阻力：
$$h_{CS}=5.34\frac{\rho_{VS}}{\rho_{LS}}\frac{u_{0S}^2}{2g}=5.34\times\frac{2.665}{878.3}\times\frac{7.1177^2}{2\times9.81}=0.04184\mathrm{m}$$

② 气体通过液层的阻力。取充气系数 $\beta=0.5$，板上清液层高度 $h_L=0.07\mathrm{m}$，则气体通过液层的阻力：
$$h_{ES}=\beta h_L=0.5\times0.07=0.035\mathrm{m}$$

③ 液体的表面张力阻力。液体的表面张力阻力很小，可忽略不计，即 $h_{\sigma S}\approx0$。

塔板阻力：$h_{PS}=h_{CS}+h_{ES}+h_{\sigma S}=0.04184+0.035=0.07684$

塔板压降：

$$\Delta p_{PS}=\rho_{LS}gh_{PS}=878.3\times9.81\times0.07684=662.05\text{Pa}<0.7\text{kPa}$$

满足设计要求。

（2）液沫夹带。

液体横过塔板流动的距离：

$$Z_L=D-2W_d=1.0-2\times0.124=0.752\text{m}$$

塔板上液流面积：

$$A_b=A_T-2A_f=0.785-2\times0.0567=0.6716\text{m}^2$$

查表7-6取系统因数 $K=1.0$。

1）精馏段。由 $H_T=0.45\text{m}$ 和 $\rho_{VR}=2.558\text{kg/m}^3$，查图7-25得泛点负荷因子 $C_{fR}=0.127\text{m/s}$。

泛点率：

$$F_{R1}=\frac{V_{sR}\sqrt{\dfrac{\rho_{VR}}{\rho_{LR}-\rho_{VR}}}+1.36L_{sR}Z_L}{KC_{fR}A_b}\times100\%$$

$$=\frac{0.5418\times\sqrt{\dfrac{2.558}{903.3-2.558}}+1.36\times0.001141\times0.752}{1.0\times0.127\times0.6716}\times100\%=35.22\%<80\%$$

$$F_{R2}=\frac{V_{sR}\sqrt{\dfrac{\rho_{VR}}{\rho_{LR}-\rho_{VR}}}}{0.78KC_{fR}A_T}\times100\%=\frac{0.5418\times\sqrt{\dfrac{2.558}{903.3-2.558}}}{0.78\times1.0\times0.127\times0.6716}\times100\%=43.40\%<80\%$$

不会产生过量的液沫夹带。

2）提馏段。由 $H_T=0.45\text{m}$ 和 $\rho_{VS}=2.665\text{kg/m}^3$，查图7-25得泛点负荷因子 $C_{fS}=0.127\text{m/s}$。

泛点率：

$$F_{S1}=\frac{V_{sS}\sqrt{\dfrac{\rho_{VS}}{\rho_{LS}-\rho_{VS}}}+1.36L_{sS}Z_L}{KC_{fS}A_b}\times100\%$$

$$=\frac{0.5524\times\sqrt{\dfrac{2.665}{878.3-2.665}}+1.36\times0.002071\times0.752}{1.0\times0.127\times0.6716}\times100\%=38.21\%<80\%$$

$$F_{S2}=\frac{V_{sS}\sqrt{\dfrac{\rho_{VS}}{\rho_{LS}-\rho_{VS}}}}{0.78KC_{fS}A_T}\times100\%=\frac{0.5524\times\sqrt{\dfrac{2.665}{878.3-2.665}}}{0.78\times1.0\times0.127\times0.6716}\times100\%=45.81\%<80\%$$

不会产生过量的液沫夹带。

（3）气泡夹带。

1）精馏段。降液管内液体的停留时间：

$$\tau_R=\frac{A_fH_T}{L_{sR}}=\frac{0.0567\times0.45}{0.001141}=22.36\text{s}>5\text{s}$$

不会产生过量的气泡夹带。

2）提馏段。降液管内液体的停留时间：

$$\tau_S = \frac{A_f H_T}{L_{sS}} = \frac{0.0567 \times 0.45}{0.002071} = 12.32\text{s} > 5\text{s}$$

不会产生过量的气泡夹带。

（4）漏液。

1）精馏段。取漏液时的阀孔动能因子 $F_{0R} = 5$。

漏液点孔速：
$$u_{OWR} = \frac{F_{0R}}{\sqrt{\rho_{VR}}} = \frac{5}{\sqrt{2.558}} = 3.1262\text{m/s}$$

稳定系数：
$$K_R = \frac{u_{0R}}{u_{OWR}} = \frac{6.9811}{3.1262} = 2.233 \geqslant 1.5 \sim 2$$

不会产生漏液。

2）提馏段。取漏液时的阀孔动能因子 $F_{0S} = 5$。

漏液点孔速：
$$u_{OWS} = \frac{F_{0S}}{\sqrt{\rho_{VS}}} = \frac{5}{\sqrt{2.665}} = 3.0628\text{m/s}$$

稳定系数：
$$K_S = \frac{u_{0S}}{u_{OWS}} = \frac{7.1177}{3.0628} = 2.324 \geqslant 1.5 \sim 2$$

不会产生漏液。

（5）液泛。

1）精馏段。 $h_{PR} = 0.07256$， $h_L = 0.07\text{m}$

采用凹形受液盘，板上不设进口堰，故液体流过降液管的阻力：

$$h_{dR} = 0.153\left(\frac{L_{sR}}{l_W h_{0R}}\right)^2 = 0.153 \times \left(\frac{0.001141}{0.66 \times 0.0544}\right)^2 = 1.545 \times 10^{-4}\text{m}$$

降液管内清液层高度：

$$H_{dR} = h_{PR} + h_L + h_{dR} = 0.07256 + 0.07 + 1.545 \times 10^{-4} = 0.1427\text{m}$$

取 $\varphi = 0.5$，则：

$$\varphi(H_T + h_{WR}) = 0.5 \times (0.45 + 0.0604) = 0.2552\text{m}$$

因此，$H_{dR} < \varphi(H_T + h_{WR})$，不会发生溢流液泛。

2）提馏段。 $h_{PS} = 0.07684$， $h_L = 0.07\text{m}$

采用凹形受液盘，板上不设进口堰，故液体流过降液管的阻力：

$$h_{dS} = 0.153\left(\frac{L_{sS}}{l_W h_{0S}}\right)^2 = 0.153 \times \left(\frac{0.002071}{0.66 \times 0.0497}\right)^2 = 6.099 \times 10^{-4}\text{m}$$

降液管内清液层高度：

$$H_{dS} = h_{PS} + h_L + h_{dS} = 0.07684 + 0.07 + 6.099 \times 10^{-4} = 0.1474\text{m}$$

取 $\varphi = 0.5$，则：

$$\varphi(H_T + h_{WS}) = 0.5 \times (0.45 + 0.0557) = 0.2529\text{m}$$

因此，$H_{dS} < \varphi(H_T + h_{WS})$，不会发生溢流液泛。

12. 塔板负荷性能图

（1）过量液沫夹带线。根据液沫夹带校核时计算所得泛点率的相对大小，本例选择式（7-48）绘制过量液沫夹带线。

1）精馏段。令泛点率 $F_R=80\%$，代入数据可得：

$$\frac{V_{sR}\times\sqrt{\frac{2.558}{903.3-2.558}}}{0.78\times1.0\times0.127\times0.6716}\times100\%=80\%$$

解得：$V_{sR}=0.9987\text{m}^3/\text{s}$

2）提馏段。令泛点率 $F_S=80\%$，代入数据可得：

$$\frac{V_{sS}\times\sqrt{\frac{2.665}{878.3-2.665}}}{0.78\times1.0\times0.127\times0.6716}\times100\%=80\%$$

解得：$V_{sS}=0.9647\text{m}^3/\text{s}$

（2）液相负荷下限线。取堰上液层高度 $h_{OW}=0.006\text{m}$，近似取 $E=1$，将数据代入式（7-9）可得：

$$0.006=\frac{2.84}{1000}\times\left(\frac{3600L_s}{0.66}\right)^{2/3}$$

解得：$L_s=5.6298\times10^{-4}\text{m}^3/\text{s}$

（3）严重漏液线。

1）精馏段。

漏液点孔速：$u_{OWR}=3.1262\text{m/s}$

相应气相流量：

$$V_{sR}=n_R\frac{\pi}{4}d_0^2u_{OWR}=65\times0.785\times0.039^2\times3.1262=0.2426\text{m}^3/\text{s}$$

2）提馏段。

漏液点孔速：$u_{OWS}=3.0628\text{m/s}$

相应气相流量：

$$V_{sS}=n_S\frac{\pi}{4}d_0^2u_{OWS}=65\times0.785\times0.039^2\times3.0628=0.2377\text{m}^3/\text{s}$$

（4）液相负荷上限线。取降液管内液体停留时间 $\tau=5\text{s}$，代入式（7-35）可得：

$$5=\frac{0.0567\times0.45}{L_s}$$

解得：$L_s=0.005103\text{m}^3/\text{s}$

（5）溢流液泛线。发生溢流液泛时：

$$\varphi(H_T+h_W)=H_d=h_P+h_L+h_d=h_C+h_E+h_\sigma+h_L+h_d$$

忽略式中 h_σ，有：

$$\begin{aligned}\varphi(H_T+h_W)&=5.34\frac{\rho_V}{\rho_L}\frac{u_0^2}{2g}+(1+\beta)h_L+0.153\left(\frac{L_s}{l_Wh_0}\right)^2\\&=5.34\frac{\rho_V}{\rho_L}\frac{u_0^2}{2g}+(1+\beta)(h_W+h_{OW})+0.153\left(\frac{L_s}{l_Wh_0}\right)^2\\&=5.34\frac{\rho_V}{\rho_L}\frac{u_0^2}{2g}+(1+\beta)\left[h_W+\frac{2.84}{1000}E\left(\frac{3600L_s}{l_W}\right)^{2/3}\right]+0.153\left(\frac{L_s}{l_Wh_0}\right)^2\\&=5.34\frac{\rho_V}{\rho_L}\frac{8V_s^2}{\pi^2d_0^4n^2g}+(1+\beta)\left[h_W+\frac{2.84}{1000}E\left(\frac{3600L_s}{l_W}\right)^{2/3}\right]+0.153\left(\frac{L_s}{l_Wh_0}\right)^2\end{aligned}$$

1）精馏段。代入数据，可得：

$$0.5\times(0.45+0.0604)=5.34\times\frac{2.558}{903.3}\times\frac{8V_{sR}^2}{3.14^2\times0.039^4\times65^2\times9.81}+$$

$$(1+0.5)\left[0.0604+\frac{2.84}{1000}\times\left(\frac{3600L_{sR}}{0.66}\right)^{2/3}\right]+$$

$$0.153\times\left(\frac{L_{sR}}{0.66\times0.0544}\right)^2$$

整理得：$$V_{sR}^2=1.9938-11.0205L_{sR}^{2/3}-927.2478L_{sR}^2$$

2）提馏段。代入数据，可得：

$$0.5\times(0.45+0.0557)=5.34\times\frac{2.665}{878.3}\times\frac{8V_{sS}^2}{3.14^2\times0.039^4\times65^2\times9.81}+$$

$$(1+0.5)\left[0.0557+\frac{2.84}{1000}\times\left(\frac{3600L_{sS}}{0.66}\right)^{2/3}\right]+$$

$$0.153\times\left(\frac{L_{sS}}{0.66\times0.0497}\right)^2$$

整理得：$$V_{sS}^2=1.8443-10.2378L_{sS}^{2/3}-1037.1781L_{sS}^2$$

在操作范围内，取若干个 L_s 值，可算出相应 V_s，计算结果列于表 7-7。

表 7-7 溢流液泛线计算结果 （m^3/s）

精馏段		提馏段	
L_{sR}	V_{sR}	L_{sS}	V_{sS}
0.001	1.8827	0.001	1.7409
0.002	1.8152	0.002	1.6777
0.003	1.7563	0.003	1.6221
0.004	1.7013	0.004	1.5698
0.005	1.6484	0.005	1.5191
0.006	1.5966	0.006	1.4690

（6）操作线。

1）精馏段。

操作气液比：$$\frac{V_{sR}}{L_{sR}}=\frac{0.5418}{0.001141}=474.85$$

操作线为过定点 $O(0,0)$ 和 $P(0.001141,0.5418)$ 的直线，其中 P 为设计点。

2）提馏段。

操作气液比：$$\frac{V_{sS}}{L_{sS}}=\frac{0.5524}{0.002071}=266.73$$

操作线为过定点 $O(0,0)$ 和 $P(0.002071,0.5524)$ 的直线，其中 P 为设计点。

由以上（1）~（6）分别作出精馏段和提馏段的塔板负荷性能图，如图 7-28 和图 7-29 所示。

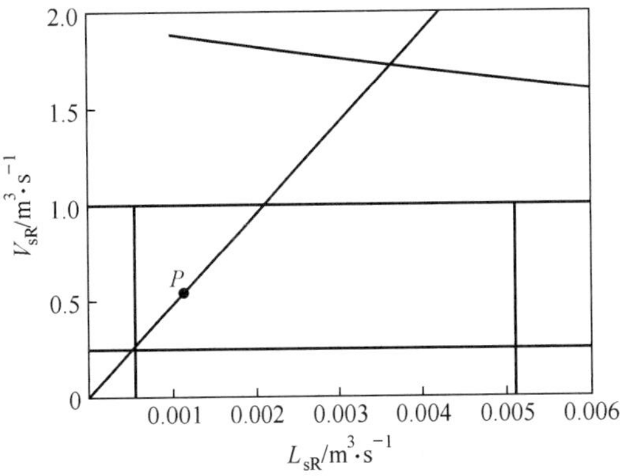

图 7-28 精馏段塔板负荷性能图

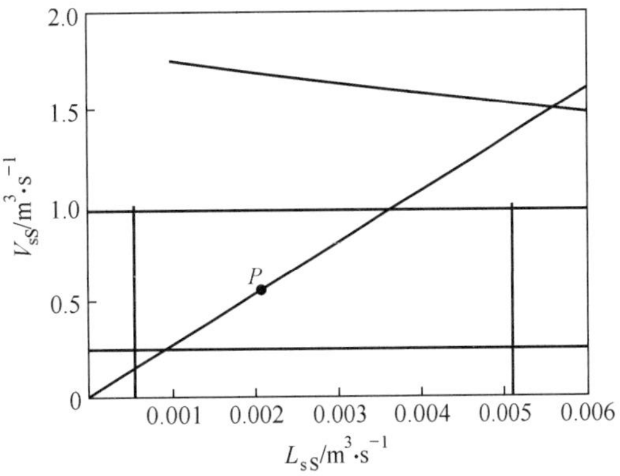

图 7-29 提馏段塔板负荷性能图

（7）操作弹性。

1）精馏段。由图 7-28 可以看出，设计点 P 处于正常操作区域的适中位置。塔板的气相负荷上限由液沫夹带线控制；下限由液相负荷下限线控制。按固定的气液比，由图可查出塔板的气相负荷上限 $V_{sR,max}=0.9987m^3/s$，气相负荷下限 $V_{sR,min}=0.2673m^3/s$，故操作弹性为：$V_{sR,max}/V_{sR,min}=0.9987/0.2673=3.74$。

2）提馏段。由图 7-29 可以看出，设计点 P 处于正常操作区域的适中位置。塔板的气相负荷上限由液沫夹带线控制；下限由严重漏液线控制。按固定的气液比，由图可查出塔板的气相负荷上限 $V_{sR,max}=0.9647m^3/s$，气相负荷下限 $V_{sR,min}=0.2377m^3/s$，故操作弹性为：$V_{sR,max}/V_{sR,min}=0.9647/0.2377=4.06$。

综上，该浮阀塔各项指标均满足要求，有较好的操作弹性，设计较为合理。

13. 浮阀塔主要工艺计算结果和工艺尺寸

浮阀塔主要工艺计算结果和工艺尺寸见表 7-8。

表 7-8 浮阀塔主要工艺计算结果和工艺尺寸

项目		计算结果	
		精馏段	提馏段
平均压力 p/kPa		101.3	
平均温度 t/℃		186.1	195.2
实际塔板数 N/块		16	19
平均流量	气相 $V_s/m^3\cdot s^{-1}$	0.5418	0.5524
	液相 $L_s/m^3\cdot s^{-1}$	0.001141	0.002071
板间距 H_T/m		0.45	
板上清液层高 h_L/m		0.07	
塔径 D/m		1.0	
空塔气速 $u/m\cdot s^{-1}$		0.6902	0.7037
有效高度 Z/m		14.83	

续表 7-8

项目		计算结果 精馏段	计算结果 提馏段
溢流装置	降液管类型	弓形	
	溢流方式	单溢流	
	受液盘形式	凹形	
	堰长 l_W/m	0.66	
	堰高 h_W/m	0.0604	0.0557
	降液管宽度 W_d/m	0.124	
	降液管横截面积 A_f/m^2	0.0567	
	降液管底隙高度 h_0/m	0.0544	0.0497
塔板布置	边缘区宽度 W_c/m	0.04	
	安定区宽度 W_s/m	0.07	
	开孔区面积 A_a/m^2	0.518	
浮阀布置	浮阀类型	F_1 型重阀	
	孔径 d_0/m	0.039	
	浮阀数 n/个	65	
	排列方式	等腰三角形	
	孔心距 t/m	0.075	
	排间距 t'/m	0.080	
	阀孔气速 $u_0/m \cdot s^{-1}$	6.9811	7.1177
	阀孔动能因子 $F_0/kg^{0.5} \cdot (m^{0.5} \cdot s)^{-1}$	11.17	11.62
	开孔率 ϕ/%	9.89	
塔板流体力学校核	单板压降 Δp_P/Pa	642.98	662.05
	泛点率 F/%	43.40	45.81
	降液管内液体停留时间 τ/s	22.36	12.32
	稳定系数 K	2.233	2.324
	降液管内清液层高度 H_d/m	0.1427	0.1474
塔板负荷性能	负荷上限	液沫夹带控制	液沫夹带控制
	负荷下限	液流均布控制	漏液控制
	气相最大负荷 $V_{s,max}/m^3 \cdot s^{-1}$	0.9987	0.9647
	气相最小负荷 $V_{s,min}/m^3 \cdot s^{-1}$	0.2673	0.2377
	操作弹性	3.74	4.06

7.4 辅助设备的设计

精馏装置的辅助设备包括冷凝器、再沸器、进料预热器、产品冷却器、原料罐、回流管和产品罐等。此外，还有连接各单元设备用于输送物料的管道和泵等，它们的选择和设计计算可根据有关的传热和流体力学知识，并参考生产现场的经验数据来解决，其中泵的选取，应在对设备和管道作出总体布置后进行。下面仅就传热设备、容器及管路的设计和泵的选取作简要说明。

7.4.1 传热设备

7.4.1.1 冷凝器

塔顶回流冷凝器通常采用管壳式换热器，其类型有卧式和立式两种，被冷凝的工艺蒸汽可以走壳程，也可以走管程，比较常用的是卧式壳程冷凝器和立式管程冷凝器。按冷凝器与塔的相对位置区分，有以下几类（见图 7-30）。

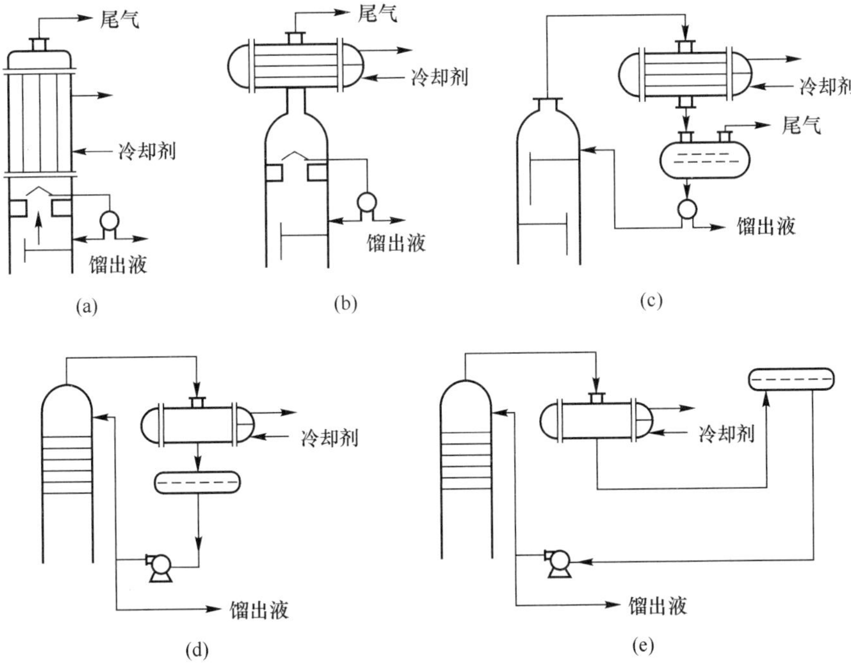

图 7-30 塔顶回流冷凝器

（a）整体式（立式）；（b）整体式（卧式）；（c）自流式；（d）强制循环式（冷凝器置于回流罐之上）；（e）强制循环式（冷凝器置于回流罐之下）

（1）整体式及自流式。将冷凝器直接安置于塔顶，冷凝器借重力回流入塔，即整体式冷凝器，又称内回流式，如图 7-30(a)和(b)所示。其优点是蒸汽压降较小，节省安装面积，可借改变升气管或塔板位置调节位差以保证回流与采出所需的压头。缺点是塔顶结构复杂，维修不便，且回流比难以精确控制。该方式常用于以下几种情况：1）传热面积较小（$50m^2$ 以下）；2）冷凝液难以用泵输送或用泵输送有危险的场合；3）减压精馏过程。

自流式冷凝器是将冷凝器置于塔顶附近的台架上，靠改变台架高度获得回流和采出所需的位差，如图 7-30(c)所示，目前多采用此种方式。

(2) 强制循环式。当塔的处理量很大或塔板数很多时，若回流冷凝器置于塔顶将造成安装、检修等诸多不便，且造价较高，此时可将冷凝器置于塔下部适当位置，用泵向塔顶输送回流液，冷凝器和泵之间需设回流罐以作缓冲，即为强制循环式。冷凝器置于回流罐之上时（见图 7-30(d)），回流罐的位置应保证其中液面与泵入口间的位差大于泵的汽蚀余量，若罐内液温接近沸点时，应使罐内液面比泵入口高出 3m 以上。冷凝器置于回流罐之下时（见图 7-30(e)），可将冷凝器置于地面，冷凝液借压差流入回流罐中，这样可以减少台架，且便于维修，主要用于常压或加压精馏。

冷凝器选型时应考虑的因素包括被冷凝工艺蒸汽的压力、组分数和冷凝液的特性。如工艺蒸汽的压力较低，为减小压降，宜在壳程冷凝。反之，对压力较高的蒸汽，为减少设备投资，宜在管程冷凝。若冷凝多组分的工艺蒸汽或在汽提时能够防止低沸点组分冷凝，宜采用立式管程冷凝器。如冷凝液可能冻结，为使冻结物影响小些，宜在壳程冷凝。如工艺蒸汽含垢或有聚合作用，为便于清洗宜在管程冷凝。冷凝器的设计步骤与换热器的设计步骤相同，但当冷凝器用于精馏过程时，考虑到精馏塔操作回流比需要调整，同时还可能兼有调节塔压的作用，应适当加大冷凝器的面积裕度，一般在 30% 左右。

7.4.1.2 再沸器

再沸器（蒸馏釜）的作用是加热塔底料液使之部分汽化，以提供精馏塔内的上升气流。工业上常用的再沸器有以下几种（见图 7-31）。

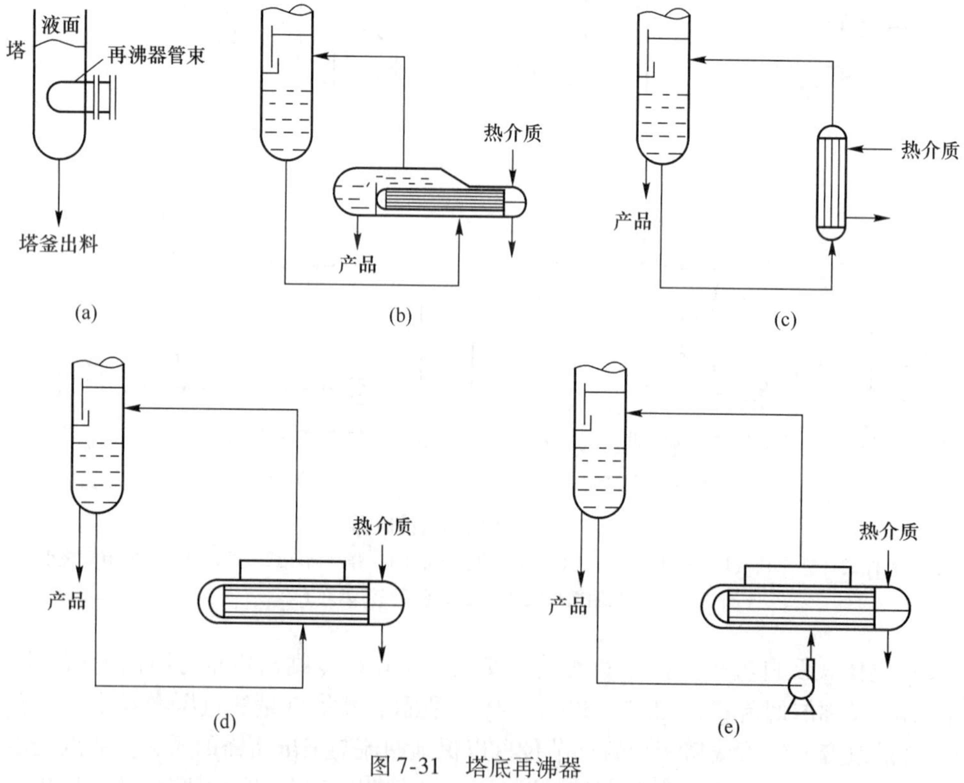

图 7-31 塔底再沸器

(a) 内置式再沸器；(b) 釜式（罐式）再沸器；(c) 立式热虹吸式再沸器；(d) 卧式热虹吸式再沸器；(e) 卧式强制循环式再沸器

(1) 内置式再沸器（蒸馏釜）。将加热装置直接置于塔的底部，称为内置式再沸器（蒸馏釜），如图7-31(a)所示。加热装置可以采用夹套、蛇管或管壳式加热器等不同形式，其装料系数按物系气泡倾向取为60% ~80%。内置式再沸器（蒸馏釜）的优点是安装方便、可减少占地面积，通常用于直径小于600mm的精馏塔中。

(2) 釜式（罐式）再沸器。对直径较大的塔，一般将再沸器置于塔外，如图7-31(b)所示。其管束可以抽出，为保证管束浸于沸腾液中，管束末端设溢流堰，堰外空间为出料液的缓冲区。其液面以上空间为气液分离空间，设计中一般要求气液分离空间为再沸器总体积的30%以上。釜式（罐式）再沸器的优点是汽化率高，可达80%以上。若工艺过程要求较高的汽化率，宜采用釜式（罐式）再沸器。此外，对某些塔底物料需分批移出的塔或间歇精馏塔，因操作范围变化大，也应采用釜式（罐式）再沸器。

(3) 热虹吸式再沸器。利用热虹吸原理，即再沸器内液体被加热部分汽化后，气液混合物密度小于塔内液相密度，使再沸器与塔间产生静压差，促使塔底液体被“虹吸”进入再沸器，在再沸器内汽化后返回塔中，因而不必用泵便可使塔底液体循环。热虹吸式再沸器有立式和卧式两种。

图7-31(c)所示的立式热虹吸式再沸器的优点在于按单位面积计的金属耗用量显著低于其他型式，且传热效果好、占地面积小、连接管道短。但立式热虹吸式再沸器安装时要求精馏塔底部液面与再沸器顶部管板持平，要有固定标高，其循环速率受流体力学因素制约。当处理量大，要求循环量和传热面也大时，常选用卧式热虹吸式再沸器，如图7-31(d)所示。一是由于随传热面加大其单位面积的金属耗量降低较快，二是其循环量受流体力学影响较小，可在一定范围内调整塔底与再沸器之间的高度差以适应要求。

热虹吸式再沸器的汽化率不能大于40%，否则传热不良，且因加热管不能充分润湿而易结垢，故对要求较高汽化率的工艺过程和处理易结垢的物料不宜采用。

(4) 强制循环式再沸器。用泵使塔底液体在再沸器与塔间进行循环，称为强制循环式再沸器，可采用立式和卧式两种形式，图7-31(e)所示为卧式强制循环式再沸器。强制循环式再沸器的优点在于液体流速大，停留时间短，便于控制和调节液体循环量。该方式特别适合于高黏度液体和热敏性物料的蒸馏过程。

强制循环式再沸器因采用泵循环，使得操作费用增加，而且釜温较高时需选用耐高温泵，设备费用较高。另外料液易发生泄漏，除特殊需要外，一般不宜采用。

再沸器设计时，需要考虑的因素有：再沸器进料的黏度、进料的流动类型、进料的汽化率和为再沸器提供进料的塔内液位等。再沸器的传热面积是决定塔操作弹性的主要因素之一，故估算其传热面积时应留有足够的裕度，以防塔底汽化量不足影响操作。

7.4.1.3 进料预热器和产品冷却器

进料预热器和产品冷却器有可能采用公用工程物流进行加热或冷却，也可能采用工艺物流进行换热以回收热量，这与冷、热物流的物性及操作条件有关。结合冷、热物流的性质及工艺条件，选择换热器的型式，估算传热面积。

7.4.2 容器、管道和泵

7.4.2.1 容器

容器包括原料、产品储罐及不合格产品罐、中间缓冲罐、回流罐、气液分离罐等。该设备主要工艺指标通常是容积，容积是根据工艺要求物流在容器内的停留时间而定。对缓冲罐，为保证工艺流程中流量操作稳定，其停留时间通常是下游使用设备 5 ~ 10min 的用量，有时可以超过 15min 的用量。对回流罐一般考虑 5 ~ 10min 的液体保有量，作冷凝器液封之用。而对原料罐，应根据运输条件和消耗情况而定，一般对全厂性的原料，至少有一个月的耗用量存储，车间原料至少有半个月的存储。液体产品罐一般至少有一周的产品产量。根据以上原则计算的储罐容积是其有效容积，有效容积与储罐总体积之比称为填充系数。不同场合下，填充系数不同，一般在 0.6 ~ 0.8 之间。此外，还应根据物料的工艺条件和存储条件，例如温度、压力和介质物性等，选择容器的材质和结构类型。我国已有许多化工储罐实现了系列化和标准化，在选用时应尽量参考。

7.4.2.2 管道

根据工艺计算提供的数据，例如物流的流量、密度、黏度等，选择经济流速值，由体积流量式计算所需的管径，根据管径计算值，查阅管材手册确定管道规格。

7.4.2.3 泵

精馏装置使用的泵一般包括进料泵、回流泵、产品泵、冷却泵等。在装置的平、立面图布置完成前，只能采用机械能衡算的方法，对物流通过的管道、阀门、管件和单元设备的总阻力进行估算，确定泵所需的扬程。根据泵的扬程和流量要求，结合输送介质的物性和操作条件选择泵的类型和型号。选泵时应以最大流量为基础，如果所取流量值为正常流量，应根据工艺可能出现的波动，在正常流量的基础上乘 1.1 ~ 1.2 的系数，特殊情况下，此系数还可加大。以上计算出的扬程一般也要乘 1.05 ~ 1.1 的安全系数，作为选泵的依据。

8 板式塔的结构设计

板式塔的基本结构由塔体、内件和附件组成，主体结构如图 8-1 所示。塔体多为钢板卷制的圆形筒体，小塔径也用铸铁制造而成。塔两端加盖封头，即顶盖和底盖。通常塔体较高，需由多节筒体焊接而成。对小直径塔，为便于安装维修可采用法兰连接。塔内件包括塔板及其支承、连接件。附件包括各种接管、除沫器、平台、扶梯、裙座、人孔、手孔、吊柱和保温层等。

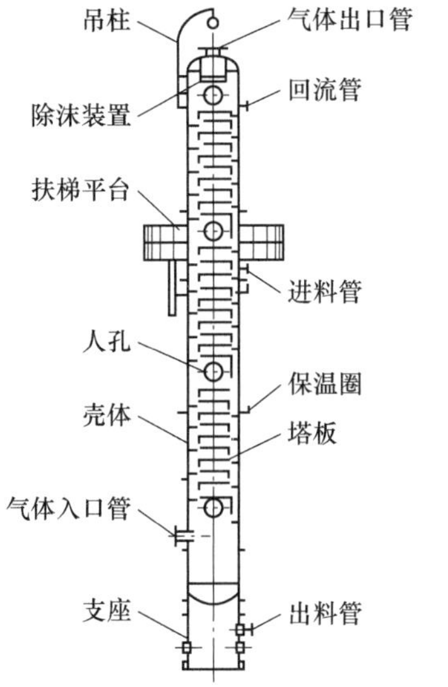

图 8-1　板式塔结构简图

8.1 塔 体 结 构

8.1.1　塔顶空间

塔顶空间是指塔内最上层塔板到塔顶封头底边处的距离，其作用是满足安装塔板和开人孔的需要，也使气体中的液滴自由沉降，减少塔顶出口气体的液体夹带。设计中通常取塔顶间距为 1.5 ~2.0 倍的塔板间距。若需要安装除沫器，要根据除沫器的安装要求确定塔顶间距。

8.1.2　塔底空间

塔底空间是指塔内最下层塔板到塔底封头底边处的距离，具有中间储槽的作用。其值由如下因素决定：

（1）塔底储液空间依存储液量停留 3～8min 或更长时间（易结焦物料可缩短停留时间）而定，使塔底液体不至于流空；

（2）塔底液面至塔内最下层塔板之间要有 1～2m 的间距，大塔可大于此值，以避免因进料引起塔底液面波动，造成液位控制不稳定和过量液沫夹带；

（3）再沸器的安装方式和安装高度。

8.1.3　进料板处板间距

进料板处板间距 H_F 取决于进料口的结构型式和进料状态，其值一般大于板间距，有时要大一倍。为了防止进料直冲塔板，常考虑在进口处安装防冲设施，如防冲挡板、入口堰、缓冲罐等，H_F 的大小应保证这些设施的安全。

8.1.4　塔体总高度

板式塔的总体高度如图 8-2 所示，可按式（8-1）计算：

$$H=(n-n_F-n_P-1)H_T+n_FH_F+n_PH_P+H_D+H_B+H_1+H_2 \tag{8-1}$$

式中　H——塔高，m；

n——实际塔板数；

n_F——进料板数；

n_P——人孔数；

H_T——板间距，m；

H_F——进料处板间距，m；

H_P——人孔处板间距，m；

H_D——塔顶空间，m；

H_B——塔底空间，m；

H_1——塔顶封头高度，m；

H_2——裙座高度，m。

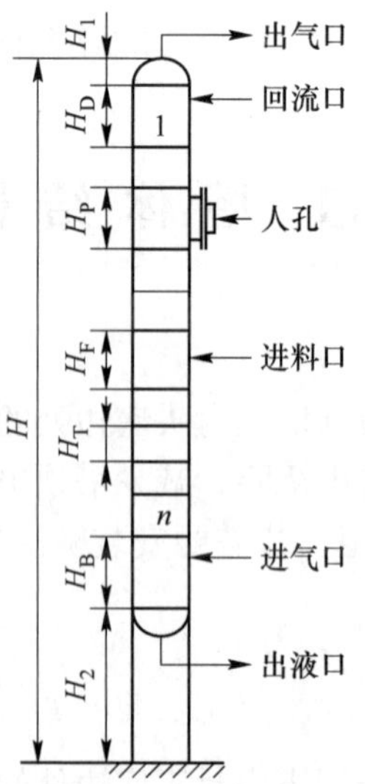

图 8-2　板式塔塔高示意图

8.2 塔 板 结 构

8.2.1 整块式塔板

整块式塔板用在直径较小的塔中，塔体由若干段塔节组成，每个塔节中安装若干层塔板，塔节间用法兰连接。

8.2.1.1 支承结构

整块式塔板的支承结构有定距管式和重叠式两种，整体结构分别如图 8-3 和图 8-4 所示。

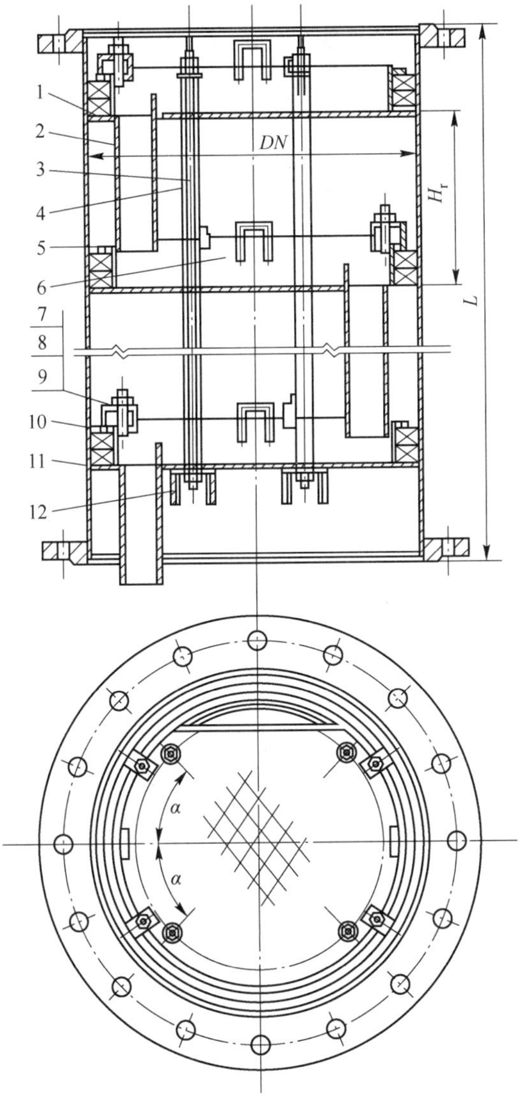

图 8-3 定距管式支承整体结构

1—塔盘板；2—降液管；3—拉杆；4—定距管；5—塔盘圈；6—吊耳；7—螺栓；8—螺母；9—压板；10—压圈；11—石棉绳；12—支座

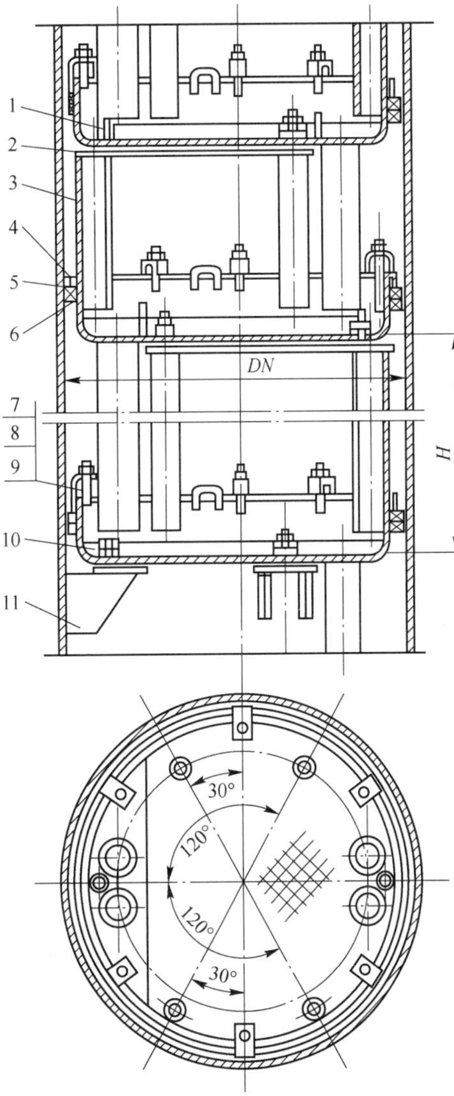

图 8-4 重叠式支承整体结构

1—调节螺栓；2—支承板；3—支柱；4—压圈；5—塔板圈；6—填料支承圈；7—压板；8—螺母；9—螺柱；10—塔板；11—支座

A 定距管式支承结构

定距管式支承结构是用定距管和拉杆把塔板紧固在塔节内的支座上，定距管起着支承塔板和保持塔板间距的作用，支承结构上部如图 8-5(a)所示，支承结构下部如图 8-5(b)所示。这种结构比较简单、拆装方便，当塔节长度不超过 1800mm 时，被广泛采用。塔径为 300 ~500mm 时，拉杆直径取 14mm，塔径为 600 ~900mm 时，拉杆直径取 16mm。定距管尺寸为：碳钢 ϕ25mm ×2. 5mm，不锈钢 ϕ25mm ×2mm。拉杆与定距管的数量按塔径大小可取 3 ~4 个，长度由板间距和塔板数而定。

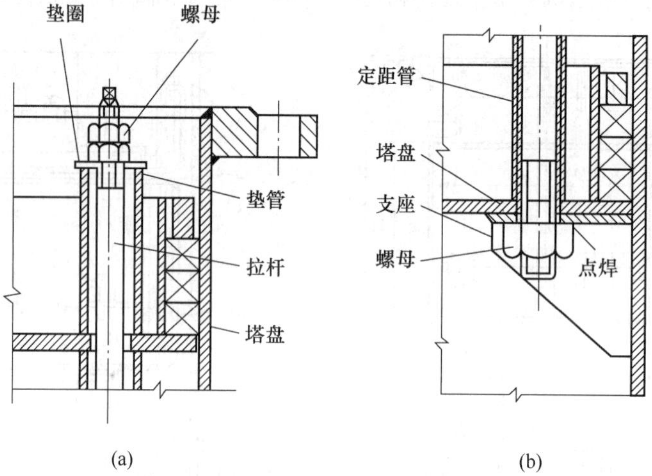

图 8-5 定距管式支承局部结构
（a）支承结构上部；（b）支承结构下部

B 重叠式支承结构

重叠式支承结构在每一塔节下部焊有一组支座（一般为 3 只），底层塔板安装在塔内壁的支座上，然后依次装入上一层塔板，每层塔板的间距由焊在塔板的支柱与支承板定位，并用调节螺栓调整塔板的水平度。三个调节螺栓拧在焊于塔板上的特殊螺母中，且均布在塔板上，如图 8-6 所示。

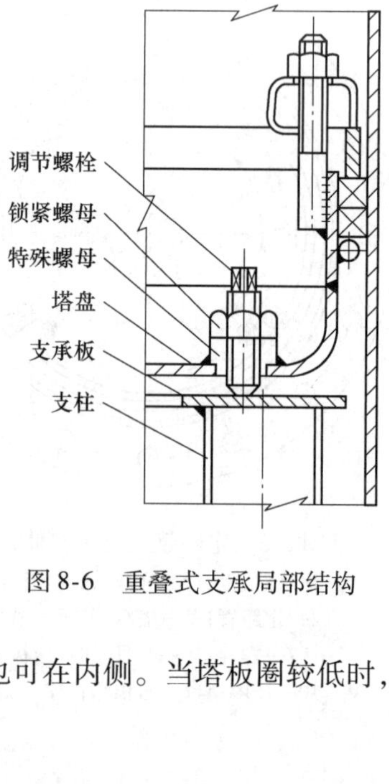

图 8-6 重叠式支承局部结构

重叠式支承结构的优点是塔板的水平度可以用调节螺栓逐层调节，要求人可以进入塔内，故此结构适用于塔径不小于 700mm 的塔。

8. 2. 1. 2 安装结构

无论是定距管式塔板还是重叠式塔板，其安装结构有角焊和翻边两种。

角焊结构如图 8-7 所示，此结构是将塔盘圈焊在塔板上。角焊缝为单面焊，焊缝可在塔盘圈的外侧，也可在内侧。当塔板圈较低时，可采用图 8-7(a)所示的结构；而塔盘圈较高时，可采用图 8-7(b)所示的结构。角焊结构简单，制造方便，但制造时需采取有效措施，减少因焊接变形而引起塔板的不平。

翻边结构如图 8-8 所示，此结构是塔盘圈直接由塔板翻边而成，因此可避免焊接变形。当直边较短或制造条件许可时，可以整体冲压，如图 8-8(a)所示；否则可以另加一截塔盘圈与塔板翻边对焊而成，如图 8-8(b)所示。塔盘圈的高度 h_1 一般取 70mm，但不得低于溢流堰高。塔盘圈与塔壁的间隙一般为 10 ~ 12mm。密封填料支持圈用直径为 8 ~ 12mm 的圆钢弯成，其焊接位置 h_2 由密封填料层数而定，一般为 30 ~ 40mm。

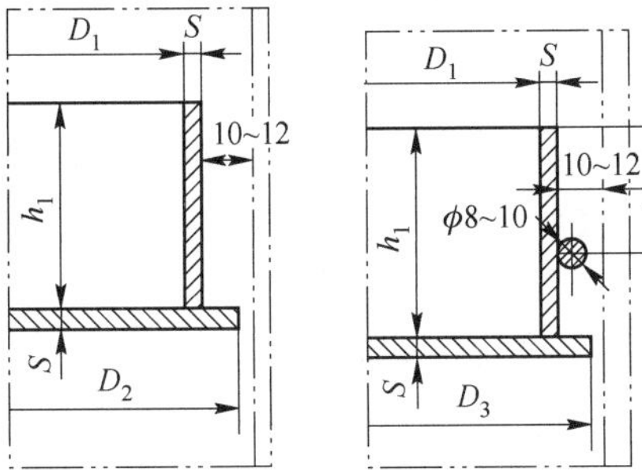

(a) (b)

图 8-7 角焊结构

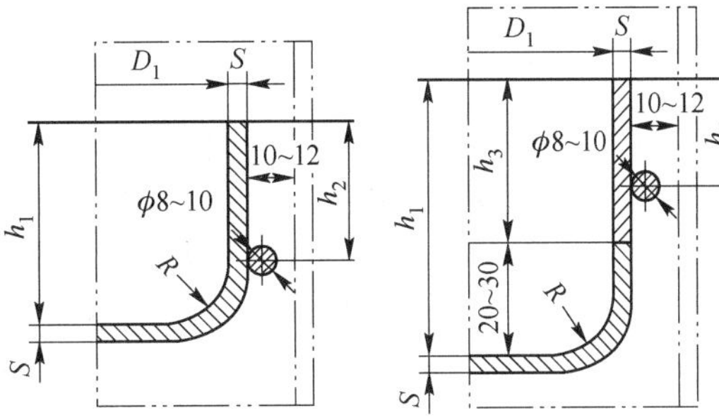

(a) (b)

图 8-8 翻边结构

8.2.1.3 密封结构

整块式塔板和塔壁之间的间隙，需用软质填料密封。典型的塔板密封结构如图 8-9 所示，密封填料组件由填料、压圈、压板、螺栓和螺母组成。密封填料一般采用直径为 10 ~ 12mm 的石棉绳，放置 2 ~ 3 层。压圈可采用扁钢煨成，其上焊有两个吊耳，以便拆装。螺栓焊在塔盘圈上，焊接长度为 25 ~ 30mm，布置应尽量均匀，且避开降液管。拧紧螺母，压板压向压圈，压圈压缩填料使之变形以达到密封的目的。图 8-9(a)适用于塔盘圈比较低的情况，图 8-9(b)和(c)适用于塔盘圈比较高的情况。

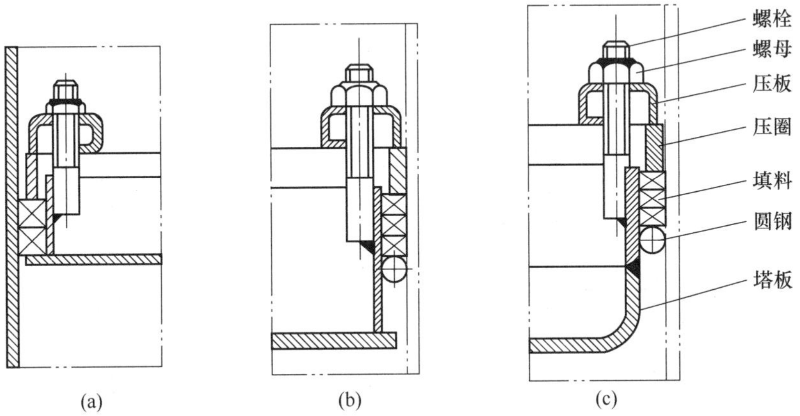

(a) (b) (c)

图 8-9 整块式塔板与塔体的密封结构

8.2.1.4 塔节长度

塔节长度受塔径、塔板支承结构和塔板安装等因素的影响。塔径较小时，塔壁上只能开手孔，安装塔板时只能将手臂伸入操作，因此塔节不宜太长。当塔径较大、塔壁开人孔时，人可以入塔安装，塔节可以长些。在定距管式支承结构中，塔节长度还受拉杆长度和塔板数的限制，一般每个塔节内的塔板数不宜超过5~6块。定距管式支承结构的塔节长度与塔径关系见表8-1。重叠式支承结构的塔节长度不受限制。

表8-1 定距管式支承结构的塔节长度与塔径关系 (mm)

塔　径	300~500	600~700	≥800
塔节长度	800~1000	1200~1500	2000~2500

8.2.2 分块式塔板

当塔径较大时，塔板结构可采用分块式，即将塔板分成数块，通过人孔送入塔内，装在焊于塔体内壁的塔板固定件（一般为支持圈）上。塔板上其中的一块矩形板作为内部通道板（双溢流塔板有两块通道板），安装、检修或清洗时人员由此通过。分块式塔板的塔体不需要分成塔节，而是焊制成设有人孔的整体圆筒。图8-10和图8-11分别为单溢流和双溢流分块式塔板。分块式塔板的结构设计，必须满足结构简单、刚性好、制造和拆装方便等要求。

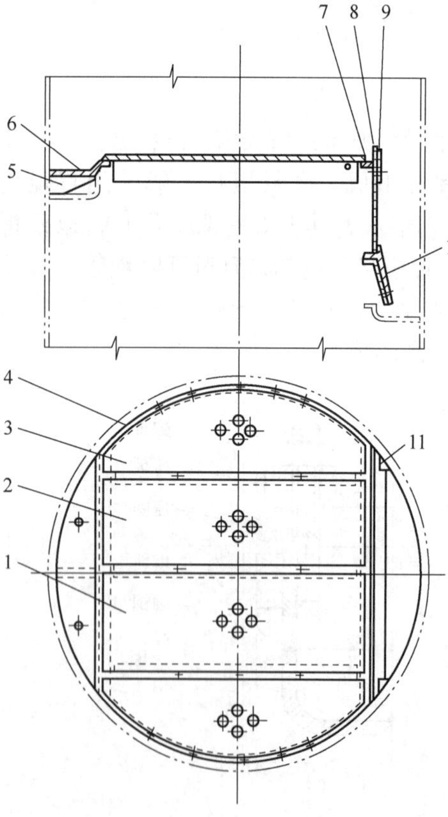

图8-10 单溢流分块式塔板

1—通道板；2—矩形板；3—弓形板；4—支持圈；5—筋板；6—受液盘；7—支持板；8—固定降液板；9—可调堰板；10—可拆降液板；11—连接板

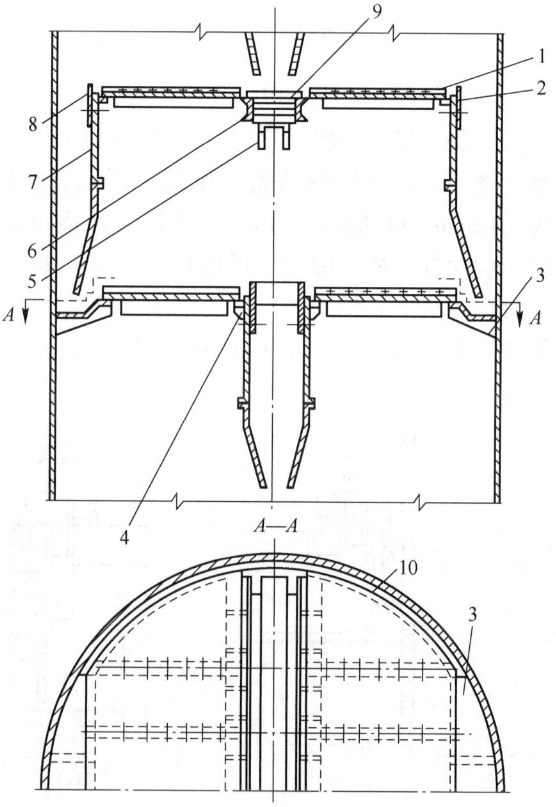

图8-11 双溢流分块式塔板

1—塔盘板；2—支持板；3—筋板；4—压板；5—支座；6—主梁；7—两侧降液板；8—可调节堰板；9—中间受液盘；10—支持圈

8.2.2.1 塔板结构

分块式塔板的结构形式有平板式、自身梁式和槽式三种，如图 8-12 所示。

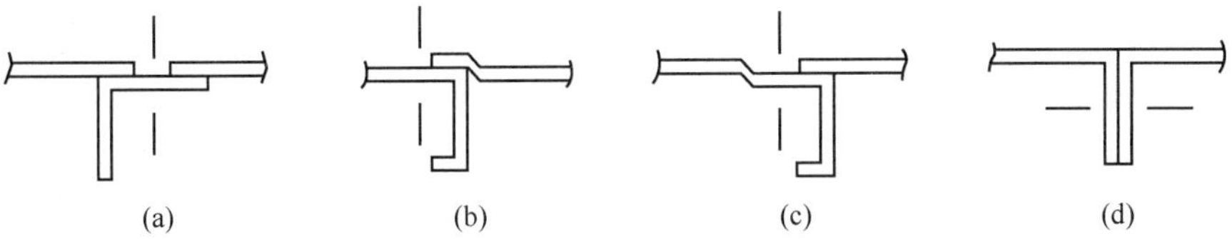

图 8-12 分块式塔板的结构形式

（a）平板式；（b），（c）自身梁式；（d）槽式

平板式塔板制作方便，不需模具，但需在塔内设置可拆结构的支承梁、紧固件、拆装件等，使塔板有效面积减少，钢材消耗增加，因此使用较少。

自身梁式塔板和槽式塔板分别如图 8-13(a)和(b)所示，它们均带有通过模具冲压而成的折边，折边对塔板具有支承作用，使塔板具有足够的刚度，并使结构简化，耗用钢材少。而且可设计成上、下均可拆结构，方便清洗和检修。因此，这两种形式的塔板被广泛采用。塔板的长度 L 随塔径的大小而异，最长可达 2200mm，宽度 B 由人孔尺寸等决定。筋板高度 h_1 为：自身梁式 60 ~ 80mm，槽式 30mm。塔板厚度为：碳钢 3 ~ 4mm，不锈钢 2 ~ 3mm。

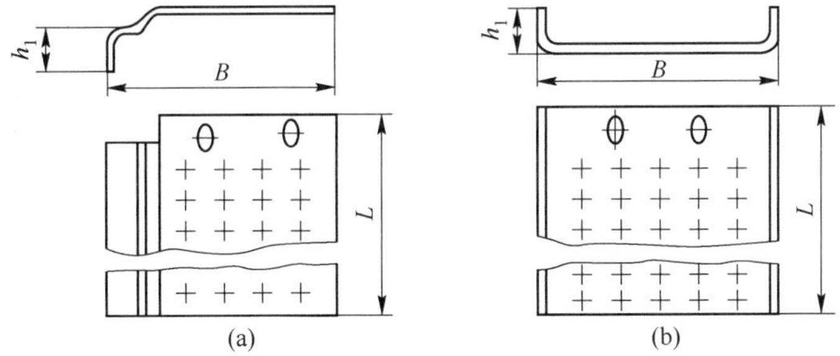

图 8-13 自身梁式塔板和槽式塔板

（a）自身梁式；（b）槽式

8.2.2.2 塔板的支承结构

分块式塔板的支承是由焊在塔内壁上的固定件来实现的。对直径不大的塔（$DN <$ 2000mm），支承塔板的固定件有支持圈、支持板、降液板和受液盘等。对直径较大的塔（$DN >$ 2000 ~ 3000mm），由于塔板的跨度过大，会因刚度不足而使塔板的挠度超过规定范围。因此，在采用支持圈支承塔板的同时还需采用支承梁结构，以缩短分块塔板的跨度，即将分块塔板的一端支在支持圈（或支持板）上，另一端支在支承梁上。单溢流和双溢流塔板采用支持圈支承塔板的结构分别见图 8-10 和图 8-11。

8.2.2.3 塔板的紧固件

分块式塔板上的紧固件，按人孔位置及检修要求，分上可拆连接和上、下均可拆连接两种。常用的紧固件结构有螺纹紧固件、螺纹卡板紧固件和楔形紧固件等。

（1）螺纹紧固件。螺纹紧固件由螺栓、螺母和椭圆垫板等组成，主要用于塔板之间的可拆连接。

上可拆螺纹连接结构如图 8-14 所示。图 8-14(a)为槽式塔板之间的连接，图 8-14(b)为自身梁式塔板之间的连接。

上、下均可拆螺纹连接结构如图 8-15 所示。从上或从下将螺母松开，并将椭圆形垫板转到虚线位置后，塔板即可自由取开。此结构常用于通道板和塔板的连接。

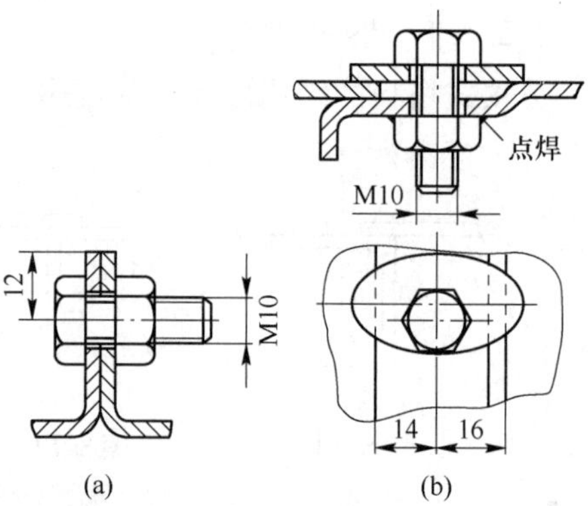

图 8-14　上可拆螺纹连接结构

（a）槽式塔盘板之间的连接节点；

（b）自身梁式塔盘板之间的连接节点

（2）螺纹卡板紧固件（卡子）。螺纹卡板紧固件如图 8-16 所示，由卡板、椭圆垫板、圆头螺栓和螺母等组成，主要用于塔板与支持圈（或支持板）之间的可拆连接。卡板与螺栓焊成一个整体，安装时拧紧螺母，通过椭圆垫板和卡板将塔板紧固在支持圈上。松开螺母，将螺栓旋转 90°，即可拆卸塔板。

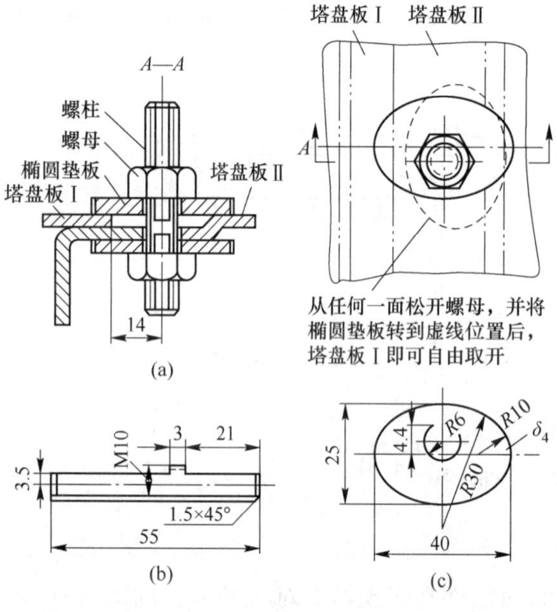

图 8-15　上、下均可拆螺纹连接结构

（a）双面可拆连接件；（b）螺柱；

（c）椭圆垫板

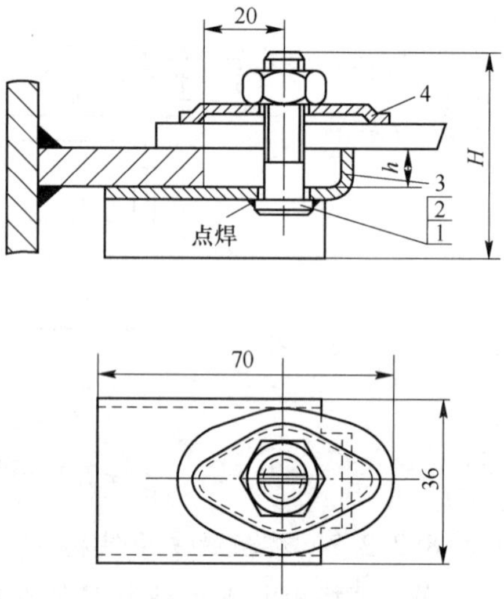

图 8-16　塔板与支持圈的螺纹卡板连接

1—螺母；2—圆头螺栓；

3—卡板；4—椭圆垫板

（3）楔形紧固件。楔形紧固件是一种以楔紧方式代替螺纹连接的紧固形式，其典型结构如图 8-17 所示，具有结构简单、拆装方便、不怕锈蚀、楔紧后自锁能力强等优点。缺点是被连接件的厚度调节范围较小，一般只有 4mm 左右。适用于经常拆装检修或处理强腐蚀性介质的塔设备。

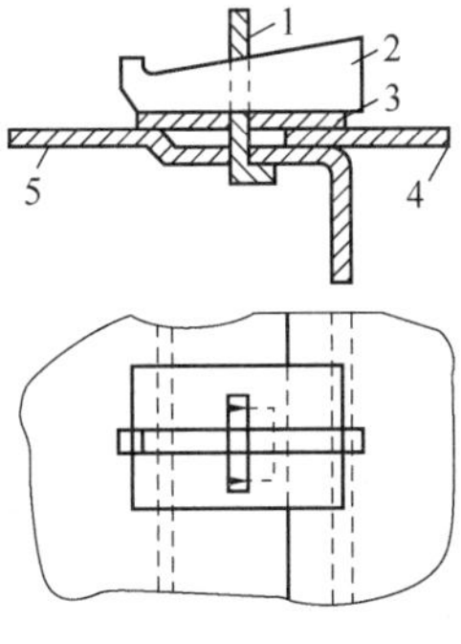

图 8-17 楔形紧固件的塔板连接

1—龙门板；2—楔子；3—垫板；4，5—塔板

8.2.3 塔板上的浮阀

F_1 型浮阀已有标准（《F_1 型浮阀》JB/T 1118）可供选用，其阀件结构和基本参数分别见图 8-18 和表 8-2。

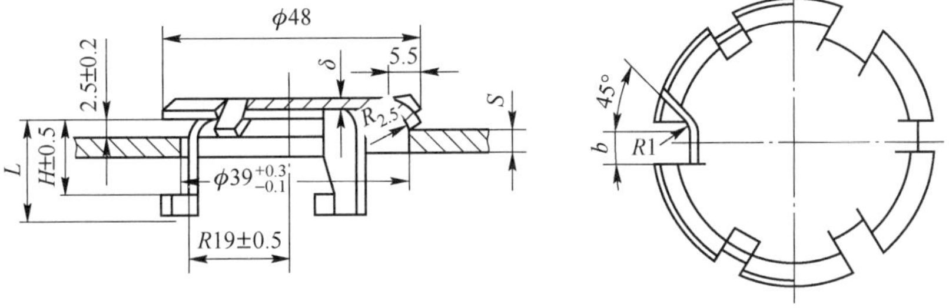

图 8-18 F_1 型浮阀结构

表 8-2 F_1 型浮阀基本参数

序 号	类型代号	阀片厚度 δ/mm	阀重/g	适用塔板厚度/mm	H/mm	L/mm
1	F_1Q-4A	1.5	24.9	4	12.5	16.5
2	F_1Z-4A	2.0	33.1			
3	F_1Q-4B	1.5	24.6			
4	F_1Z-4B	2.0	32.7			
5	F_1Q-3A	1.5	24.7	3	11.5	15.5
6	F_1Z-3A	2.0	32.8			
7	F_1Q-3B	1.5	24.3			
8	F_1Z-3B	2.0	32.4			
9	F_1Q-3C	1.5	24.8			
10	F_1Z-3C	2.0	33.0			
11	F_1Q-3D	1.5	25.0			
12	F_1Z-3D	2.0	33.2			
13	F_1Q-2C	1.5	24.6	2	10.5	14.5
14	F_1Z-2C	2.0	32.7			
15	F_1Q-2D	1.5	24.7			
16	F_1Z-2D	2.0	32.9			

8.2.4 溢流装置

8.2.4.1 降液管结构

整块式塔板的降液管，一般直接焊在塔板上。

分块式塔板的降液管，有固定式和可拆式两种。固定式降液管是由降液板与支持圈和支持板连接在一起，焊接在塔体上，形成一个塔板固定件，如图 8-19 所示。其结构简单、制造方便，但不能对降液板进行校正调节，也不便于检修，适用于物料清洁、不易聚合的场合。可拆式降液管的结构如图 8-20 所示，它是由焊在塔壁上的上降液板、左右连接板，以及可拆的降液板和紧固件装配而成。降液板的厚度为 4 ~ 6mm，连接板的厚度为 10mm。

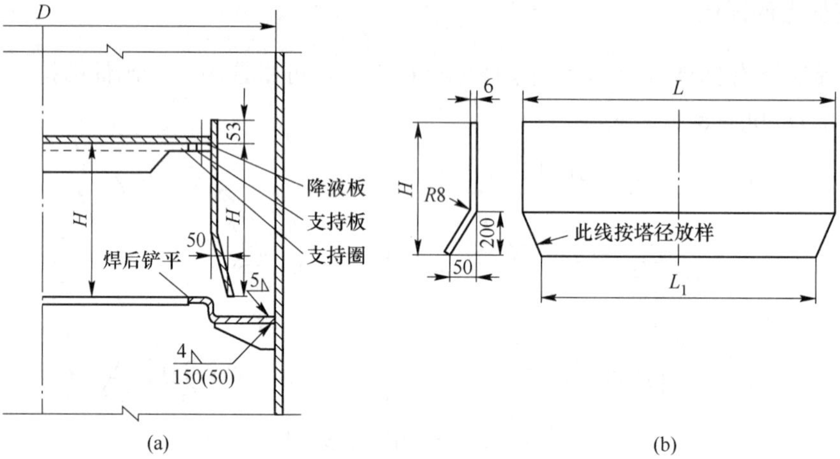

图 8-19 固定式降液管结构

（a）装配结构；（b）零件结构

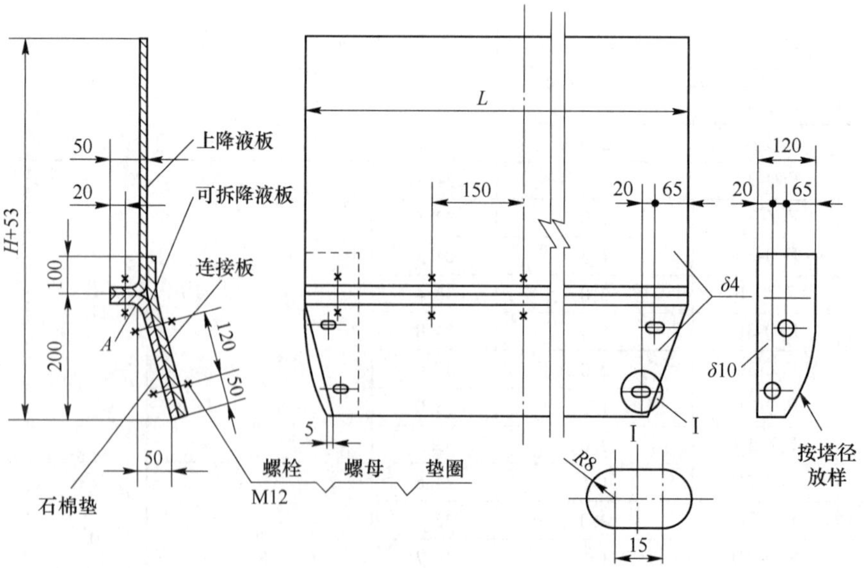

图 8-20 可拆式降液管结构

8.2.4.2 溢流堰结构

当液相溢流量较大时，可采用平直堰。平直堰是用角钢或钢板弯成角钢形式，与塔板构成固定式或可拆式结构，图 8-21 所示为可拆式结构。

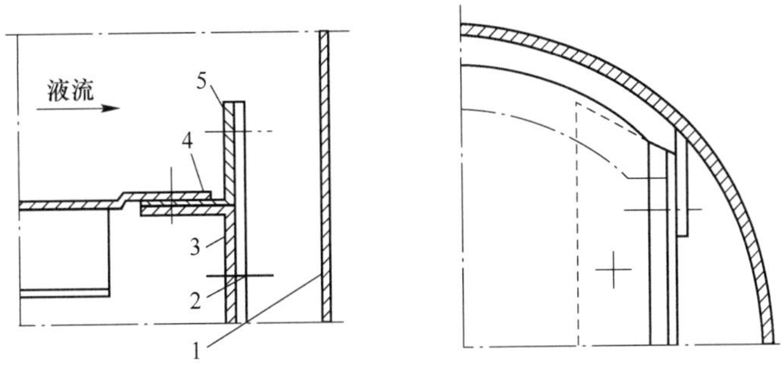

图 8-21 可拆式平直堰结构

1—塔壁；2—降液板连接带；3—降液板；4—塔盘板；5—出口堰

当液相流量较小，堰上液层高度小于 6mm 时，为避免液体流动不均，应当采用齿形堰。齿形堰的结构尺寸如图 8-22 所示。

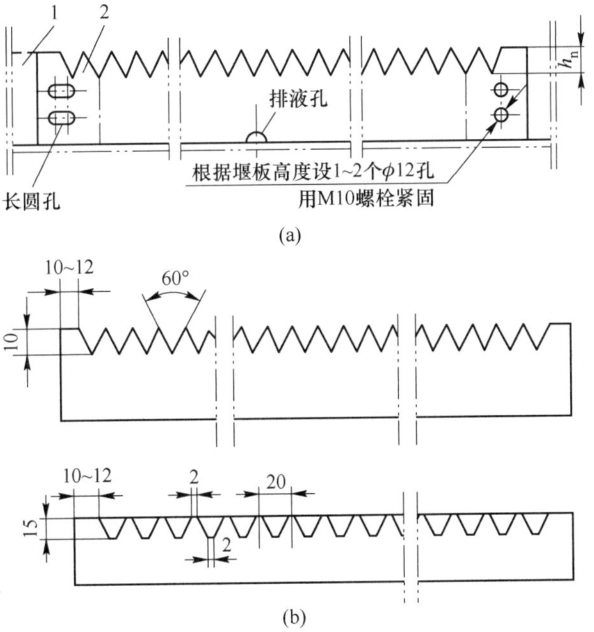

图 8-22 齿形堰的结构尺寸

(a) 齿形堰结构（1—密封板；2—齿形堰）；(b) 齿形堰尺寸

8.2.4.3 受液盘结构

可拆式平形受液盘的结构如图 8-23(a)所示，其上的进口堰是由圆钢或小型角钢焊在塔板上构成。可拆式凹形受液盘的结构如图 8-23(b)所示。

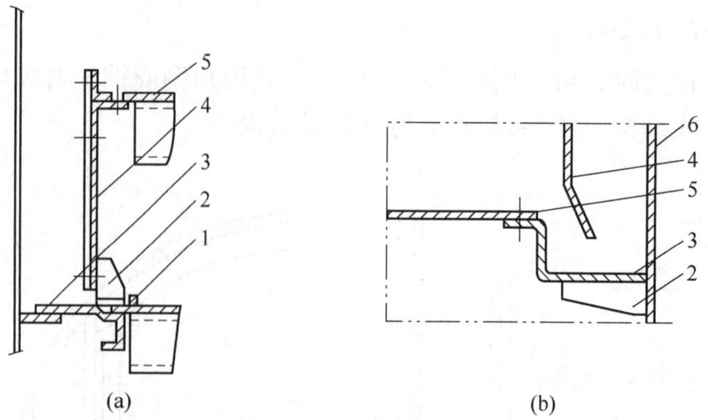

图 8-23 可拆式受液盘结构

（a）平形受液盘；（b）凹形受液盘

1—入口堰；2—筋板；3—受液盘；4—降液板；5—塔盘板；6—塔壁

凹形受液盘的尺寸如图 8-24 所示，受液盘的厚度 δ 与塔径大小有关，塔径为 800 ~ 1400mm 时厚度取 4mm，塔径为 1600 ~ 2400mm 时厚度取 6mm。受液盘的深度 h 有 50mm、125mm、160mm 三种，常用的为 50mm，但不能超过板间距的 1/3。当塔径不超过 1400mm 时，只需开一个直径为 10mm 的泪孔，当塔径大于 1400mm 时，需开两个泪孔。

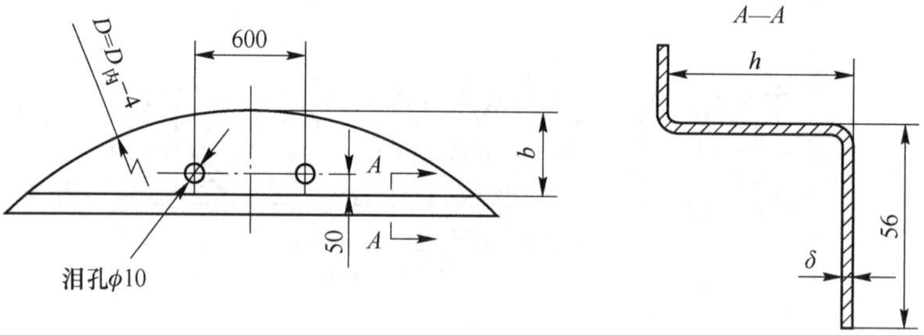

图 8-24 凹形受液盘尺寸

为便于设计和制造，塔板的结构参数已逐渐系列化，可查阅相关资料获取。

8.3 塔附件结构

8.3.1 进、出口接管

进、出口接管的直径按体积流量式（7-4）计算，式中，u 取流体在管道内的经济流速值，计算得到的结果需圆整至圆管规格尺寸。

8.3.1.1 气体进口接管

气体进口接管的结构如图 8-25 所示。图 8-25(a)所示是将进气管做成斜切口来改善气体分布，结构简单，普遍适用于气体分布要求不高的塔中。为避免塔体淹没气体通道，进气管应安装在塔板间的蒸汽空间。当塔径较大，要求进塔气体分布均匀时，可采用图 8-25(b)所示的结构，管上开有三排出气孔，小孔直径和数量根据工艺条件确定。

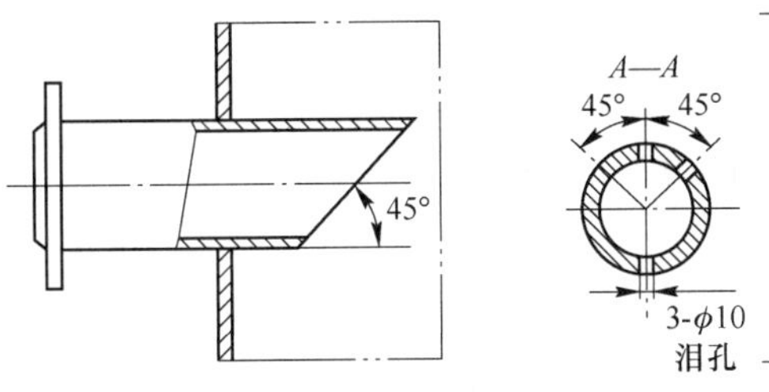

(a)　　(b)

图 8-25　气体进口接管结构

（a）斜口进气管；（b）具有分布孔的进气管

8.3.1.2　气液混合物进口接管

若进料为企业混合物，应适当加大进料处板间距，还可在进料口设置挡板，这样可使气液混合物能较好的分离，同时也可保持塔壁不受冲击，如图 8-26 所示。

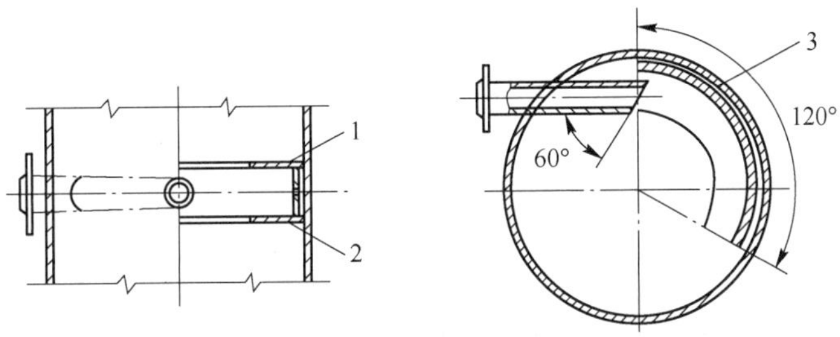

图 8-26　气液混合物进口接管结构

1—上挡板；2—下挡板；3—导向板

8.3.1.3　液体进口接管

常见的液体进口接管有直管和弯管结构形式。图 8-27(a)和(b)所示为带外套管的可拆进口接管。在物料清洁、不易聚合且腐蚀性不大时，可不必采用可拆结构，将进料管直接焊在塔壁上，这时管子采用厚壁管为宜。

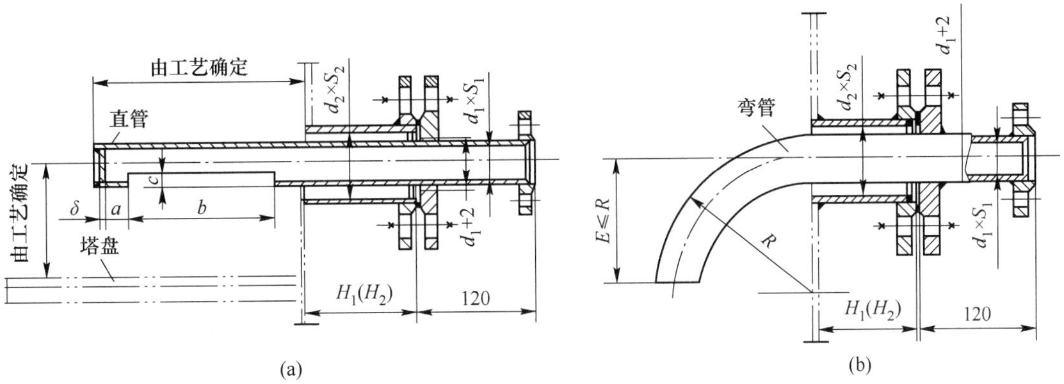

(a)　　(b)

图 8-27　气液混合物进口接管结构

（a）直管进料管；（b）弯管进料管

直管和弯管进口接管有关尺寸，分别见表8-3和表8-4，表中所列管子规格只适用于碳钢，当采用不锈钢时，应酌情减小管壁厚度。

表8-3 直管进口接管尺寸 (mm)

内管 $d_1 \times S_1$	外管 $d_2 \times S_2$	a	b	c	δ	H_1	H_2
25×3	45×5	10	20	10	5	120	150
32×3.5	57×5	10	25	10	5	120	150
38×3.5	57×5	10	32	15	5	120	150
45×3.5	76×6	10	40	15	5	120	150
57×3.5	76×6	15	50	20	5	120	150
76×4	108×6	15	70	30	5	120	150
89×4	108×6	15	80	35	5	120	150
108×4	133×6	15	100	45	5	150	200
133×4	159×6	15	125	55	5	150	200
159×4.5	219×6	25	150	70	5	150	200
219×6	273×8	25	210	95	8	150	200
245×7	273×8	25	225	110	8	150	200
273×8	325×8	25	250	120	8	150	200

注：H_1 值用于无保温层，H_2 值用于有保温层，保温层厚度不大于100mm。

表8-4 弯管进口接管尺寸 (mm)

内管 $d_1 \times S_1$	外管 $d_2 \times S_2$	R	H_1	H_2
18×3	57×5	50	120	150
25×3	76×6	75	120	150
32×3.5	76×6	120	120	150
38×3.5	89×6	120	120	150
45×3.5	89×6	150	120	150
57×3.5	108×6	175	120	150
76×4	133×6	225	120	150
89×4	133×6	265	120	150
108×4	159×6	325	150	200
133×4	219×6	400	150	200
159×4.5	219×6	500	150	200
219×6	273×8	650	150	200

注：H_1 值用于无保温层，H_2 值用于有保温层，保温层厚度不大于100mm。

8.3.1.4 气体出口接管

图 8-28 所示为气体出口接管结构，为减少出塔气中夹带的液滴，可在出口处设置挡板或在塔顶安置除沫器。

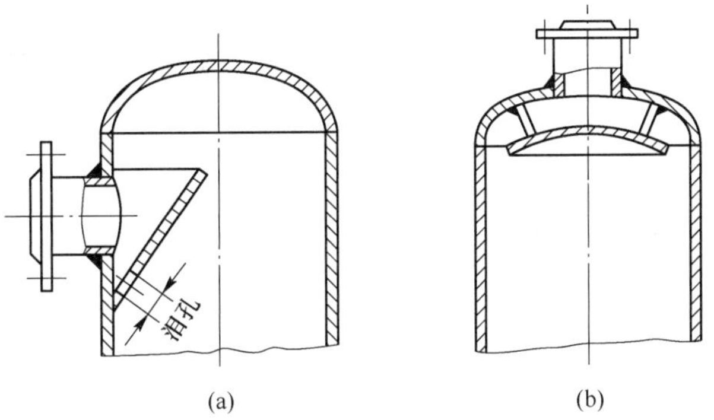

图 8-28 设置除沫挡板的气体出口接管

（a）设置在塔侧壁上的出气管；（b）设置在塔顶封头上的出气管

8.3.1.5 塔底出口接管

塔底出口接管一般需引出裙座外壁，其结构如图 8-29(a)所示。在这种结构中，引出管内壁或出口接管外壁一般应焊 3 块支承扁钢（当介质温度低于 -20℃时，宜采用木垫），以便把出口接管活嵌在引出管通道中，同时应预留间隙，以考虑热膨胀的需要。当塔釜物料易堵或具有腐蚀性时，为便于检修，塔底出口接管应采用法兰连接，如图 8-29(b)所示。

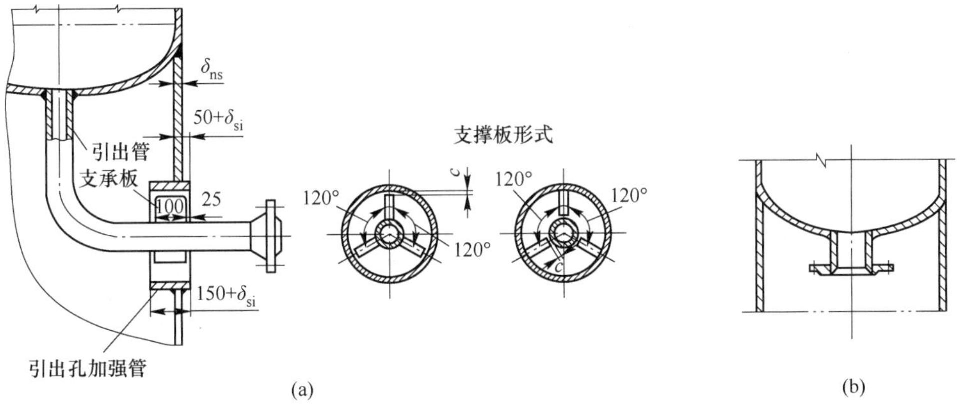

图 8-29 塔底出口接管

（a）不可拆接管；（b）可拆接管

釜液从塔底出口接管流出，一定条件下，会在出口管中心形成一个向下的漩涡流，使塔釜液面不稳定且能带出气体。因此，一般釜液出口部位还应装设防涡流挡板。当介质中带有固体沉降物时，应采用出口管伸入塔内的结构，如图 8-30(a)所示；当介质较清洁时，采用如图 8-30(b)所示的结构。

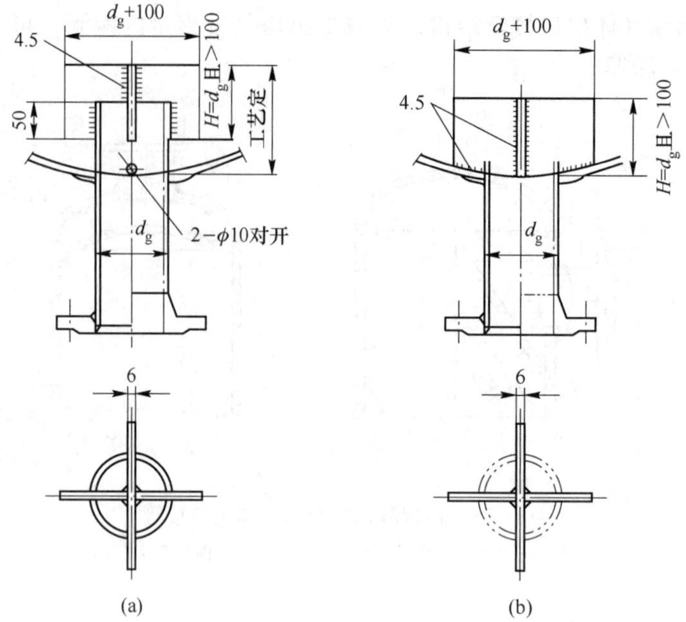

图 8-30 塔底出口接管的防涡流挡板结构

（a）适用于不太清洁的物料；（b）适用于较清洁的物料

填料塔底的出口接管，要考虑防止破碎填料的堵塞并便于清理，常采用图 8-31 所示的结构。图 8-31(a)适用于不太清洁的物料，图 8-31(b)适用于较清洁的物料。

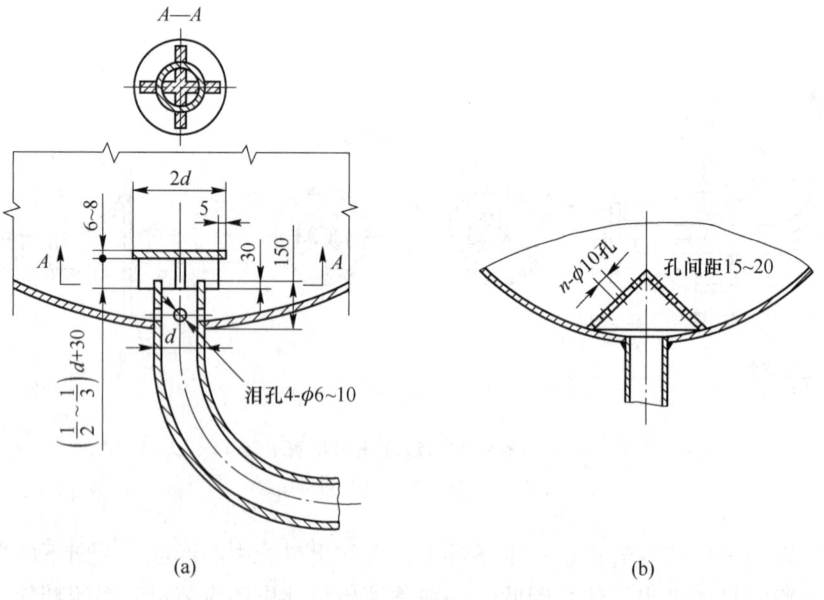

图 8-31 塔底出口接管的防碎填料堵塞结构

（a）适用于不太清洁的物料；（b）适用于较清洁的物料

8.3.2 除沫装置

当塔内操作气速较大时，会出现塔顶液沫夹带，这不仅造成物料的流失，也使塔的传质效率降低，同时还可能造成环境污染。为了避免这种情况，需在塔顶设置除沫装置，以减少液体的夹带损失，确保气体的纯度，保证后续设备的正常操作。除沫装置安装在塔顶最上一块塔板上方，与塔板之间的距离一般略大于塔板间距。

常用的除沫装置有丝网除沫器、折流板式除沫器、旋流板式除沫器和填料除沫器。

8.3.2.1 丝网除沫器

丝网除沫器是由气液过滤网垫（由若干网块拼合而成）和支撑件两部分构成。丝网除沫器的网块结构有盘形和条形两种。盘形结构采用波纹形丝网缠绕至所需要的直径，网块的厚度等于丝网的宽度。条形结构是采用波纹形丝网一层层平铺至所需的厚度，然后上、下各放置一块隔栅板，再使用定距杆连成一整体。图 8-32 所示为用于小直径塔的缩径型丝网除沫器，这种结构其丝网块直径小于塔内径，需要另加一圆筒短节（升气管）以安放网块。图 8-33 所示为用于大直径塔的全径型丝网除沫器，丝网与上、下栅板分块制作，每一块应能通过人孔在塔内安装。丝网除沫器适用于清洁的气体，不宜用于液滴中含有或易析出固体物质的场合（如碱液、碳酸氢钠溶液等），以免液体蒸发后留下固体堵塞丝网。当液沫中含有少量悬浮物时，应注意经常冲洗。

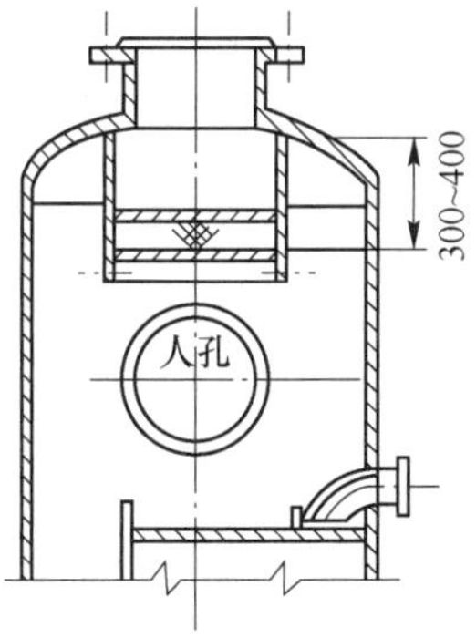

图 8-32 缩径型丝网除沫器

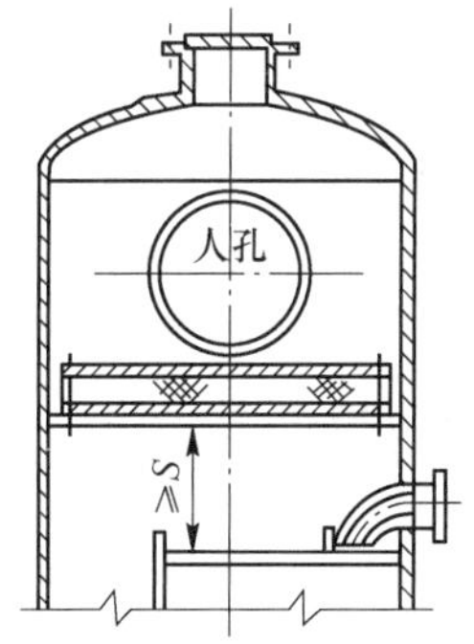

图 8-33 全径型丝网除沫器

丝网除沫器具有结构简单，体积小，质量轻，阻力小，除沫效率高，安装、操作、维修方便，使用寿命长等特点，因而是应用最广泛的除沫装置。

8.3.2.2 折流板式除沫器

折流板式除沫器如图 8-34 所示，折流板常用 50mm × 50mm × 3mm 的角钢制成。夹带液体的气体通过角钢通道时，由于碰撞及惯性作用而达到截流及惯性分离。分离下来的液体由导液管与进料一起进入分布器。一般情况下，它可去除直径为 5×10^{-5}m 以上的液滴，压力降为 50 ~ 100Pa。这种除沫装置结构简单，不易堵塞，但金属消耗量大，造价较高，因此逐渐被丝网除沫器所取代。

8.3.2.3 旋流板式除沫器

旋流板式除沫器如图 8-35 所示，它由固定的叶片组成风车状。夹带液滴的气体通过叶片时产生旋转和离心运动，在离心力作用下将液滴甩至塔壁，从而实现气、液分离。通常用于分离含有较大液滴或颗粒的气液混合物，除沫效率较丝网除沫器差。

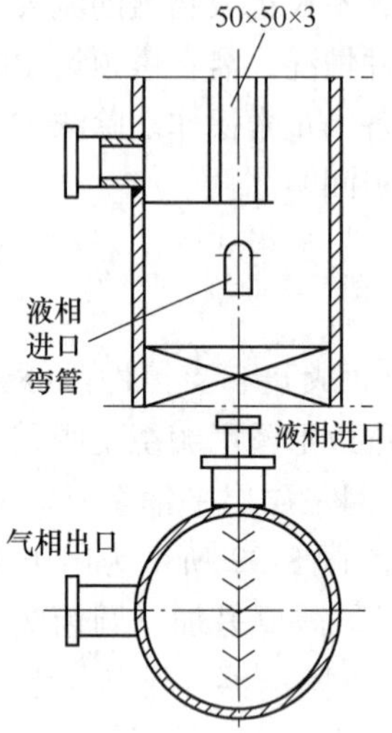

图 8-34　折流板式除沫器

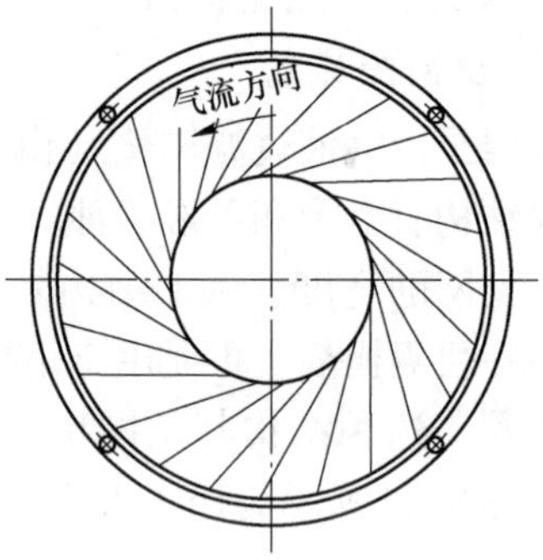

图 8-35　旋流板式除沫器

8.3.2.4　填料除沫器

填料除沫器是使塔顶气体流出前再通过一层填料，达到分离液沫的目的。填料一般为环形，常较塔内填料小些。填料的高度根据除沫要求和允许压降来确定。填料除沫器的除沫效率较高，但阻力也较大，且占一定空间。

8.3.3　裙座

裙座是塔设备的主要支承构件，大型塔体的支承通常都采用裙座。裙座可分为圆筒形和圆锥形两类，一般情况下采用圆筒形。圆筒形裙座制造方便，经济合理，但受力情况较差。圆锥形裙座可提高设备的稳定性，降低基础环支承面上的应力，因此常在细高的塔（即 $DN \leqslant 1000$mm，且 $H/DN > 25$ 或 $DN > 1000$mm，且 $H/DN > 30$）中采用。

8.3.3.1　裙座的结构

裙座的结构如图 8-36 所示。不论是圆筒形还是圆锥形裙座，均由裙座筒体、基础环、地脚螺栓座、人孔、排气孔、引出管通道、保温支承圈等组成。裙座的名义厚度不应小于 6mm。圆锥形裙座的半锥顶角不宜超过 15°。

8.3.3.2　裙座与塔体的连接

裙座与塔体的连接一般采用焊接，根据焊接接头形式的不同分为对接和搭接。图 8-37 所示为对接连接结构，裙座筒体外径与塔体下封头外径相等，焊缝须采用全焊透的连续焊。图 8-38 所示为搭接连接结构，此种连接形式焊缝的受力情况较差，应在小塔或焊接接头受力较小的情况下采用。搭接部位宜在塔体上（见图 8-38(a)），被裙座覆盖的下封头上所有对接焊缝应磨平，且需 100% 探伤检测合格。当裙座与下封头搭接时（见图 8-38(b)），搭接部位应位于封头的直边段，搭接焊缝与下封头的环向连接焊缝须保持一定距离，且不得连成一体。搭接接头的角焊缝必须全部填满。

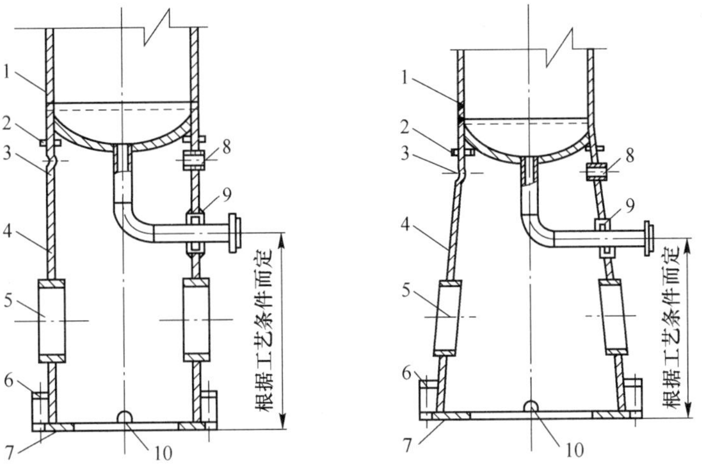

(a) (b)

图 8-36 裙座的结构

(a) 圆筒形；(b) 圆锥形

1—塔体；2—保温支承圈；3—无保温时排气孔；4—裙座筒体；5—人孔；6—螺栓座；7—基础环；8—有保温时排气孔；9—引出管通道；10—排液孔

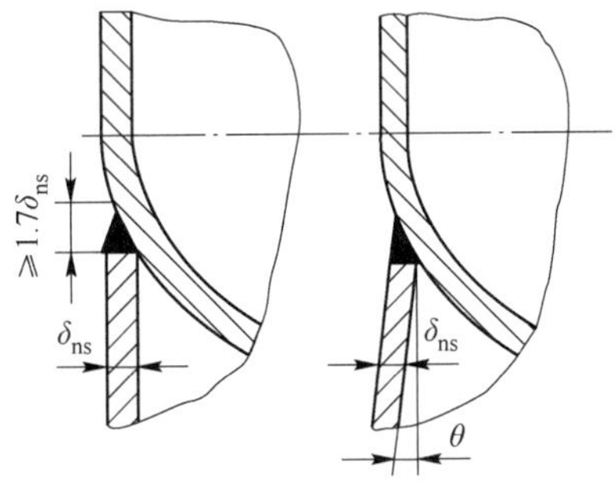

图 8-37 裙座与塔体的对接连接

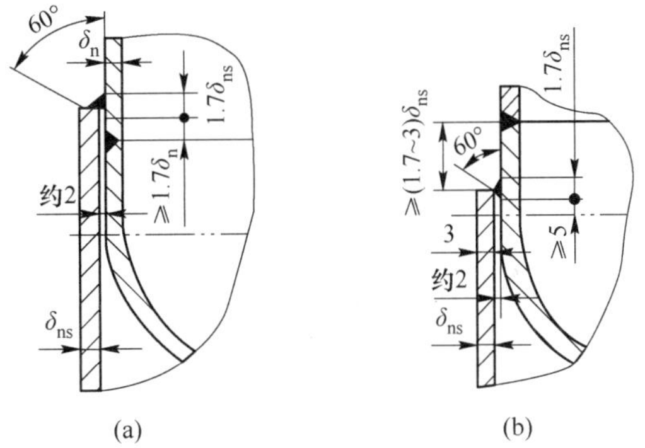

(a) (b)

图 8-38 裙座与塔体的搭接连接

8.3.4 人孔和手孔

人孔和手孔的作用是便于拆装、检修和清洗塔设备的内部构件。

8.3.4.1 人孔

人孔是安装或检修人员进出塔器的唯一通道，用于直径大于 900mm 的塔设备。人孔的设置应便于人员进入任何一层塔板。但由于设置人孔处的塔板间距要增大，且人孔设置过多会使制造时塔体的弯曲度难以达到要求，因此一般板式塔每隔 10 ~ 20 层塔板或 5 ~ 10m 塔段，才设置一个人孔。板间距小的塔按塔板数考虑，板间距大的塔则按高度考虑。对填料塔，人孔可设在每段填料层的上、下方，同时兼作填料装卸孔用。设在框架内或室内的塔，人孔的设置可按具体情况考虑。

人孔一般设置在气液进出口等需要经常维修清理的部位，另外在塔顶和塔釜，也各设一人孔。

常用的人孔有垂直吊盖人孔、水平吊盖人孔和回转盖人孔，图 8-39 所示为常用的回转盖快开人孔结构。

人孔法兰的密封面形式及垫片用材，一般与塔的接管法兰相同。操作温度高于 350℃时，应采用堆焊法兰人孔。

人孔已标准化，设计时可根据设备的公称压力、设计温度及所用材料等按标准选用。标准人孔的公称直径有 400mm、450mm、500mm 和 600mm 四种。超出标准范围或有特殊要求时，可自行设计。

8.3.4.2 手孔

手孔是指手和手提灯能伸入的设备孔口，用于直径不超过 900mm 的塔设备。手孔的结构一般是在容器上接一短管，并在其上盖一盲板，如图 8-40 所示。

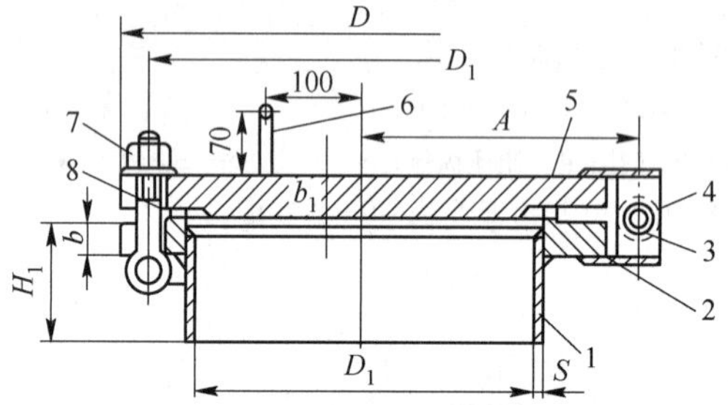

图 8-39 回转盖快开人孔

1—筒节；2—吊板；3—销；4—轴；5—盖；6—把手；7—活节螺栓；8—垫片

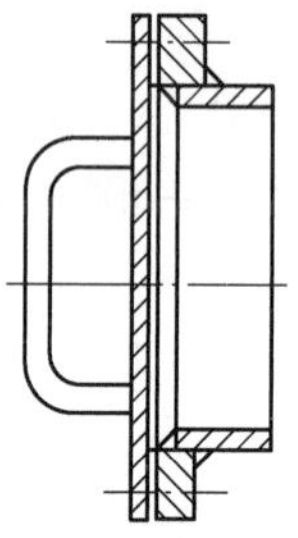

图 8-40 手孔

手孔也常作小直径填料塔装卸填料之用，在每段填料层的上、下方各设置一个手孔。

手孔也有标准系列，设计时可根据设计要求直接选用。标准手孔的公称直径有 150mm 和 250mm 两种。

8.3.5 吊柱

安装在室外，无框架的整体塔设备，为了在安装和检修时拆卸内件或更换、补充填料，通常在塔顶设置吊柱。吊柱的方位应使吊柱中心线与人孔中心线之间有合适的夹角，人站在平台上操作手柄时，可以使吊柱的垂直线转到人孔附近，以便从人孔装入或取出塔内件。

吊柱的结构如图 8-41 所示，其结构参数也已制定成系列标准。

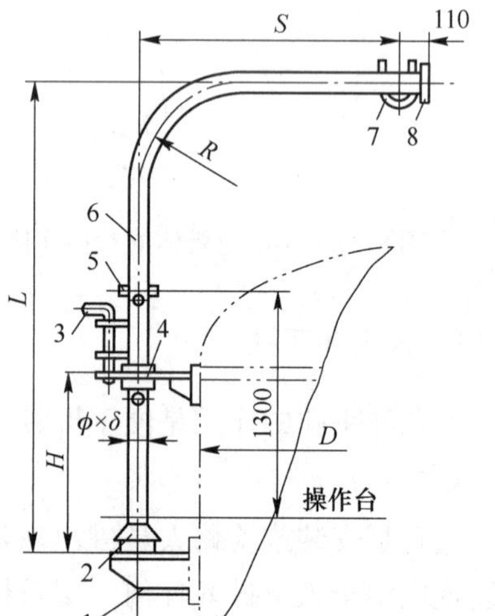

图 8-41 吊柱的结构

1—支架；2—防雨罩；3—固定销；4—导向板；5—手柄；6—吊柱管；7—吊钩；8—挡板

9 利用 Aspen Plus 进行板式塔设计

在 Aspen Plus 9.0 及以上版本中，RadFrac 模块中的 Column Internals（塔内件）子项可在塔设备严格计算的基础上进行流体力学校核与负荷性能图绘制。对板式塔，Column Internals 可对分段数、塔板类型、塔径、塔板间距、堰长、堰高及降液管底隙高度等结构参数进行设计，并计算出每块塔板的压降、清液层高度、降液管内液体停留时间及液泛因子等性能参数。这里将结合具体示例介绍利用 Column Internals 进行板式塔的工艺设计与校核。

例 9-1 某天然气液化装置的脱丙烷塔，进料量为 869kmol/h，温度 68℃，压力 2.65MPa，进料组成为丙烷 0.3468（摩尔分数，下同），正丁烷 0.1871，异丁烷 0.2712，正戊烷 0.0736，异戊烷 0.1213。塔顶为全凝器，压力 1.60MPa，再沸器压力 1.65MPa，回流比为最小回流比的 1.2 倍。规定塔顶产品中丙烷含量不低于 0.997，塔底产品中丙烷含量不超过 0.0006。物性方法采用 PENG-ROB，全塔效率取 65%。试设计一座合适的浮阀塔，要求每块塔板的液泛因子介于 0.6 ~ 0.85 之间，压降不超过 0.7kPa，降液管液位高度/板间距介于 0.2 ~ 0.5 之间，降液管内液体停留时间大于 4s。

解： Ⅰ. 精馏塔简捷计算

在 Aspen Plus V10.0 中新建流程模拟文件，将文件保存为 Example 9-1.bkp，按例 2-2 中步骤在 Properties 环境下添加组分，选择物性方法为 PENG-ROB。

左下方切换至 Simulation 环境，在主窗口建立如图 9-1 所示的流程图，其中精馏塔采用下端模块库中的 Columns | DSTWU | ICON1 模块。

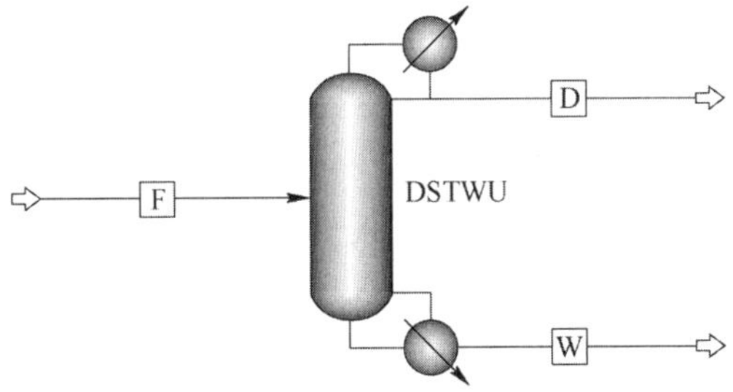

图 9-1 精馏塔简捷计算流程

点击 Next，进入 Streams | F | Input | Mixed 页面，按题中所给条件输入精馏塔进料物流信息，如图 9-2 所示。

本例中丙烷为轻关键组分（Light key commponent，LK），异丁烷为重关键组分（Heavy key commponent，HK）。分别列出总物料衡算式和丙烷物料衡算式：

$$F = D + W = 869$$

$$0.3468F = 0.997D + 0.0006W = 301.3692$$

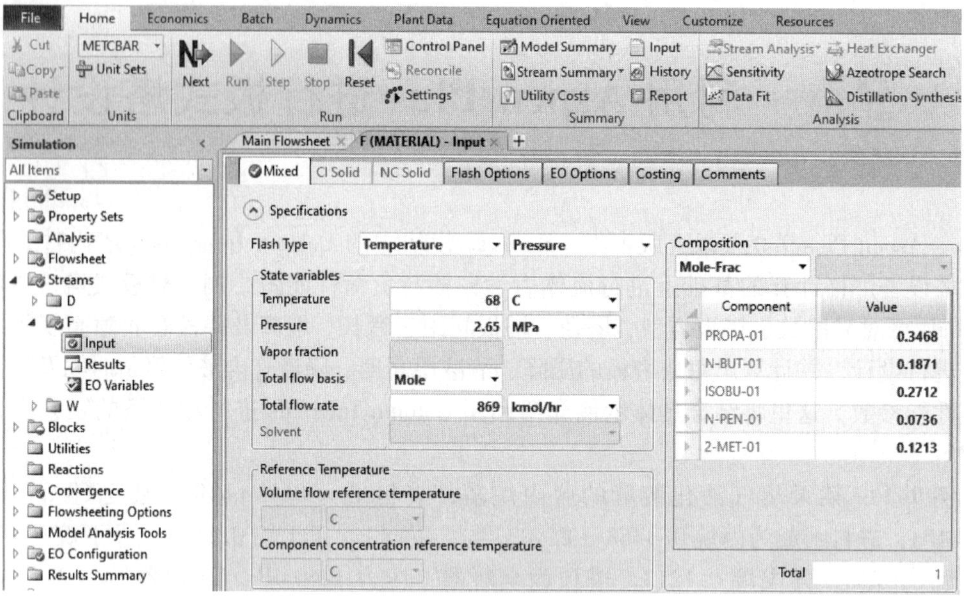

图 9-2　输入进料物流信息

解得塔顶塔底产品量：$D=301.93\text{kmol/h}$，$W=567.07\text{kmol/h}$。

由清晰分割物料衡算，塔顶产品中不含正丁烷及以上组分，则塔顶产品中异丁烷摩尔分数为：$1-0.997=0.003$，丙烷和异丁烷的塔顶回收率分别为：

$$\phi_{\mathrm{LK,D}}=\frac{301.93\times 0.997}{869\times 0.3468}=0.9989$$

$$\phi_{\mathrm{HK,D}}=\frac{301.93\times 0.003}{869\times 0.2712}=0.0038$$

点击 Next，进入 Blocks | DSTWU | Input | Specifications 页面，按题中所给条件输入 DSTWU 模块参数：实际回流比为最小回流比的 1.2 倍，轻关键组分丙烷塔顶回收率为 0.9989，重关键组分丙烷塔顶回收率为 0.0038，冷凝器压力为 1.60MPa，再沸器压力为 1.65MPa，冷凝器为全凝器，如图 9-3 所示。

点击 Run 运行模拟，流程收敛。点击进入 Blocks | DSTWU | Results | Summary，可看到计算出的最小回流比为 2.54，实际回流比为 3.05，最少理论板数为 21（包括全凝器和再沸器），实际理论板数为 41（包括全凝器和再沸器），进料位置为第 18 块板，塔顶温度为 46.81℃，塔底温度为 107.65℃，塔顶采出率为 0.3475，如图 9-4 所示。塔顶可用循环冷却水进行冷却，塔釜可用低压蒸汽进行加热。

点击进入 Blocks | DSTWU | Input | Caculation Options 页面，勾选 Generate table of reflux ratio vs number of theoretical stages，输入初值 22，终值 60，变化量 1，如图 9-5 所示。

点击 Run 运行模拟，流程收敛。点击进入 Blocks | DSTWU | Results | Reflux Ratio Profiles 页面，可看到回流比随理论板数变化表，如图 9-6 所示。

点击右上方 Plot 方框中的 Custom，选择 Theoretical stages 作为 X Axis（横坐标），勾选 Reflux Ratio 为 Y Axis（纵坐标），点击 OK 即可得到回流比与理论板数关系曲线，如

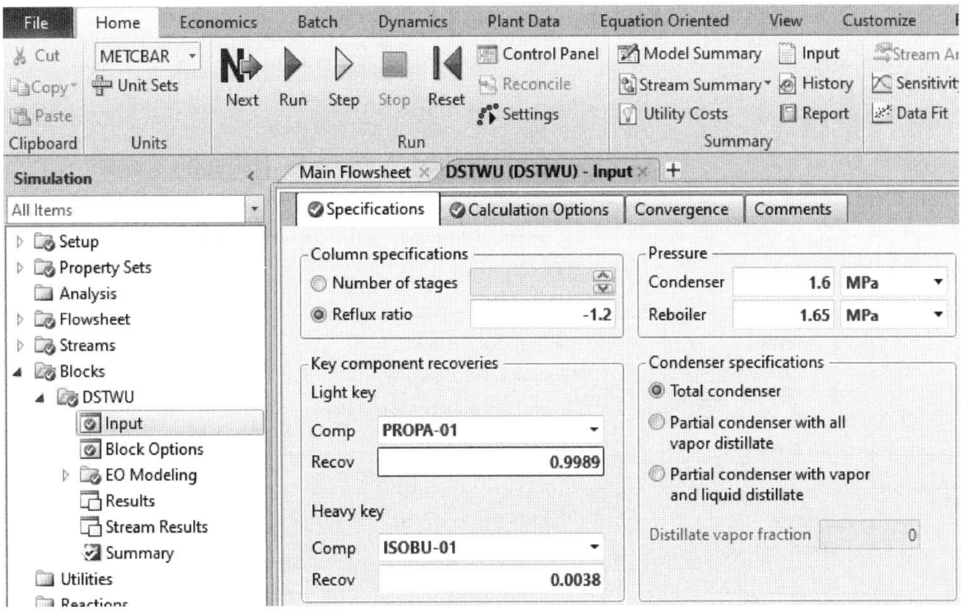

图 9-3 输入 DSTWU 模块参数

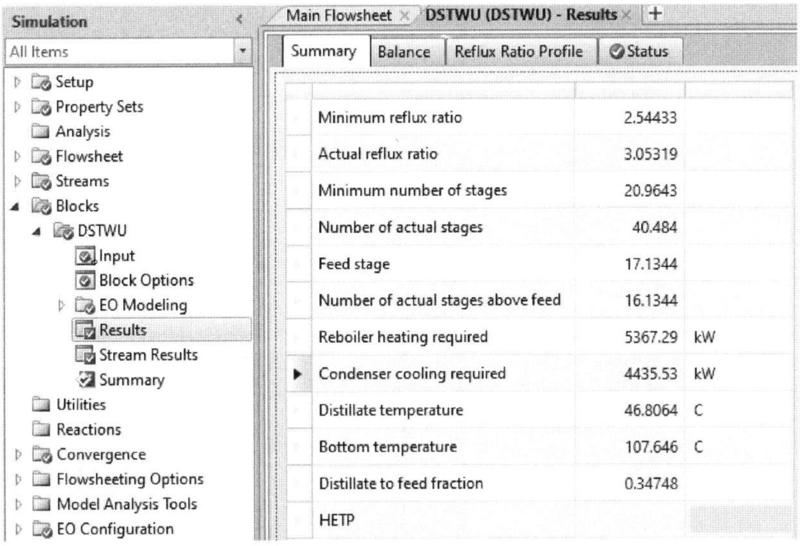

图 9-4 查看 DSTWU 模块运行结果

图 9-7 所示。合理的理论板数应在曲线斜率绝对值较小的区域内选择。

Ⅱ. 精馏塔严格计算

简捷计算得到的回流比、理论板数、进料位置和塔顶采出率等参数，只能作为严格计算的初值。在理论板数和进料位置一定的情况下，由分离要求严格计算出回流比和塔顶采出率。合理的理论板数和适宜的进料位置需要进一步优化得到。

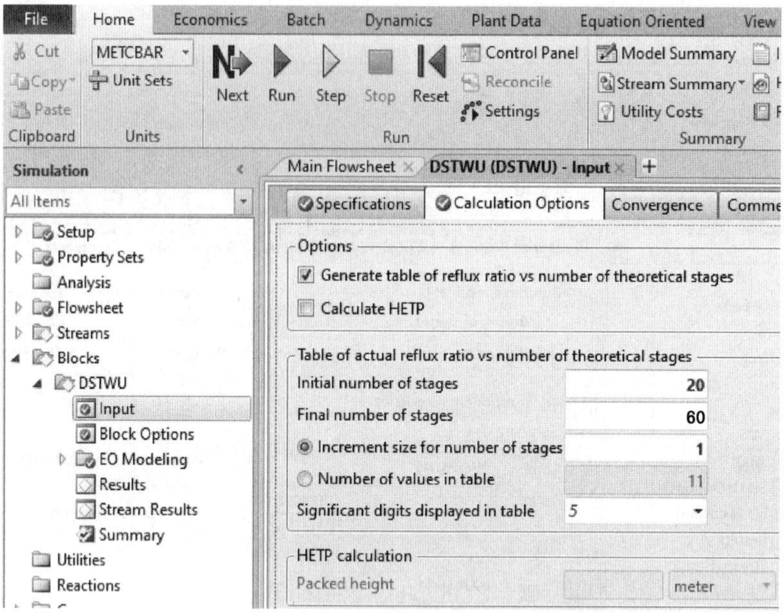

图 9-5　设置回流比随理论板数变化参数

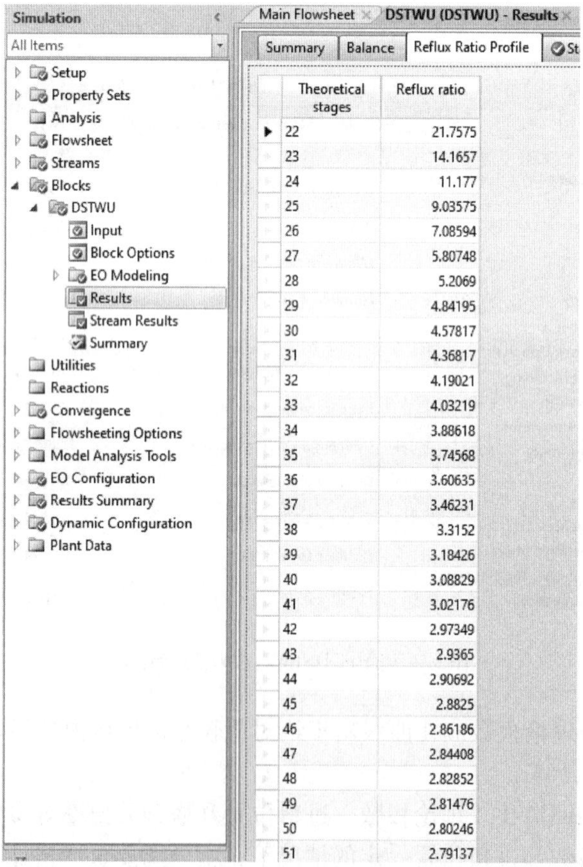

图 9-6　回流比随理论板数变化表

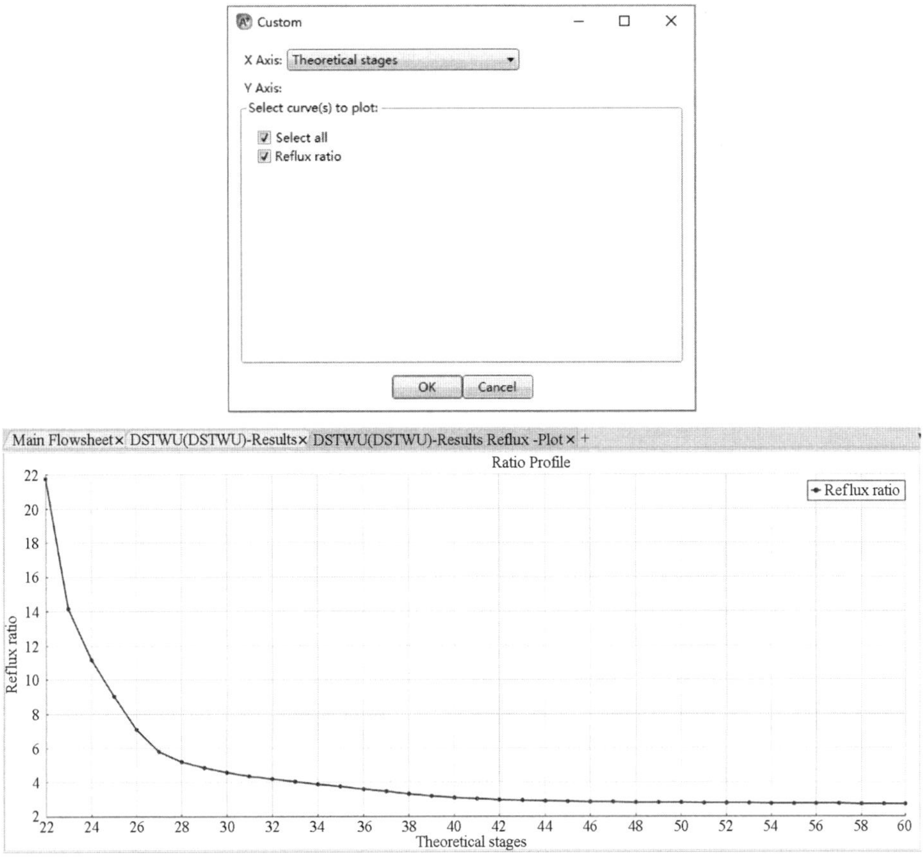

图 9-7 绘制回流与理论板数关系曲线

A 初值模拟

在主窗口空白处继续建立如图 9-8 所示的流程图，其中精馏塔采用下端模块库中的 Columns | RADFRAC | FRACT1 模块。

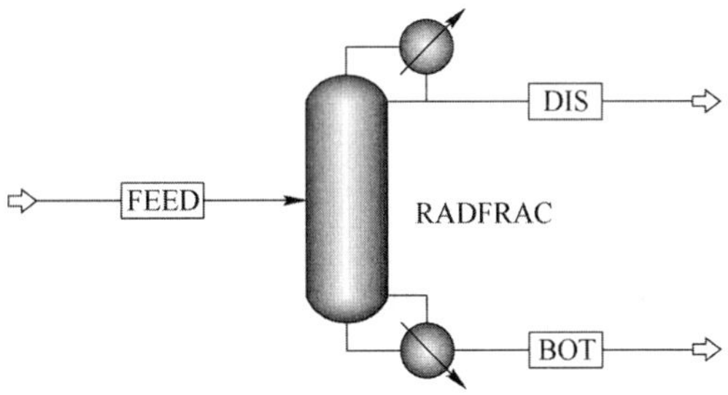

图 9-8 精馏塔严格计算流程

点击 Next，进入 Streams | FEED | Input | Mixed 页面，输入精馏塔进料物流信息，与简捷计算中相同。

点击 Next，进入 Blocks | RADFRAC | Specifications | Setup | Configuration 页面，按简捷计算结果输入精馏塔参数，如图 9-9 所示。

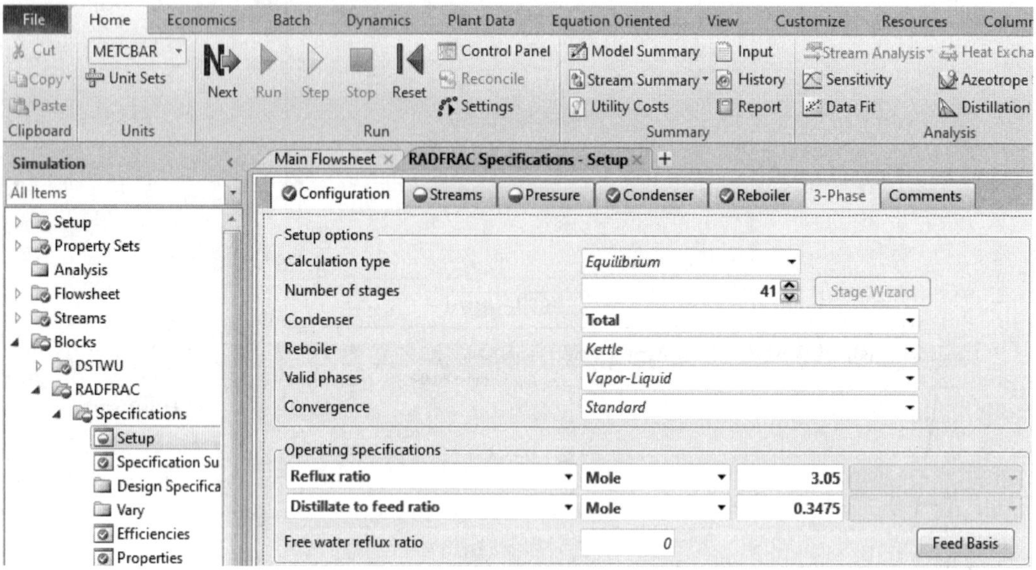

图 9-9 输入 RADFRAC 模块参数

点击 Next，进入 Blocks | RADFRAC | Specifications | Setup | Streams 页面，输入进料位置和进料方式，如图 9-10 所示。

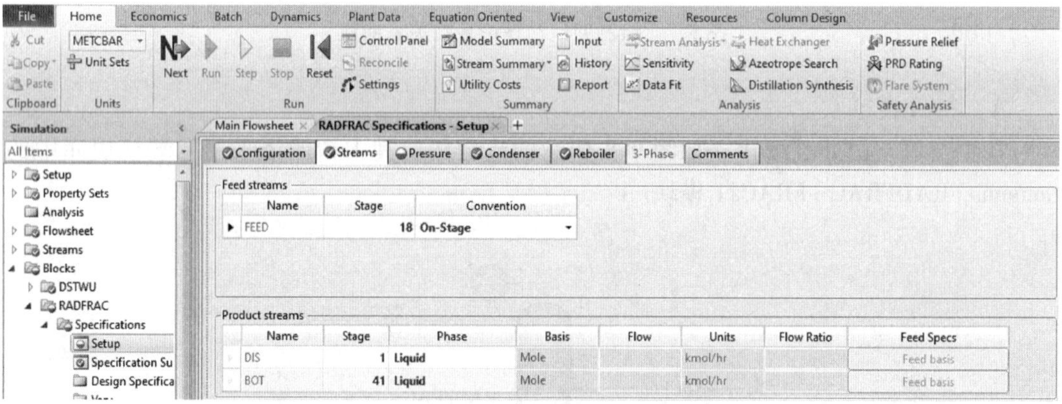

图 9-10 输入 RADFRAC 模块进料位置和进料方式

点击 Next，进入 Blocks | RADFRAC | Specifications | Setup | Pressure 页面，输入相关压力，如图 9-11 所示。

点击 Run 运行模拟，流程收敛。点击进入 Blocks | RADFRAC | Stream Results 页面，可查看精馏塔物流结果，如图 9-12 所示。塔顶产品中丙烷摩尔分数为 0.986，塔底产品中丙烷摩尔分数为 0.0064，均未满足分离要求。

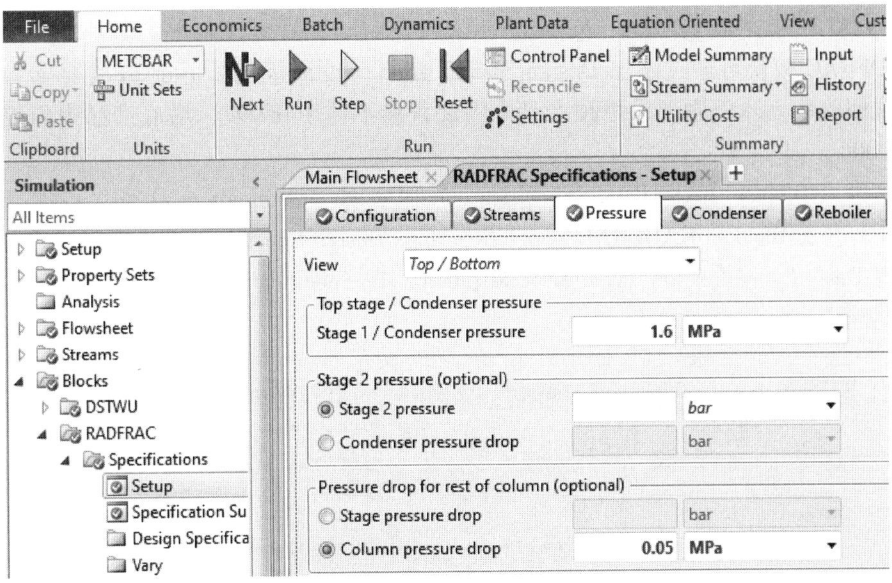

图 9-11 输入 RADFRAC 模块压力

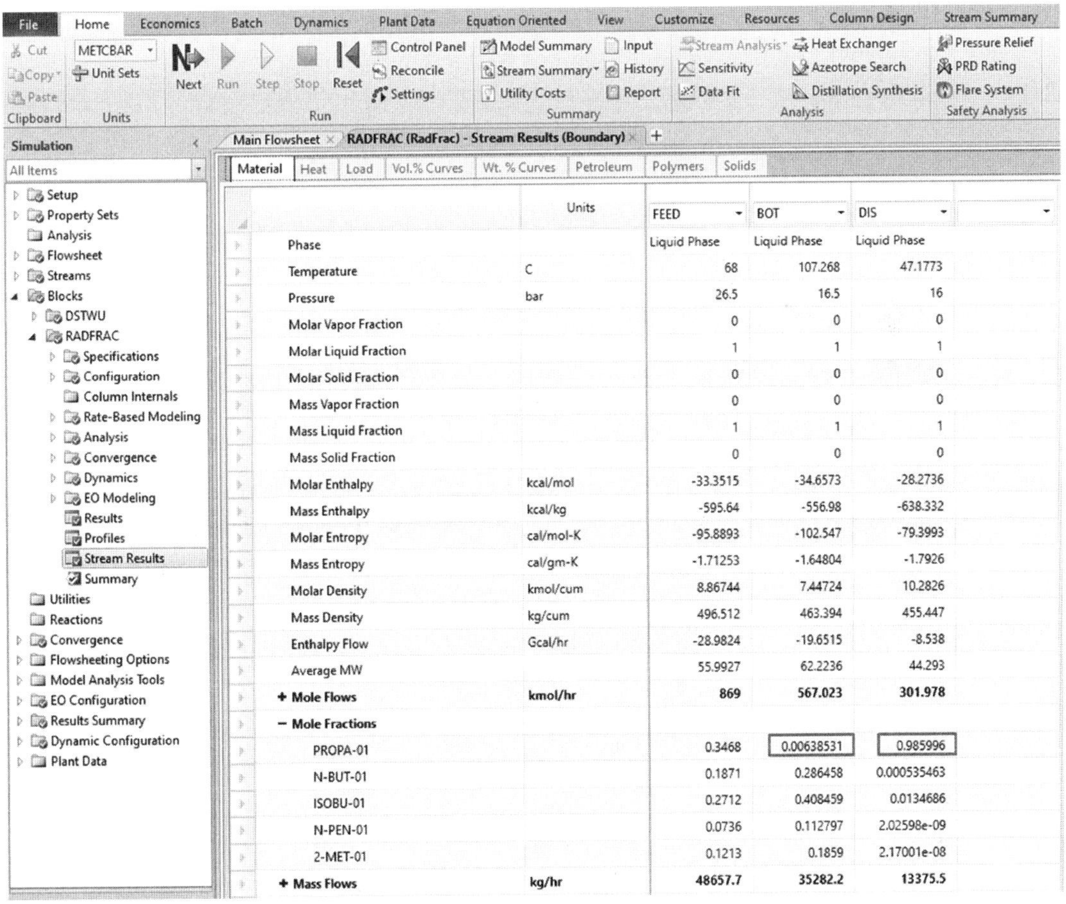

图 9-12 查看物流结果

B　设计规定

RADFRAC 模块可通过添加 Design Specification（设计规定）达到分离要求，如产品的纯度或回收率。本例中要求塔顶产品中丙烷含量不低于 0.997，塔底产品中丙烷含量不超过 0.0006。

点击进入 Blocks | RADFRAC | Specifications | Design Specifications 页面，点击 New（见图 9-13），进入 Blocks | RADFRAC | Specifications | Design Specifications | 1 | Specifications 页面，选择 Design specification Type 为 Mole purity，在 Specification Target 中输入 0.997，如图 9-14 所示。

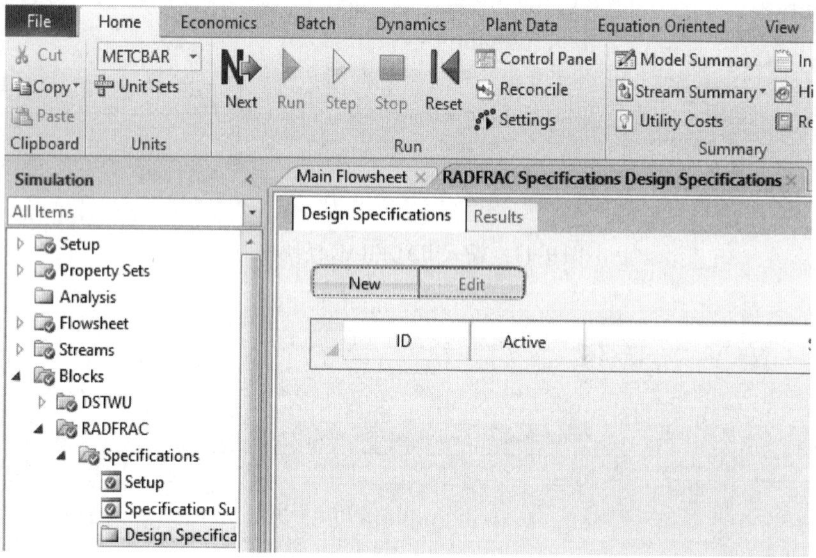

图 9-13　新建设计规定

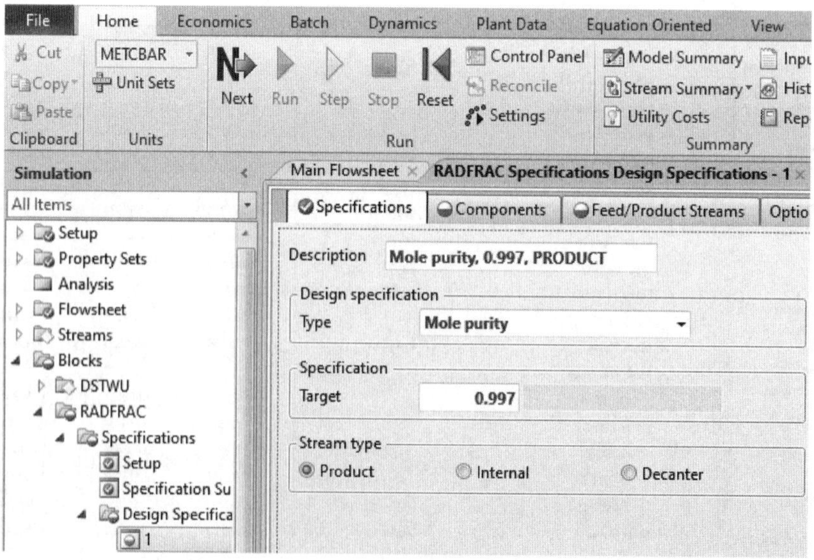

图 9-14　输入分离要求

点击 Next，进入 Blocks | RADFRAC | Specifications | Design Specifications | 1 | Components 页面，选中 Available components 栏中的 PROPA-01（丙烷），点击 > 图标将其移动至 Selected components 栏，如图 9-15 所示。

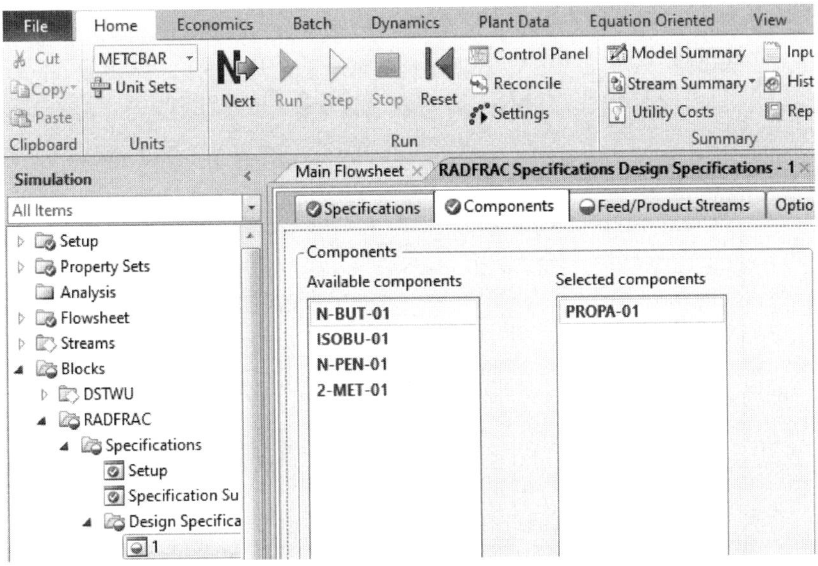

图 9-15　选择组分

点击 Next，进入 Blocks | RADFRAC | Specifications | Design Specifications | 1 | Feed/Product Streams 页面，选中 Product streams 左栏中的 DIS（塔顶产品），点击 > 图标将其移动至右栏，如图 9-16 所示。

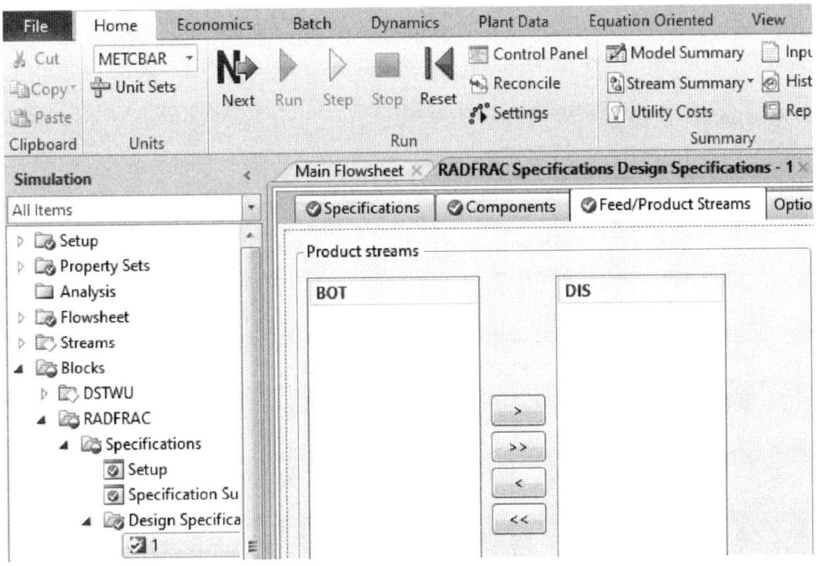

图 9-16　选择物流

点击 Next，进入 Blocks | RADFRAC | Specifications | Vary 页面，点击 New（见图 9-17），进入 Blocks | RADFRAC | Specifications | Vary | 1 | Specifications 页面，选择 Adjusted variable Type 为 Reflux ratio，输入 Lower bound 为 1，输入 Upper bound 为 8，如图 9-18 所示。

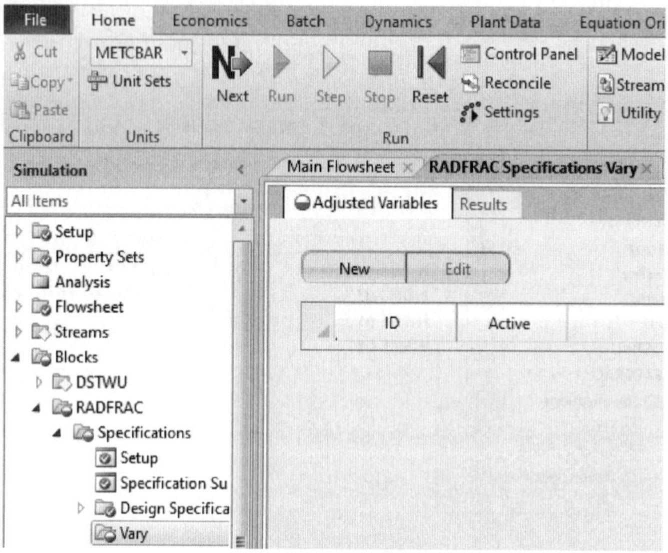

图 9-17 新建调节变量

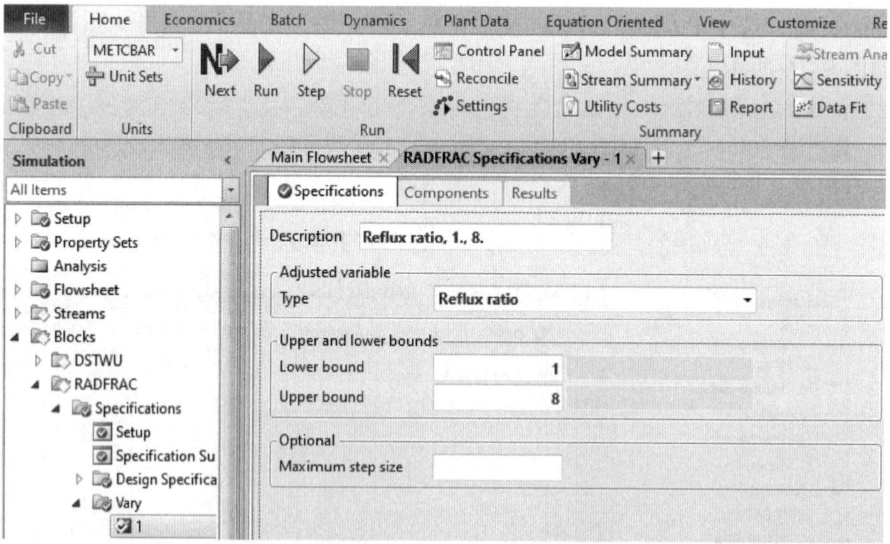

图 9-18 选择调节变量并输入调节范围

至此，第一个塔内设计规定（塔顶产品中丙烷含量不低于 0.997）和第一个调节变量（回流比）已添加完毕。采用同样的方法添加第二个塔内设计规定（塔底产品中丙烷含量不超过 0.0006）和第二个调节变量（塔顶采出率），如图 9-19 和图 9-20 所示。

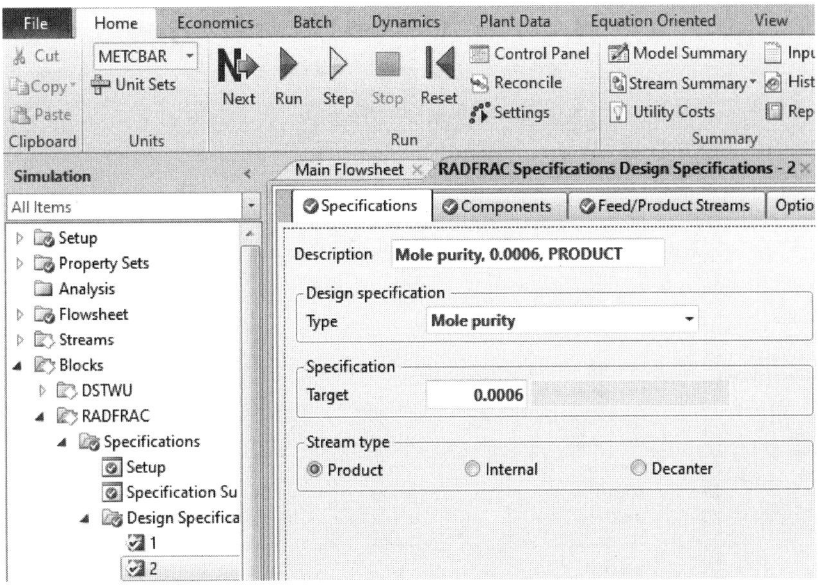

图 9-19　添加第二个塔内设计规定

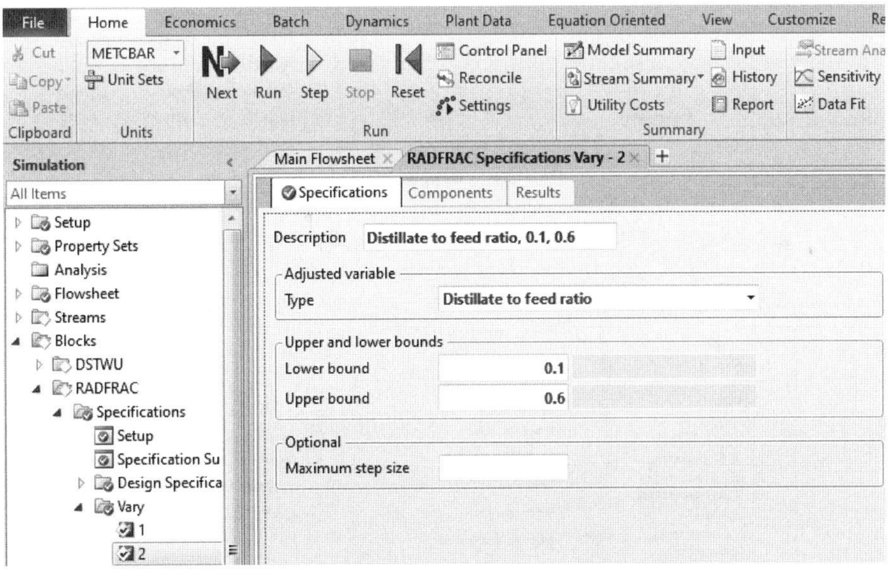

图 9-20　添加第二个调节变量

点击 Run 运行模拟，流程收敛。点击进入 Blocks | RADFRAC | Stream Results 页面，可查看精馏塔物流结果，如图 9-21 所示。塔顶产品中丙烷摩尔分数为 0.997，塔釜产品中丙烷摩尔分数为 0.0006，均已满足分离要求。

点击进入 Blocks | RADFRAC | Results 页面查看模拟结果，如图 9-22 所示，满足分离要求所需的回流比为 4.01，塔顶采出率为 0.3475，冷凝器热负荷为 –5422.34kW，再沸器热负荷为 6354.09kW。

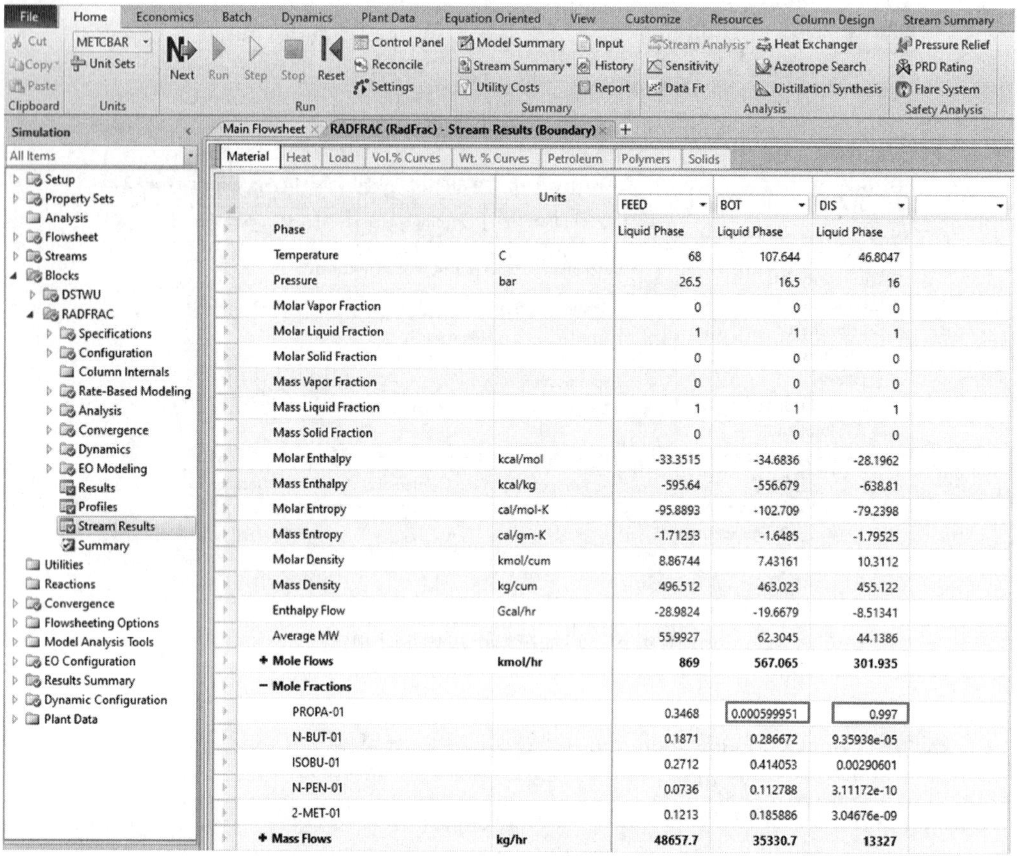

	Units	FEED	BOT	DIS
Phase		Liquid Phase	Liquid Phase	Liquid Phase
Temperature	C	68	107.644	46.8047
Pressure	bar	26.5	16.5	16
Molar Vapor Fraction		0	0	0
Molar Liquid Fraction		1	1	1
Molar Solid Fraction		0	0	0
Mass Vapor Fraction		0	0	0
Mass Liquid Fraction		1	1	1
Mass Solid Fraction		0	0	0
Molar Enthalpy	kcal/mol	-33.3515	-34.6836	-28.1962
Mass Enthalpy	kcal/kg	-595.64	-556.679	-638.81
Molar Entropy	cal/mol-K	-95.8893	-102.709	-79.2398
Mass Entropy	cal/gm-K	-1.71253	-1.6485	-1.79525
Molar Density	kmol/cum	8.86744	7.43161	10.3112
Mass Density	kg/cum	496.512	463.023	455.122
Enthalpy Flow	Gcal/hr	-28.9824	-19.6679	-8.51341
Average MW		55.9927	62.3045	44.1386
+ Mole Flows	kmol/hr	869	567.065	301.935
− Mole Fractions				
PROPA-01		0.3468	0.000599951	0.997
N-BUT-01		0.1871	0.286672	9.35938e-05
ISOBU-01		0.2712	0.414053	0.00290601
N-PEN-01		0.0736	0.112788	3.11172e-10
2-MET-01		0.1213	0.185886	3.04676e-09
+ Mass Flows	kg/hr	48657.7	35330.7	13327

图 9-21　查看物流结果

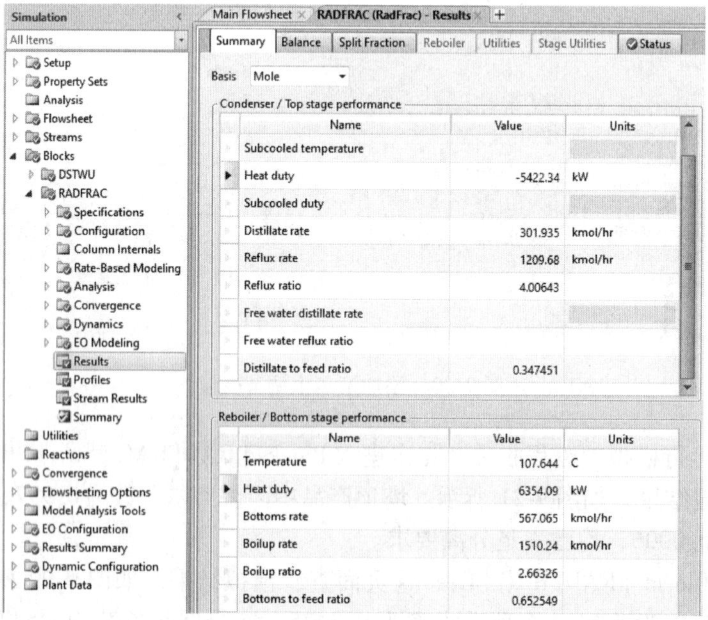

Name	Value	Units
Subcooled temperature		
Heat duty	-5422.34	kW
Subcooled duty		
Distillate rate	301.935	kmol/hr
Reflux rate	1209.68	kmol/hr
Reflux ratio	4.00643	
Free water distillate rate		
Free water reflux ratio		
Distillate to feed ratio	0.347451	

Reboiler / Bottom stage performance

Name	Value	Units
Temperature	107.644	C
Heat duty	6354.09	kW
Bottoms rate	567.065	kmol/hr
Boilup rate	1510.24	kmol/hr
Boilup ratio	2.66326	
Bottoms to feed ratio	0.652549	

图 9-22　查看模拟结果

C　灵敏度分析

合理的理论板数和进料位置可采用 Sensitivity（灵敏度分析）进行优化。

点击进入 Model Analysis Tools | Sensitivity 页面，点击 New，弹出 Create new ID 对话框，点击 OK 新建第一个灵敏度分析文件，如图 9-23 所示。

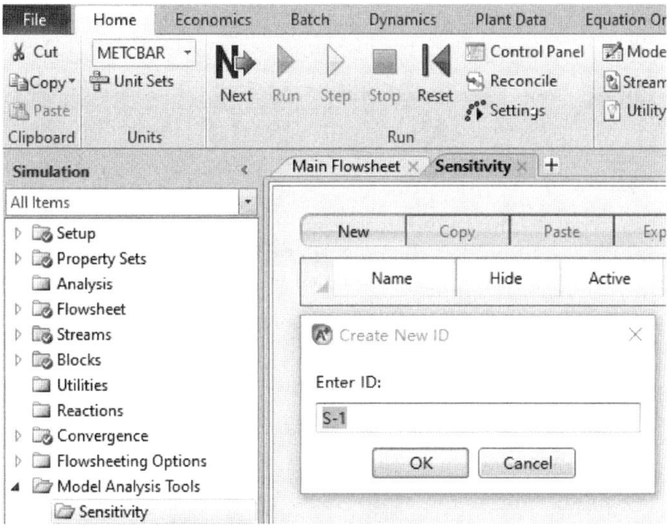

图 9-23　新建灵敏度分析

点击进入 Model Analysis Tools | Sensitivity | S-1 | Input | Vary 页面，定义操纵变量为理论板数，设置 NSTAGE（理论板数）从 35 增加到 60，Increment（增量）为 1，如图 9-24 所示。定义操纵变量变化范围时应注意，精馏塔的理论板数初值应不小于变化范围的上

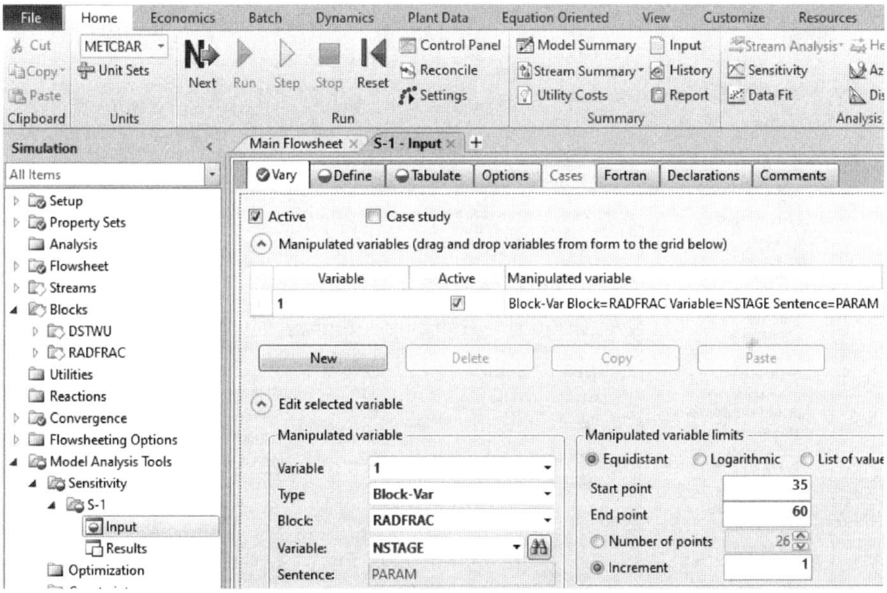

图 9-24　定义理论板数为第一个灵敏度分析的操纵变量

限。因此，在 Blocks | RADFRAC | Specifications | Setup | Configuration 页面下，将理论板数更改为 60。

点击 Next，进入 Model Analysis Tools | Sensitivity | S-1 | Input | Define 页面，点击 New，弹出 Create new variable 对话框，输入采集变量名称为 QREB，点击 OK 新建一个采集变量，如图 9-25 所示。定义采集变量为 REB-DUTY（再沸器热负荷），Units（单位）为 kW，如图 9-26 所示。

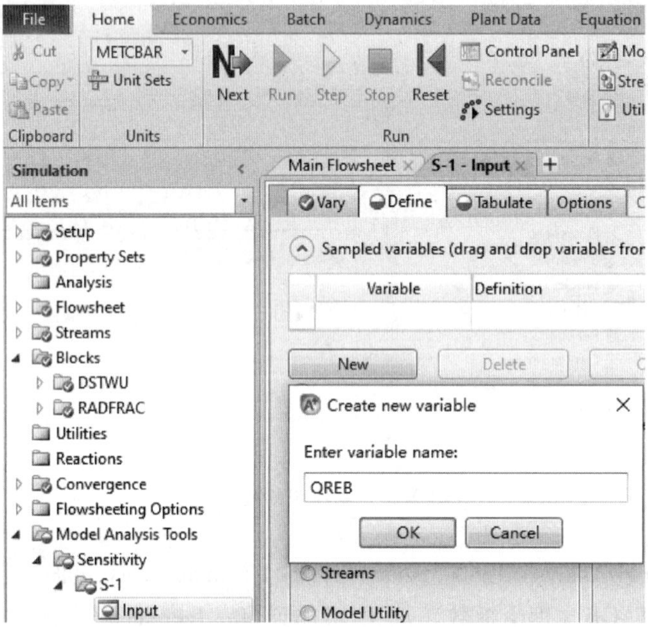

图 9-25　新建采集变量

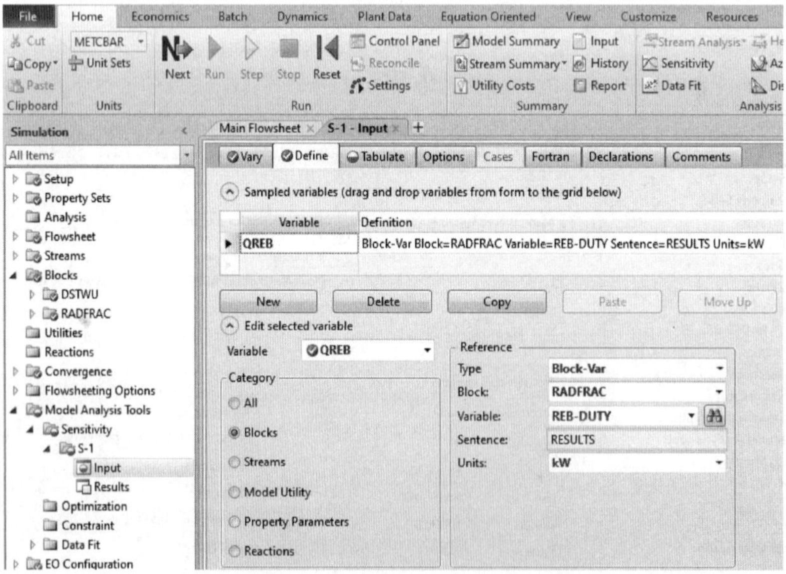

图 9-26　定义采集变量

点击 Next，进入 Model Analysis Tools | Sensitivity | S-1 | Input | Tabulate 页面，在 Column No. 中输入 1，在 Tabulate variable or expression 中输入 QREB（或直接点击 Fill Variables），如图 9-27 所示。

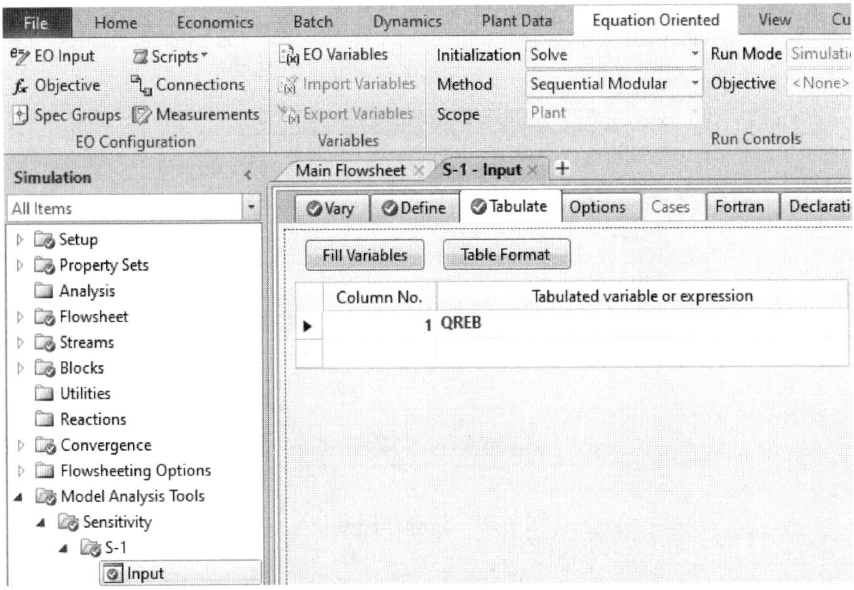

图 9-27　定义变量或表达式的列位置

点击 Run 运行模拟，流程收敛。点击进入 Model Analysis Tools | Sensitivity | S-1 | Results | Summary 页面查看结果，如图 9-28 所示。

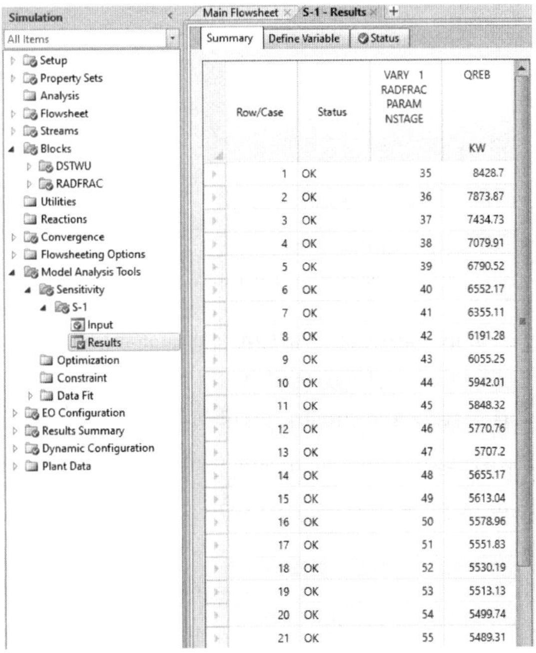

图 9-28　查看灵敏度分析结果

点击右上方 Plot 方框中的 Results Curve，按图 9-29 选择理论板数作为 X Axis，勾选 QREB 为 Y Axis，点击 OK 即可得到再沸器热负荷随理论板数的变化曲线图，如图 9-30 所示。

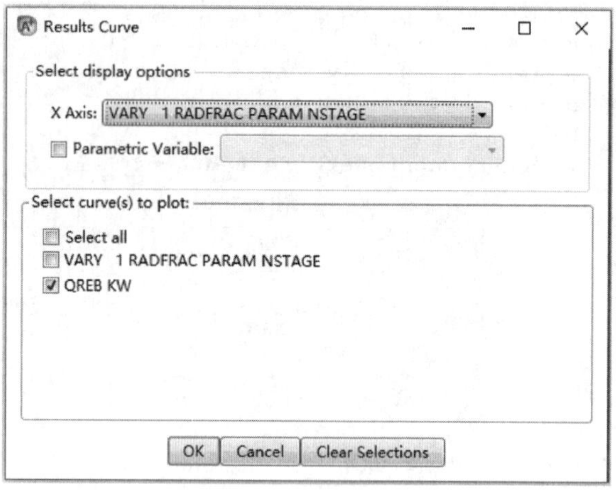

图 9-29 选择作图参数

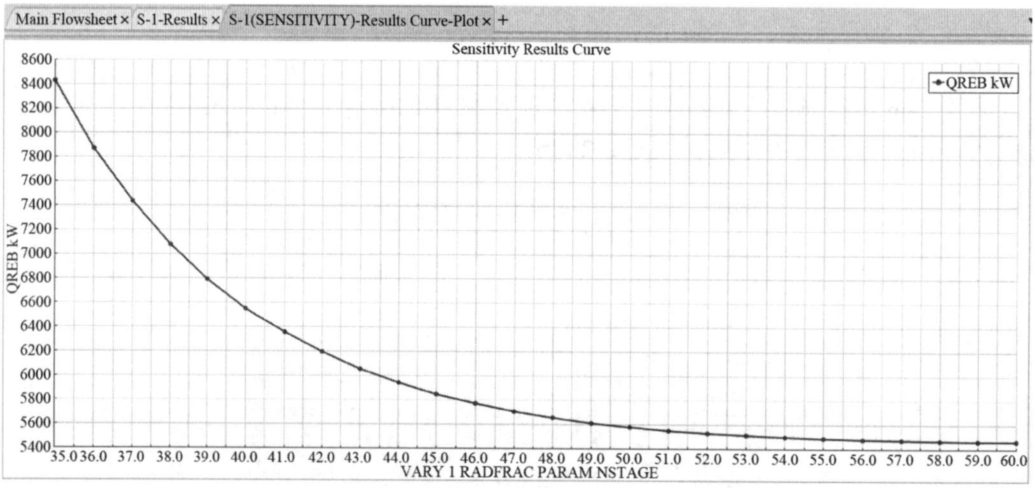

图 9-30 再沸器热负荷随理论板数的变化曲线图

由图 9-30 可见，随着理论板数的增加，热负荷减小，但理论板数超过 52 后热负荷减小不明显，故选择最优理论板数为 52。右击 Model Analysis Tools | Sensitivity | S-1 图标，将其设置为 Deactivate，点击进入 Blocks | RADFRAC | Specifications | Setup | Configuration 页面，将理论板数更改为 52。

重复以上操作，在 Model Analysis Tools | Sensitivity 页面，新建第二个灵敏度分析文件，定义其操纵变量为进料位置（见图 9-31），采集变量为再沸器热负荷。运行模拟得到如图 9-32 和图 9-33 所示结果。

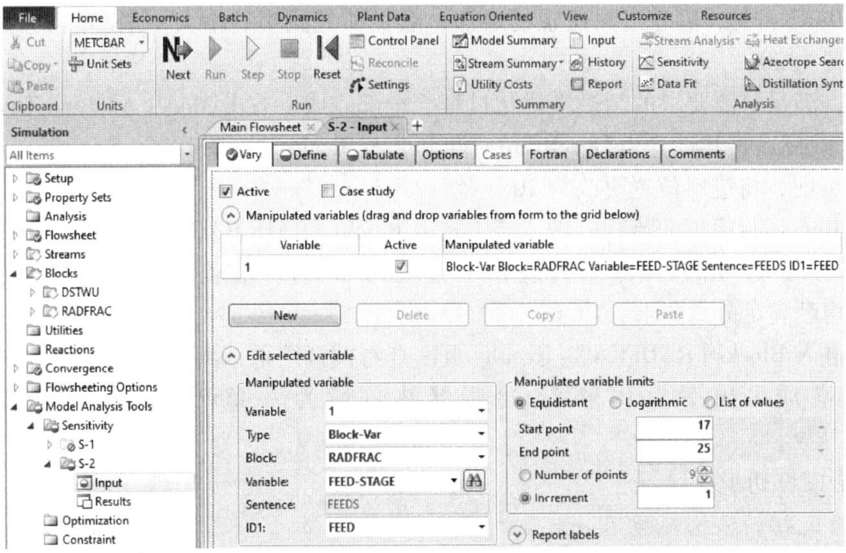

图 9-31　定义进料位置为第二个灵敏度分析的操纵变量

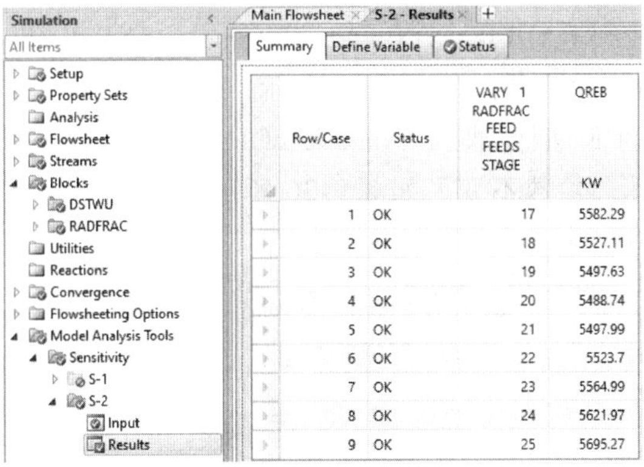

图 9-32　第二个灵敏度分析结果

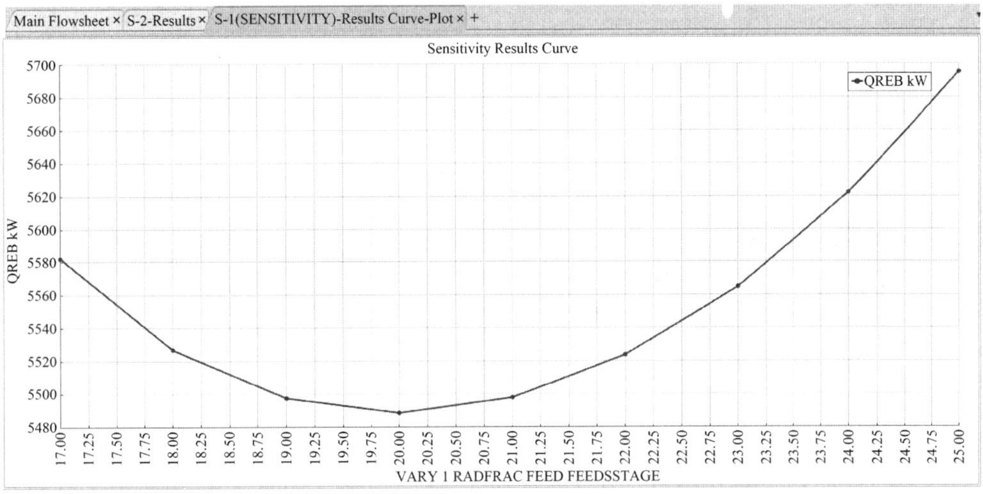

图 9-33　再沸器热负荷随进料位置的变化曲线图

由图 9-33 可见，随着进料位置的增加，热负荷先减小后增大，最小热负荷对应的最优进料位置为 20。

至此，满足分离要求的精馏塔优化过程已全部完成。右击 Model Analysis Tools | Sensitivity | S-2 图标，将其设置为 Deactivate，点击进入 Blocks | RADFRAC | Specifications | Setup | Streams 页面，将进料位置更改为 20。

点击 Run 运行模拟，流程收敛。点击进入 Blocks | RADFRAC | Stream Results 页面查看精馏塔物流结果。塔顶产品中丙烷摩尔分数为 0.997，塔釜产品中丙烷摩尔分数为 0.0006，均已满足分离要求。

点击进入 Blocks | RADFRAC | Results 页面查看模拟结果，满足分离要求所需的回流比为 3.21，塔顶采出率为 0.3475，冷凝器热负荷为 -4557.03kW，再沸器热负荷为 5488.77kW。

Ⅲ. 塔内件初步设计

A 输入初始结构参数

点击进入 Blocks | RADFRAC | Specifications | Setup | Configuration 页面，点击下方的 Design and specify column internals，弹出 Missing Hydraulic Data 对话框，如图 9-34 所示。点击 Generate 进入 Blocks | RADFRAC | Column Internals | INT-1 | Sections 页面，点击 Auto Section 得到精馏塔自动分段结果，如图 9-35 所示。其中，Tray Type（塔板类型）均选择 BALLAST-V1（即国内的 F_1 型浮阀），Number of Passes（溢流程数）分别输入 1（单溢流）和 2（双溢流），其余参数不变，如图 9-36 所示。

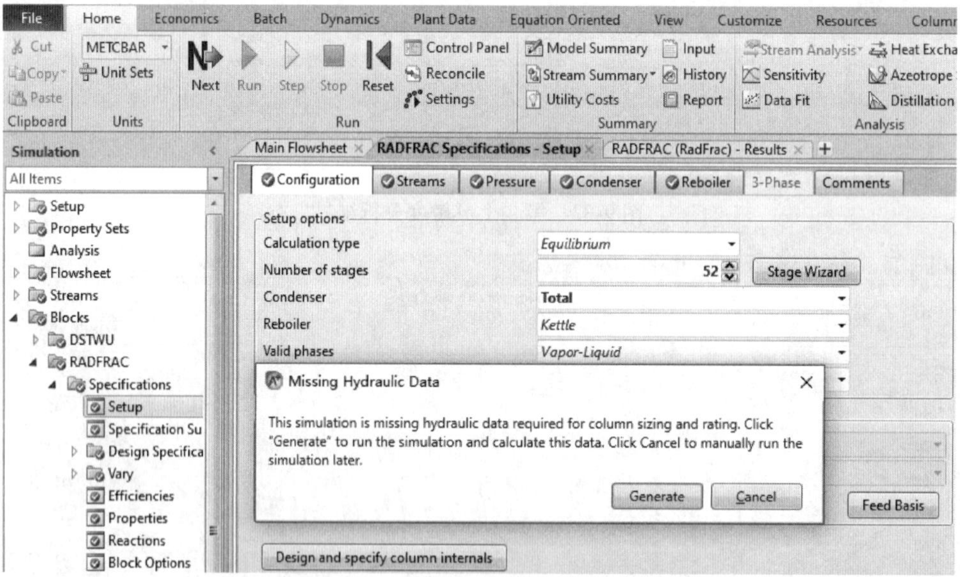

图 9-34 生成精馏塔流体力学数据

B 计算浮阀数

点击进入 Blocks | RADFRAC | Profiles | Hydraulics 页面，可查看精馏塔内各塔板的流体力学数据，如图 9-37 所示。

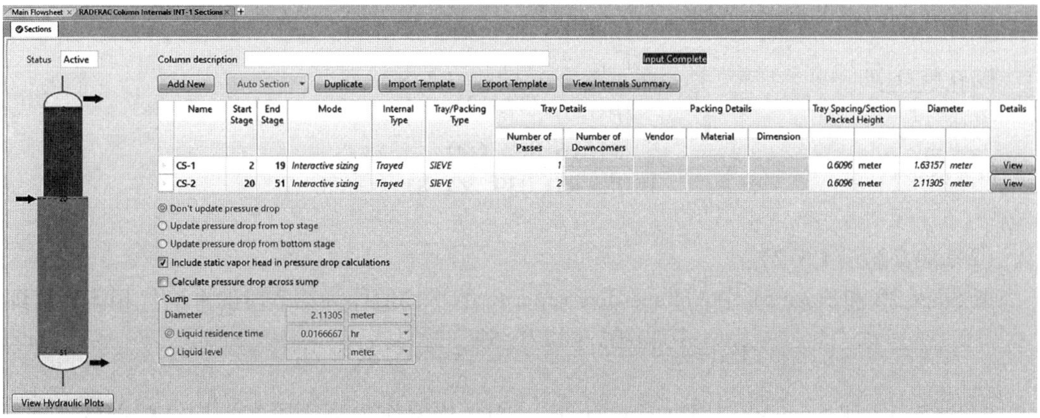

图 9-35　精馏塔自动分段结果

Name	Start Stage	End Stage	Mode	Internal Type	Tray/Packing Type	Tray Details	Packing Details			Tray Spacing/Section Packed Height	Diameter	Details	
						Number of Passes	Vendor	Material	Dimension				
CS-1	2	19	Interactive sizing	Trayed	BALLAST-V1	1				0.6096 meter	1.62716 meter	View	×
CS-2	20	51	Interactive sizing	Trayed	BALLAST-V1	2				0.6096 meter	2.11304 meter	View	×

图 9-36　选择塔板类型和溢流程数

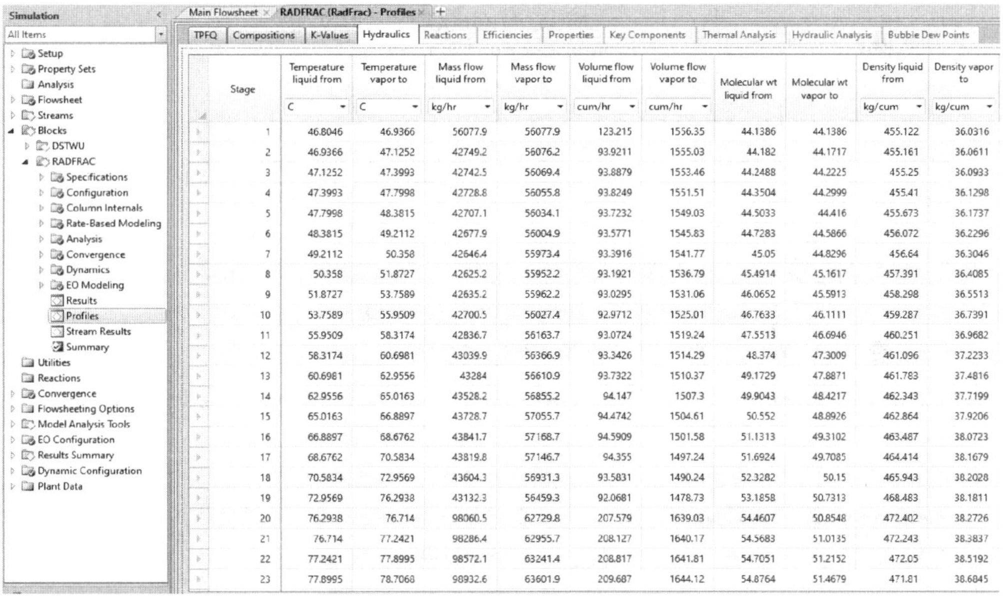

Stage	Temperature liquid from (C)	Temperature vapor to (C)	Mass flow liquid from (kg/hr)	Mass flow vapor to (kg/hr)	Volume flow liquid from (cum/hr)	Volume flow vapor to (cum/hr)	Molecular wt liquid from	Molecular wt vapor to	Density liquid from (kg/cum)	Density vapor to (kg/cum)
1	46.8046	46.9366	56077.9	56077.9	123.215	1556.35	44.1386	44.1386	455.122	36.0316
2	46.9366	47.1252	42749.2	56076.2	93.9211	1555.03	44.182	44.1717	455.161	36.0611
3	47.1252	47.3993	42742.5	56069.4	93.8879	1553.46	44.2488	44.2225	455.25	36.0933
4	47.3993	47.7998	42728.8	56055.8	93.8249	1551.51	44.3504	44.2999	455.41	36.1298
5	47.7998	48.3815	42707.1	56034.1	93.7232	1549.03	44.5033	44.416	455.673	36.1737
6	48.3815	49.2112	42677.9	56004.9	93.5771	1545.83	44.7283	44.5866	456.072	36.2296
7	49.2112	50.358	42646.4	55973.4	93.3916	1541.77	45.05	44.8296	456.64	36.3046
8	50.358	51.8727	42625.2	55952.2	93.1921	1536.79	45.4914	45.1617	457.391	36.4085
9	51.8727	53.7589	42635.2	55962.2	93.0295	1531.06	46.0652	45.5913	458.298	36.5513
10	53.7589	55.9509	42700.5	56027.4	92.9712	1525.01	46.7633	46.1111	459.287	36.7391
11	55.9509	58.3174	42836.7	56163.7	93.0724	1519.24	47.5513	46.6946	460.251	36.9682
12	58.3174	60.6981	43039.9	56366.9	93.3426	1514.29	48.374	47.3009	461.096	37.2233
13	60.6981	62.9556	43284	56610.9	93.7322	1510.37	49.1729	47.8871	461.783	37.4816
14	62.9556	65.0163	43528.2	56855.2	94.147	1507.3	49.9043	48.4217	462.343	37.7199
15	65.0163	66.8897	43728.7	57055.7	94.4742	1504.61	50.552	48.8926	462.864	37.9206
16	66.8897	68.6762	43841.7	57168.7	94.5909	1501.58	51.1313	49.3102	463.487	38.0723
17	68.6762	70.5834	43819.8	57146.7	94.355	1497.24	51.6924	49.7085	464.414	38.1679
18	70.5834	72.9569	43604.3	56931.3	93.5831	1490.24	52.3282	50.15	465.943	38.2028
19	72.9569	76.2938	43132.3	56459.3	92.0681	1478.73	53.1858	50.7313	468.483	38.1811
20	76.2938	76.714	98060.5	62729.8	207.579	1639.03	54.4607	50.8548	472.402	38.2726
21	76.714	77.2421	98286.4	62955.7	208.127	1640.17	54.5683	51.0135	472.243	38.3837
22	77.2421	77.8995	98572.1	63241.4	208.817	1641.81	54.7051	51.2152	472.05	38.5192
23	77.8995	78.7068	98932.6	63601.9	209.687	1644.12	54.8764	51.4679	471.81	38.6845

图 9-37　查看各塔板流体力学数据

（1）第 1 段（CS-1）：

取 Stage 2 和 Stage 19 中 Volume flow vapor to（气相体积流量）的平均值作为第 1 段的平均气相流量，即：

$$V_{h1}=\frac{1555.03+1478.73}{2}=1516.88\mathrm{m^3/h}$$

取 Stage 2 和 Stage 19 中 Density vapor to（气相密度）的平均值作为第 1 段的平均气相密度，即：

$$\rho_{V1}=\frac{36.06+38.18}{2}=37.12\mathrm{kg/m^3}$$

取阀孔刚好全开时的动能因子 $F_{01}=11$。

阀孔气速：
$$u_{01}=\frac{F_{01}}{\sqrt{\rho_{V1}}}=\frac{11}{\sqrt{37.12}}=1.81\mathrm{m/s}$$

浮阀数目：
$$n_1=\frac{V_{s1}}{\frac{\pi}{4}d_0^2u_{01}}=\frac{1516.88/3600}{0.785\times0.039^2\times1.81}=194.97\approx195$$

(2) 第2段 (CS-2)：

取 Stage 20 和 Stage 51 中 Volume flow vapor to 的平均值作为第2段的平均气相流量，即：
$$V_{h2}=\frac{1639.03+1771.59}{2}=1705.31\mathrm{m^3/h}$$

取 Stage 17 和 Stage 43 中 Density vapor to 的平均值作为第2段的平均气相密度，即：
$$\rho_{V2}=\frac{38.27+44.73}{2}=41.5\mathrm{kg/m^3}$$

取阀孔刚好全开时的动能因子 $F_{02}=11$。

阀孔气速：
$$u_{02}=\frac{F_{02}}{\sqrt{\rho_{V2}}}=\frac{11}{\sqrt{41.5}}=1.71\mathrm{m/s}$$

浮阀数目：
$$n_2=\frac{V_{s2}}{\frac{\pi}{4}d_0^2u_{02}}=\frac{1705.31/3600}{0.785\times0.039^2\times1.71}=232.01\approx232$$

点击进入 Blocks | RADFRAC | Column Internals | INT-1 | Sections | CS-1 | Geometry | Geometry 页面，输入第 1 段的 Number of valves（浮阀数量）为 195，其余参数保持默认设置，如图 9-38 所示。

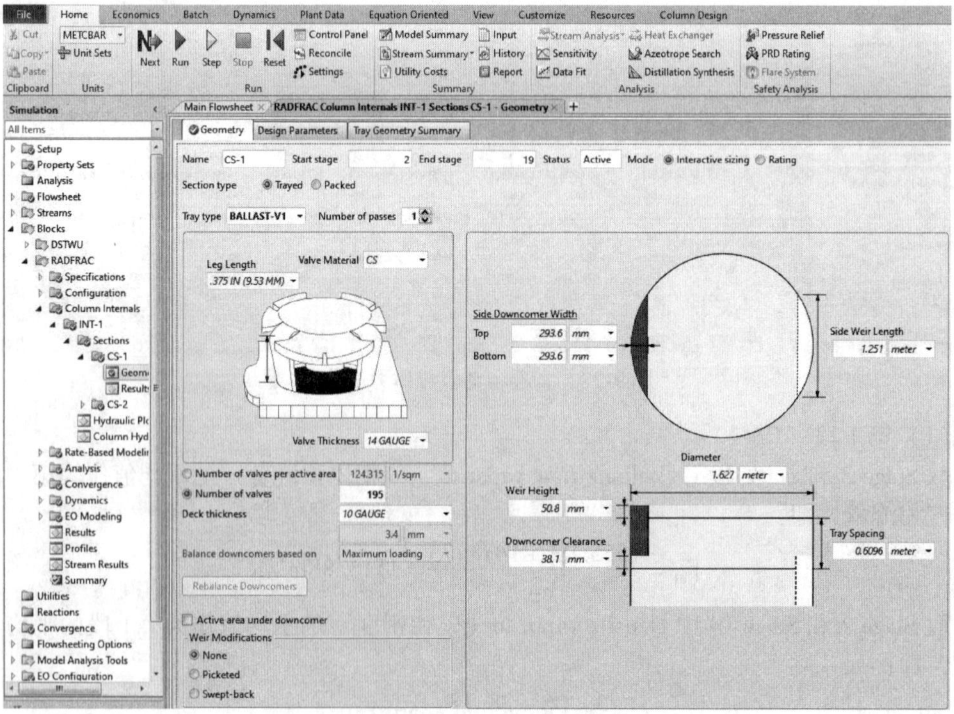

图 9-38　输入第 1 段浮阀数量

点击进入 Blocks | RADFRAC | Column Internals | INT-1 | Sections | CS-2 | Geometry | Geometry 页面，输入第 2 段的 Number of valves（浮阀数量）为 232，其余参数保持默认设置，如图 9-39 所示。

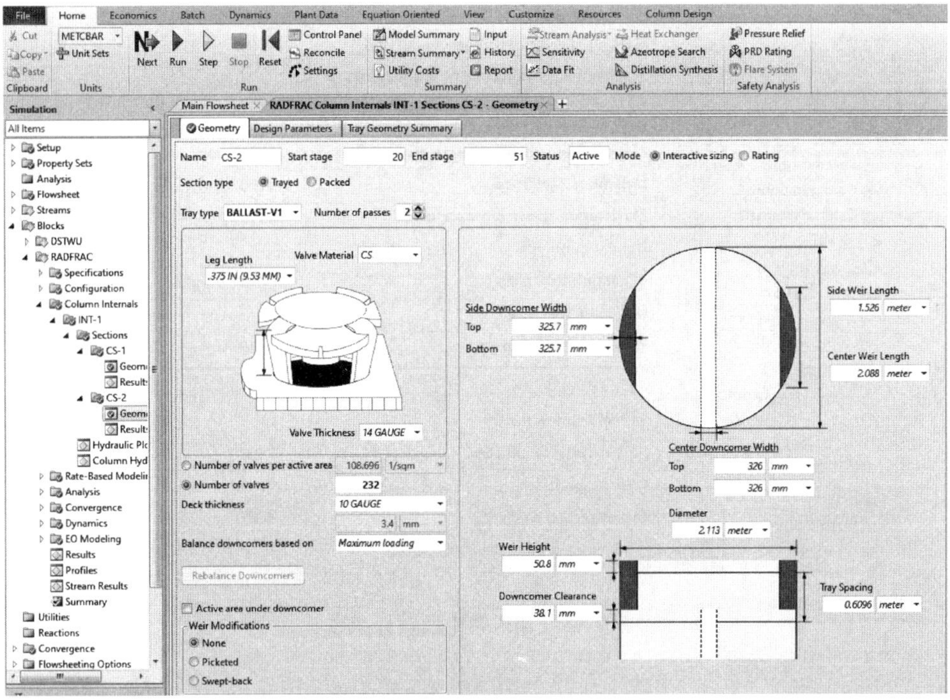

图 9-39 输入第 2 段浮阀数量

C 输入设计参数

点击进入 Blocks | RADFRAC | Column Internals | INT-1 | Sections | CS-1 | Geometry | Design Parameters 页面。其中，System foaming factor 为物系发泡因子，可按表 7-6 选取，本例中为无泡沫正常系统，输入值为 1；Aeration factor multuplier 为充气系数，可由图 7-23 查取，一般可近似取 0.5～0.6，本例中输入值为 0.6；Overall section efficiency 为全塔效率，按题中所给条件输入值为 0.65。其余参数保持默认设置，如图 9-40 所示。

点击进入 Blocks | RADFRAC | Column Internals | INT-1 | Sections | CS-2 | Geometry | Design Parameters 页面，输入第 2 段的设计参数，如图 9-41 所示。

D 运行模拟并查看结果

点击 Run 运行模拟，流程收敛。点击进入 Blocks | RADFRAC | Column Internals | INT-1 | Sections | CS-1 | Results | Messages 页面查看第 1 段的设计错误和警告信息，如图 9-42 所示。信息显示有 1 条错误：Stage 2 存在降液管液泛，需在校核模式下调整。

点击进入 Blocks | RADFRAC | Column Internals | INT-1 | Sections | CS-1 | Results | By Tray 页面，可查看第 1 段中每块塔板的流体力学计算结果，如图 9-43 所示。

（1）液泛因子。每块塔板的液泛因子（% Jet flood）均介于 0.6～0.85 之间。

（2）塔板压降。每块塔板的总压降（Total pressure drop）均小于 0.7kPa。

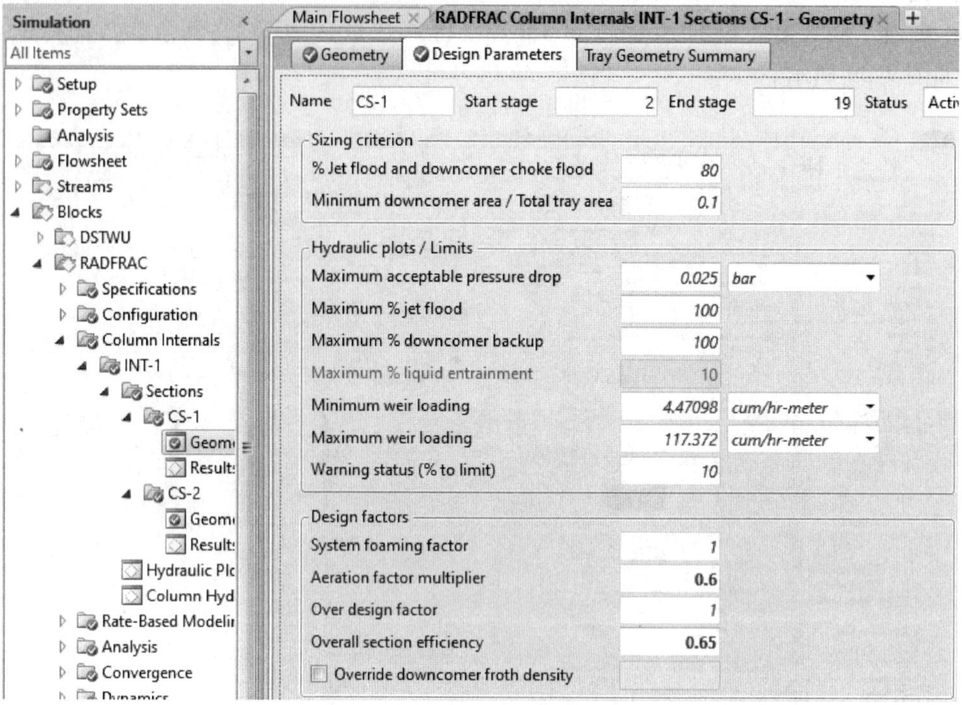

图 9-40　输入第 1 段设计参数

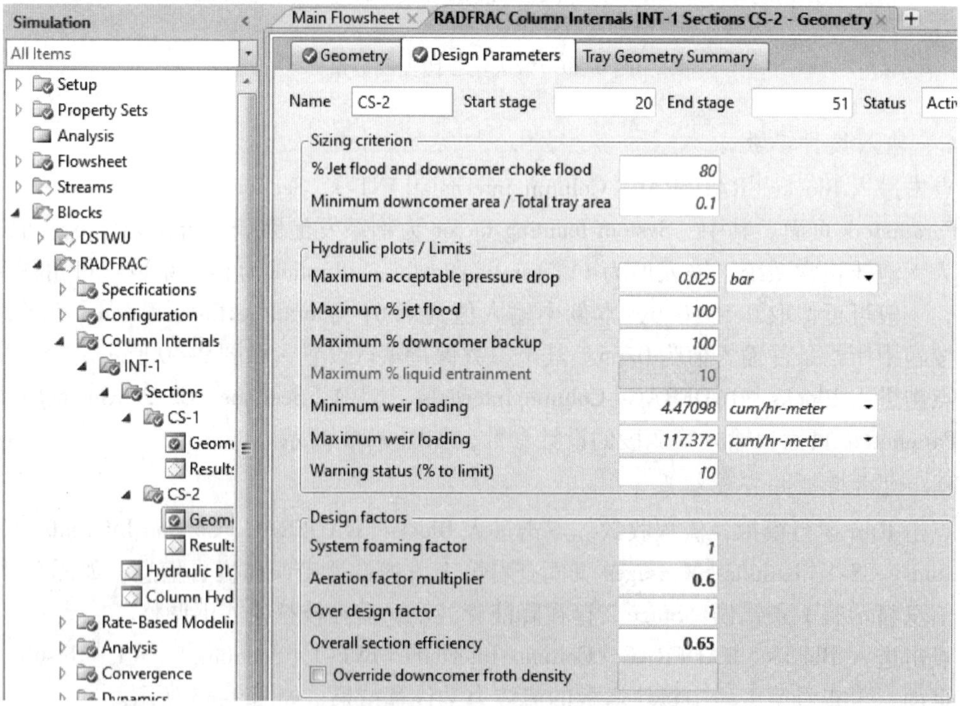

图 9-41　输入第 2 段设计参数

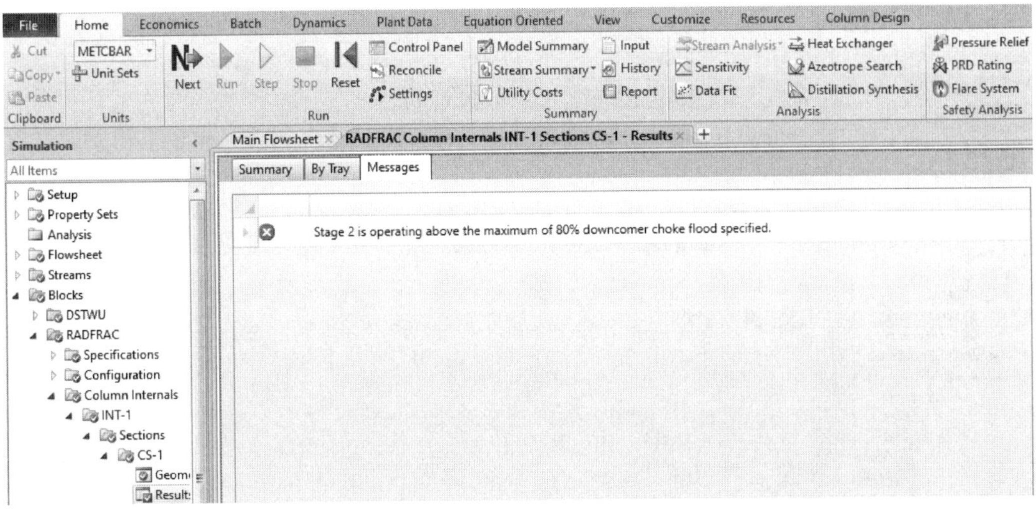

图 9-42　查看第 1 段的设计错误和警告信息

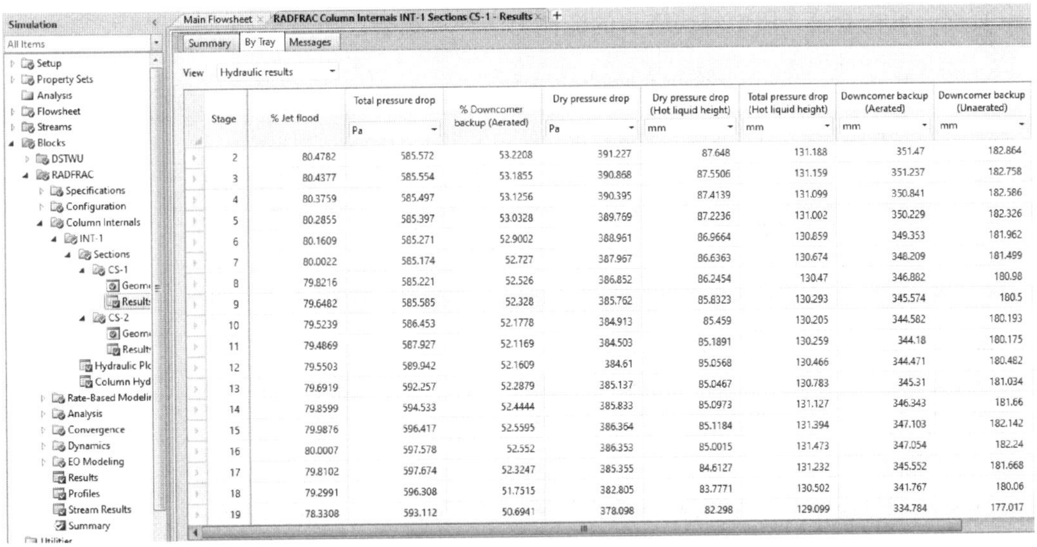

Stage	% Jet flood	Total pressure drop Pa	% Downcomer backup (Aerated)	Dry pressure drop Pa	Dry pressure drop (Hot liquid height) mm	Total pressure drop (Hot liquid height) mm	Downcomer backup (Aerated) mm	Downcomer backup (Unaerated) mm
2	80.4782	585.572	53.2208	391.227	87.648	131.188	351.47	182.864
3	80.4377	585.554	53.1855	390.868	87.5506	131.159	351.237	182.758
4	80.3759	585.497	53.1256	390.395	87.4139	131.099	350.841	182.586
5	80.2855	585.397	53.0328	389.769	87.2236	131.002	350.229	182.326
6	80.1609	585.271	52.9002	388.961	86.9664	130.859	349.353	181.962
7	80.0022	585.174	52.727	387.967	86.6363	130.674	348.209	181.499
8	79.8216	585.221	52.526	386.852	86.2454	130.47	346.882	180.98
9	79.6482	585.585	52.328	385.762	85.8323	130.293	345.574	180.5
10	79.5239	586.453	52.1778	384.913	85.459	130.205	344.582	180.193
11	79.4869	587.927	52.1169	384.503	85.1891	130.259	344.18	180.175
12	79.5503	589.942	52.1609	384.61	85.0568	130.466	344.471	180.482
13	79.6919	592.257	52.2879	385.137	85.0467	130.783	345.31	181.034
14	79.8599	594.533	52.4444	385.833	85.0973	131.127	346.343	181.66
15	79.9876	596.417	52.5595	386.364	85.1184	131.394	347.103	182.142
16	80.0007	597.578	52.552	386.353	85.0015	131.473	347.054	182.24
17	79.8102	597.674	52.3247	385.355	84.6127	131.232	345.552	181.668
18	79.2991	596.308	51.7515	382.805	83.7771	130.502	341.767	180.06
19	78.3308	593.112	50.6941	378.098	82.298	129.099	334.784	177.017

图 9-43　查看第 1 段中每块塔板的流体力学计算结果

（3）降液管液位高度/板间距。每块塔板的降液管液位高度/板间距（% Downcomer backup（Aerated））均大于 0.5，可在校核模式下调整。

（4）降液管内液体停留时间。每块塔板的两侧降液管内液体停留时间（Side downcomer residence time）均小于 4s，可在校核模式下调整。

点击进入 Blocks | RADFRAC | Column Internals | INT-1 | Sections | CS-2 | Results | Messages 页面查看第 2 段的设计错误和警告信息，如图 9-44 所示。信息显示无错误，但有 2 条警告。第 1 条警告显示降液管截面积超出最优实际值 25%，可忽略；第 2 条警告显示 Stage 34 ~ 51 的降液管出口液体流速大于 0.56m/s，建议增加塔板间距或降液管底隙高度。

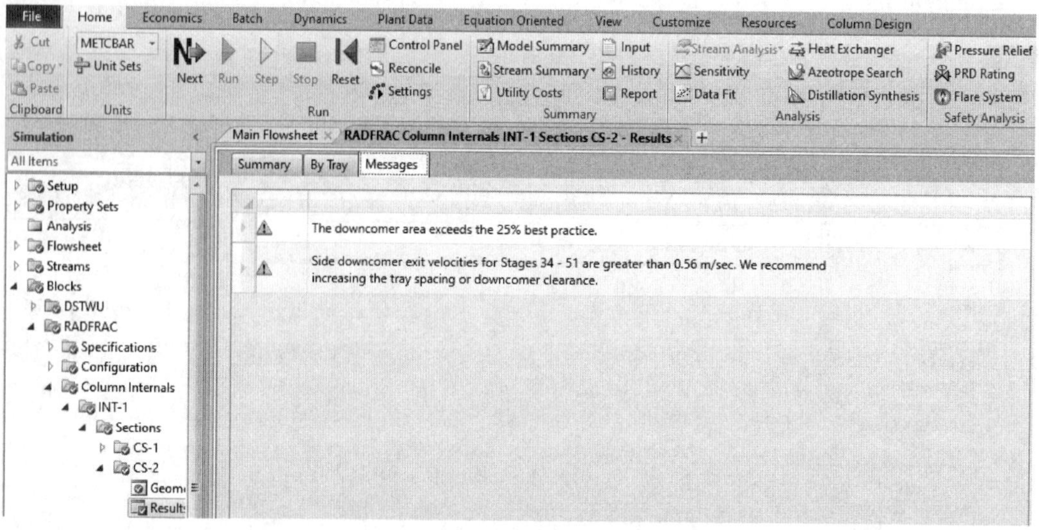

图 9-44　查看第 2 段的设计错误和警告信息

点击进入 Blocks | RADFRAC | Column Internals | INT-1 | Sections | CS-2 | Results | By Tray 页面，可查看第 2 段中每块塔板的流体力学计算结果，如图 9-45 所示。

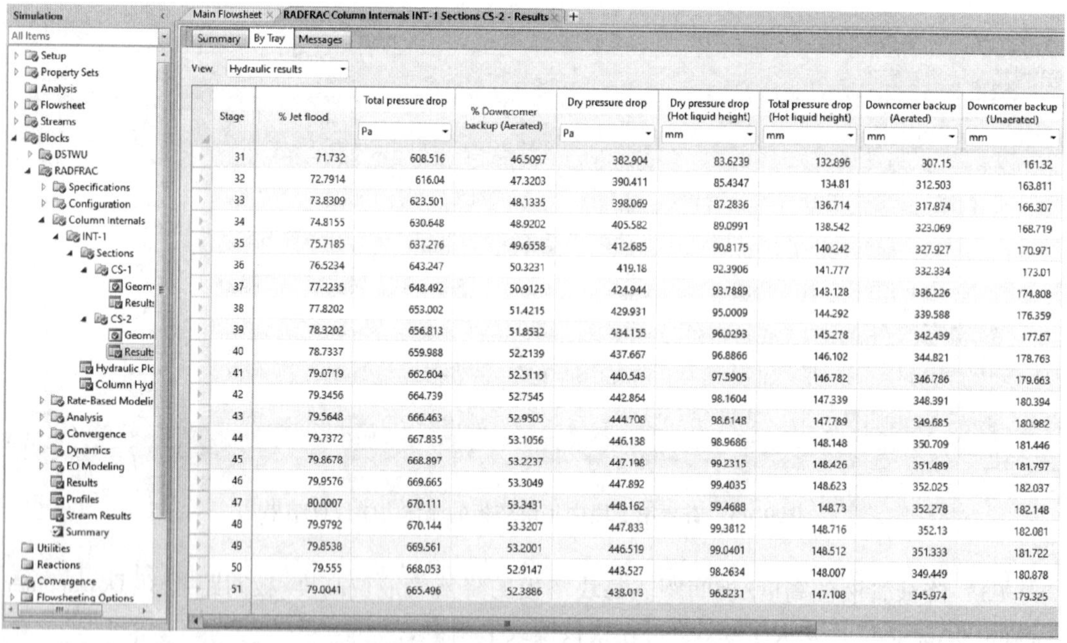

Stage	% Jet flood	Total pressure drop (Pa)	% Downcomer backup (Aerated)	Dry pressure drop (Pa)	Dry pressure drop (Hot liquid height) (mm)	Total pressure drop (Hot liquid height) (mm)	Downcomer backup (Aerated) (mm)	Downcomer backup (Unaerated) (mm)
31	71.732	608.516	46.5097	382.904	83.6239	132.896	307.15	161.32
32	72.7914	616.04	47.3203	390.411	85.4347	134.81	312.503	163.811
33	73.8309	623.501	48.1335	398.069	87.2836	136.714	317.874	166.307
34	74.8155	630.648	48.9202	405.582	89.0991	138.542	323.069	168.719
35	75.7185	637.276	49.6558	412.685	90.8175	140.242	327.927	170.971
36	76.5234	643.247	50.3231	419.18	92.3906	141.777	332.334	173.01
37	77.2235	648.492	50.9125	424.944	93.7889	143.128	336.226	174.808
38	77.8202	653.002	51.4215	429.931	95.0009	144.292	339.588	176.359
39	78.3202	656.813	51.8532	434.155	96.0293	145.278	342.439	177.67
40	78.7337	659.988	52.2139	437.667	96.8866	146.102	344.821	178.763
41	79.0719	662.604	52.5115	440.543	97.5905	146.782	346.786	179.663
42	79.3456	664.739	52.7545	442.864	98.1604	147.339	348.391	180.394
43	79.5648	666.463	52.9505	444.708	98.6148	147.789	349.685	180.982
44	79.7372	667.835	53.1056	446.138	98.9686	148.148	350.709	181.446
45	79.8678	668.897	53.2237	447.198	99.2315	148.426	351.489	181.797
46	79.9576	669.665	53.3049	447.892	99.4035	148.623	352.025	182.037
47	80.0007	670.111	53.3431	448.162	99.4688	148.73	352.278	182.148
48	79.9792	670.144	53.3207	447.833	99.3812	148.716	352.13	182.081
49	79.8538	669.561	53.2001	446.519	99.0401	148.512	351.333	181.722
50	79.555	668.053	52.9147	443.527	98.2634	148.007	349.449	180.878
51	79.0041	665.496	52.3886	438.013	96.8231	147.108	345.974	179.325

图 9-45　查看第 2 段中每块塔板的流体力学计算结果

（1）液泛因子。每块塔板的液泛因子均介于 0.6～0.85 之间。

（2）塔板压降。每块塔板的总压降均小于 0.7kPa。

（3）降液管液位高度/板间距。Stage 36～51 的降液管液位高度/板间距大于 0.5，可在校核模式下调整。

（4）降液管内液体停留时间。每块塔板的两侧降液管内液体停留时间均小于4s，每块塔板的中间降液管内液体停留时间（Center downcomer residence time）均小于4s，可在校核模式下调整。

Ⅳ. 塔内件核算

A　调整结构参数

点击进入 Blocks | RADFRAC | Column Internals | INT-1 | Sections 页面，将 Mode（计算模式）均由 Interacive sizing（设计模式）更改为 Rating（校核模式），其余参数不变，如图 9-46 所示。

Name	Start Stage	End Stage	Mode	Internal Type	Tray/Packing Type	Tray Details	Packing Details			Tray Spacing/Section Packed Height	Diameter	Details
						Number of Passes	Vendor	Material	Dimension			
CS-1	2	19	Rating	Trayed	BALLAST-V1	1				0.6096 meter	1.62719 meter	View
CS-2	20	51	Rating	Trayed	BALLAST-V1	2				0.6096 meter	2.11305 meter	View

图 9-46　更改计算模式为校核模式

点击进入 Blocks | RADFRAC | Column Internals | INT-1 | Sections | CS-1 | Geometry | Geometry 页面，调整第 1 段的 Diameter（塔径）为 2m，Tray Spacing（塔板间距）为 0.6m，Side Weir Length（两侧堰长）为 1.83m，Weir Height（堰高）为 50mm，Downcomer Clearance（降液管底隙高度）为 40mm，其余参数保持默认设置，如图 9-47 所示。

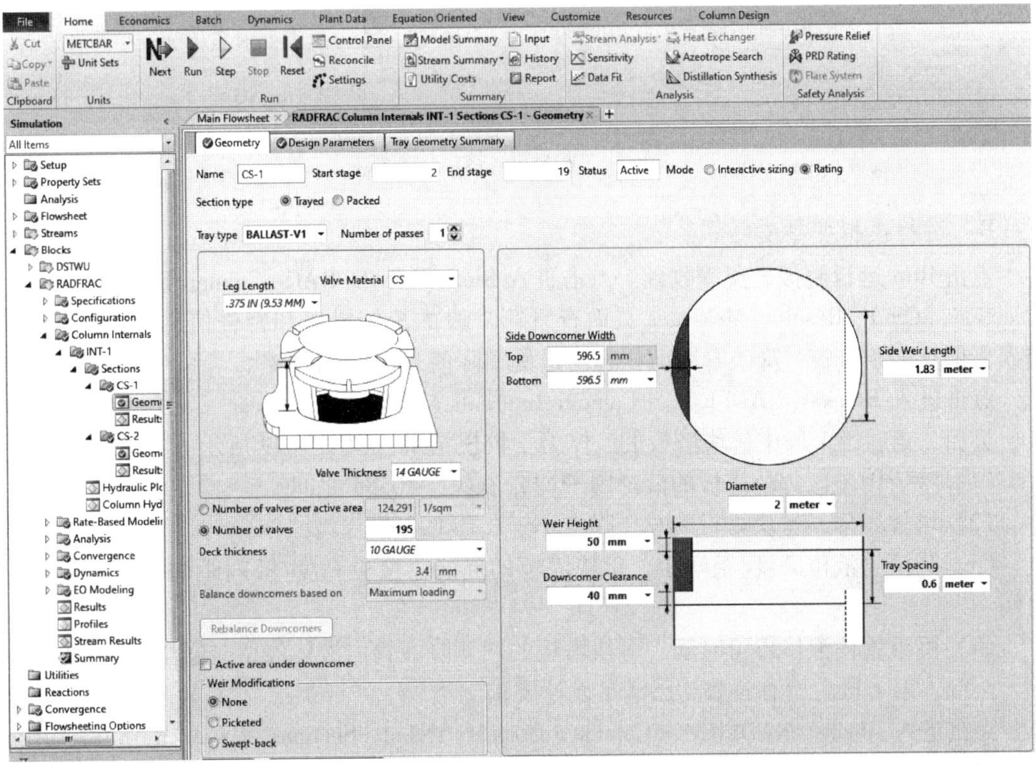

图 9-47　调整第 1 段结构参数

点击进入 Blocks | RADFRAC | Column Internals | INT-1 | Sections | CS-2 | Geometry | Geometry 页面，调整第 2 段的 Diameter（塔径）为 2.8m，Tray Spacing（塔板间距）为 0.6m，Side Weir Length（两侧堰长）为 2.31m，Center Weir Length（中间堰长）为 2.702m，Weir Height（堰高）为 50mm，Downcomer Clearance（降液管底隙高度）为 40mm，其余参数保持默认设置，如图 9-48 所示。

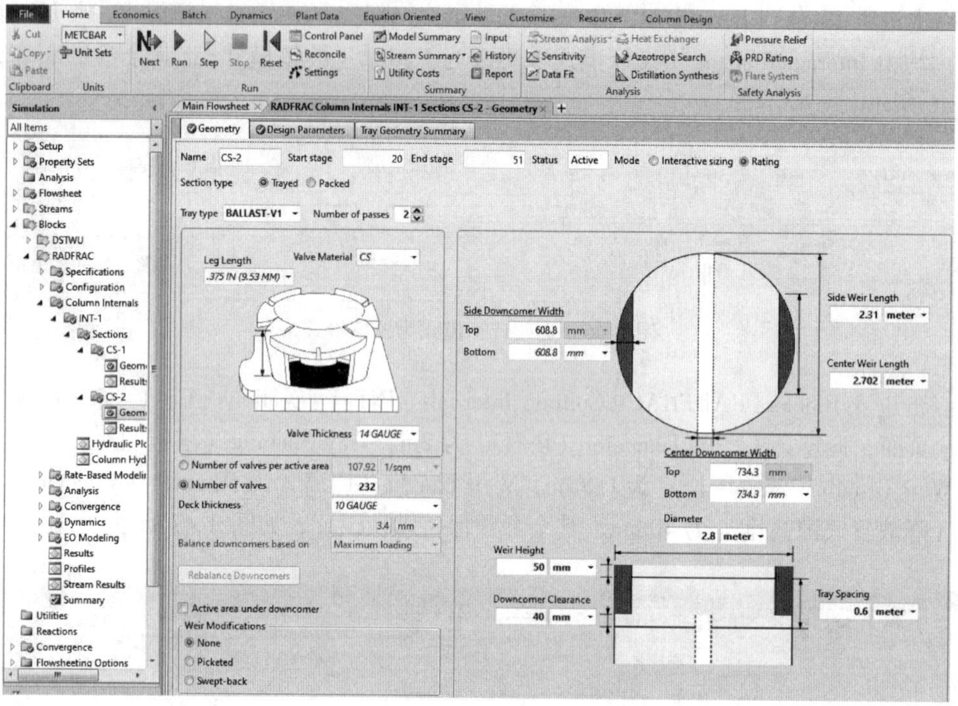

图 9-48 调整第 2 段结构参数

B 运行模拟并查看结果

点击 Run 运行模拟，流程收敛。点击进入 Blocks | RADFRAC | Column Internals | INT-1 | Sections | CS-1 | Results | Messages 页面查看第 1 段的校核错误和警告信息。信息显示无错误，但有 1 条警告：降液管截面积超出最优实际值 25%，可忽略。

点击进入 Blocks | RADFRAC | Column Internals | INT-1 | Sections | CS-1 | Results | By Tray 页面，查看第 1 段中每块塔板的流体力学校核结果，如图 9-49 所示。

（1）液泛因子。每块塔板的液泛因子均介于 0.6 ~ 0.85 之间。

（2）塔板压降。每块塔板的总压降均小于 0.7kPa。

（3）降液管液位高度/板间距。每块塔板的降液管液位高度/板间距均介于 0.2 ~ 0.5 之间。

（4）降液管内液体停留时间。每块塔板的两侧降液管内液体停留时间均大于 4s。

至此，第 1 段的所有参数均已满足设计要求。

点击进入 Blocks | RADFRAC | Column Internals | INT-1 | Sections | CS-2 | Results | Messages 页面查看第 2 段的校核错误和警告信息。信息显示无错误，但有 1 条警告：降液管截面积超出最优实际值 25%，可忽略。

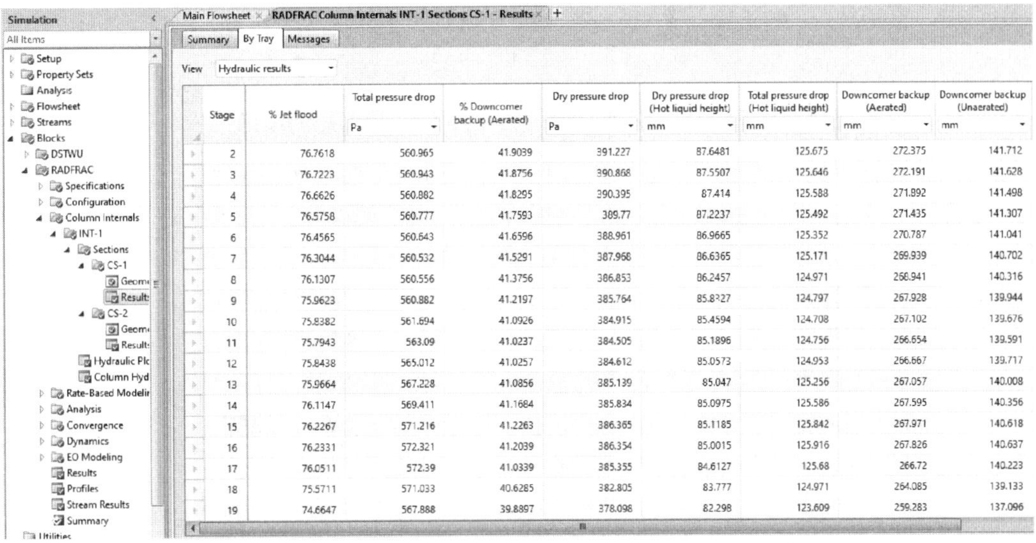

RADFRAC Column Internals INT-1 Sections CS-1 - Results

View: Hydraulic results

Stage	% Jet flood	Total pressure drop (Pa)	% Downcomer backup (Aerated)	Dry pressure drop (Pa)	Dry pressure drop (Hot liquid height) (mm)	Total pressure drop (Hot liquid height) (mm)	Downcomer backup (Aerated) (mm)	Downcomer backup (Unaerated) (mm)
2	76.7618	560.965	41.9039	391.227	87.6481	125.675	272.375	141.712
3	76.7223	560.943	41.8756	390.868	87.5507	125.646	272.191	141.628
4	76.6626	560.882	41.8295	390.395	87.414	125.588	271.892	141.498
5	76.5758	560.777	41.7593	389.77	87.2237	125.492	271.435	141.307
6	76.4565	560.643	41.6596	388.961	86.9665	125.352	270.787	141.041
7	76.3044	560.532	41.5291	387.968	86.6365	125.171	269.939	140.702
8	76.1307	560.556	41.3756	386.853	86.2457	124.971	268.941	140.316
9	75.9623	560.882	41.2197	385.764	85.8327	124.797	267.928	139.944
10	75.8382	561.694	41.0926	384.915	85.4594	124.708	267.102	139.676
11	75.7943	563.09	41.0237	384.505	85.1896	124.756	266.654	139.591
12	75.8438	565.012	41.0257	384.612	85.0573	124.953	266.667	139.717
13	75.9664	567.228	41.0856	385.139	85.047	125.256	267.057	140.008
14	76.1147	569.411	41.1684	385.834	85.0975	125.586	267.595	140.356
15	76.2267	571.216	41.2263	386.365	85.1185	125.842	267.971	140.618
16	76.2331	572.321	41.2039	386.354	85.0015	125.916	267.826	140.637
17	76.0511	572.39	41.0339	385.355	84.6127	125.68	266.72	140.223
18	75.5711	571.033	40.6285	382.805	83.777	124.971	264.085	139.133
19	74.6647	567.888	39.8897	378.098	82.298	123.609	259.283	137.096

图 9-49 查看第 1 段中每块塔板的流体力学校核结果

点击进入 Blocks | RADFRAC | Column Internals | INT-1 | Sections | CS-2 | Results | By Tray 页面，查看第 2 段中每块塔板的流体力学校核结果，如图 9-50 所示。

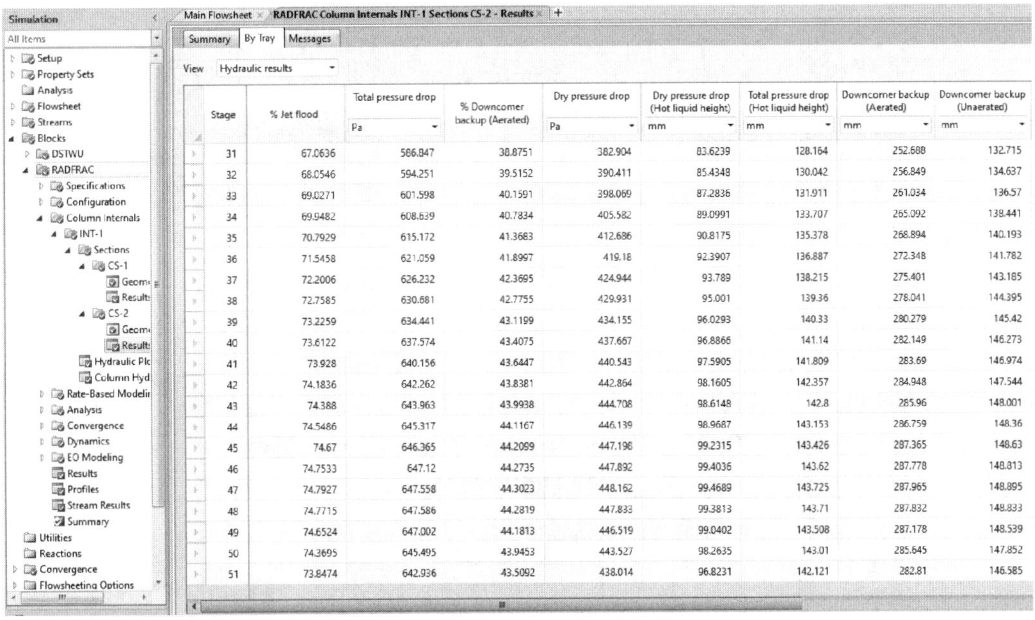

RADFRAC Column Internals INT-1 Sections CS-2 - Results

View: Hydraulic results

Stage	% Jet flood	Total pressure drop (Pa)	% Downcomer backup (Aerated)	Dry pressure drop (Pa)	Dry pressure drop (Hot liquid height) (mm)	Total pressure drop (Hot liquid height) (mm)	Downcomer backup (Aerated) (mm)	Downcomer backup (Unaerated) (mm)
31	67.0636	586.847	38.8751	382.904	83.6239	128.164	252.688	132.715
32	68.0546	594.251	39.5152	390.411	85.4348	130.042	256.849	134.637
33	69.0271	601.598	40.1591	398.069	87.2836	131.911	261.034	136.57
34	69.9482	608.639	40.7834	405.582	89.0991	133.707	265.092	138.441
35	70.7929	615.172	41.3683	412.686	90.8175	135.378	268.894	140.193
36	71.5458	621.059	41.8997	419.18	92.3907	136.887	272.348	141.782
37	72.2006	626.232	42.3695	424.944	93.789	138.215	275.401	143.185
38	72.7585	630.681	42.7755	429.931	95.001	139.36	278.041	144.395
39	73.2259	634.441	43.1199	434.155	96.0293	140.33	280.279	145.42
40	73.6122	637.574	43.4075	437.667	96.8866	141.14	282.149	146.273
41	73.928	640.156	43.6447	440.543	97.5905	141.809	283.69	146.974
42	74.1836	642.262	43.8381	442.864	98.1605	142.357	284.948	147.544
43	74.388	643.963	43.9938	444.708	98.6148	142.8	285.96	148.001
44	74.5486	645.317	44.1167	446.139	98.9687	143.153	286.759	148.36
45	74.67	646.365	44.2099	447.198	99.2315	143.426	287.365	148.63
46	74.7533	647.12	44.2735	447.892	99.4036	143.62	287.778	148.813
47	74.7927	647.558	44.3023	448.162	99.4689	143.725	287.965	148.895
48	74.7715	647.586	44.2819	447.833	99.3813	143.71	287.832	148.833
49	74.6524	647.002	44.1813	446.519	99.0402	143.508	287.178	148.539
50	74.3695	645.495	43.9453	443.527	98.2635	143.01	285.645	147.852
51	73.8474	642.936	43.5092	438.014	96.8231	142.121	282.81	146.585

图 9-50 查看第 2 段中每块塔板的流体力学校核结果

（1）液泛因子。每块塔板的液泛因子均介于 0.6 ~ 0.85 之间。

（2）塔板压降。每块塔板的总压降均小于 0.7kPa。

（3）降液管液位高度/板间距。每块塔板的降液管液位高度/板间距均介于 0.2 ~ 0.5 之间。

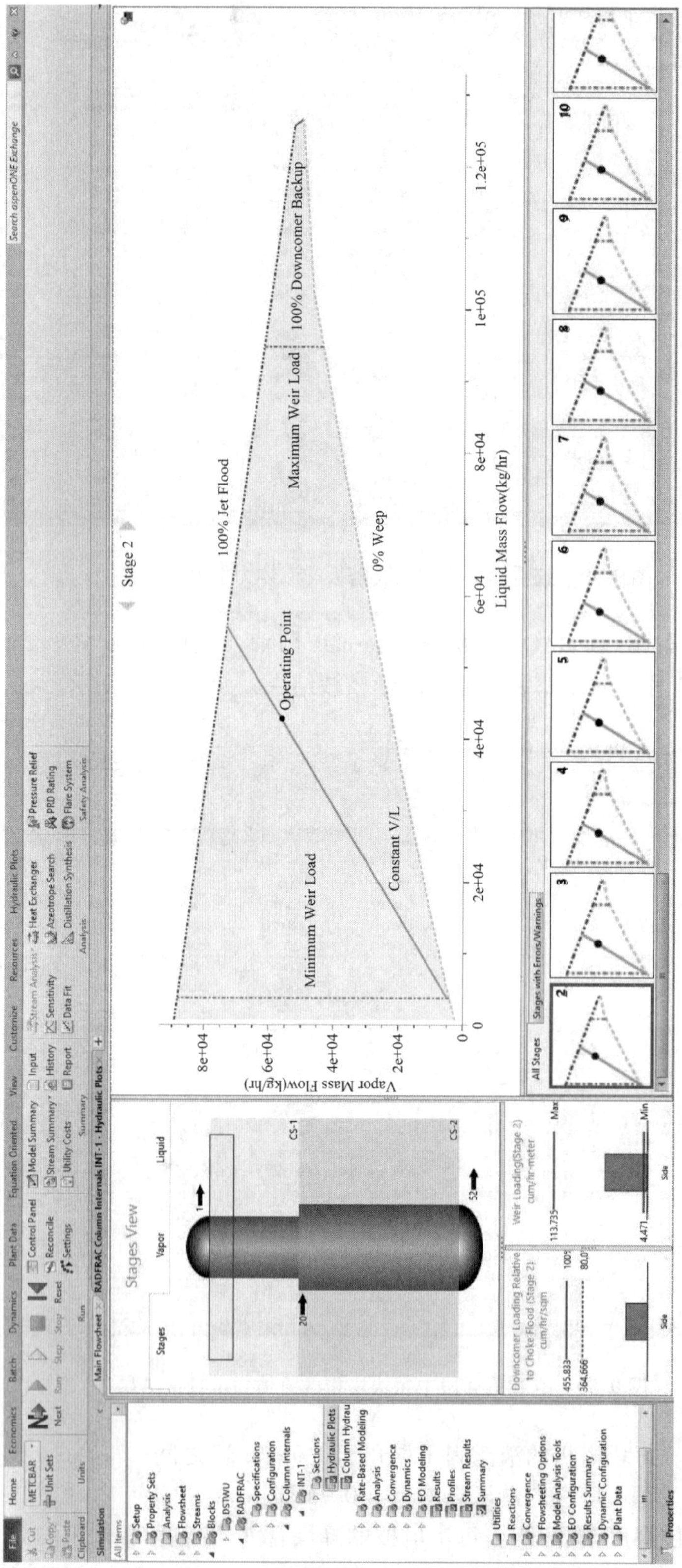

图 9-51 查看每块塔板的负荷性能图

（4）降液管内液体停留时间。每块塔板的两侧降液管内液体停留时间均大于 4s，每块塔板的中间降液管内液体停留时间均大于 4s。

至此，第 2 段的所有参数均已满足设计要求。

点击进入 Blocks | RADFRAC | Column Internals | INT-1 | Hydraulic Plots 页面，可查看每块塔板的负荷性能图，如图 9-51 所示。

10 填料塔的工艺设计

填料塔是化学工业中最常用的气液传质设备之一，它可适用于吸收、解吸、精馏和萃取等化工单元过程。填料塔具有结构简单、压降小，且可采用各种材料制造等优点。在处理易起泡的物系及用于真空操作时，有其独特的优越性。过去由于填料本体及塔内件不够完善，填料塔大多局限于处理腐蚀性介质或不适宜安装塔板的小直径塔。近年来，由于填料结构的改进，新型的高效、高负荷填料的开发，既提高了塔的通过能力和分离效能，又保持了压降小和性能稳定的特点，因此填料塔已被推广到所有大型气液操作中。在某些场合，还代替了传统的板式塔。随着对填料塔的研究和开发，性能优良的填料塔已大量应用于工业生产中。

填料塔用于吸收和解吸操作时，可以达到很好的传质效果。因此，在实际工程操作中，诸如原料气的净化、气体产品的精制、有害气体的治理等方面绝大多数使用填料塔。本书第 10 章到第 12 章将以吸收过程为例，介绍填料塔的设计，其基本原则同样适用于其他单元操作。

10.1 填料的类型

塔填料（简称填料）是填料塔的核心构件，其作用是为气、液两相提供充分、密切的接触表面，以实现相际间的高效传热和传质。不同结构形式和尺寸的填料具有不同的几何特性，它决定着填料塔的通过能力、分离效率和过程能耗等各项经济技术指标。

现代工业所用填料类型繁多，大体上可分为实体填料和网体填料两大类，按装填方式又可分为散装填料和规整填料。以下分别介绍几种工业中常用的典型填料，如图 10-1 所示。

10.1.1 散装填料

散装填料是一个个具有一定几何形状和尺寸的颗粒体，一般以随机的方式堆积在塔内，又称为乱堆填料或颗粒填料。散装填料根据结构特点的不同，又可分为环形填料、鞍形填料、环鞍形填料和球形填料等。几种较典型的散装填料如下。

10.1.1.1 拉西环填料

拉西环填料是最早使用的工业填料，其结构为外径与高度相等的圆环，可用陶瓷、塑料、金属等材料制造，常用的直径为 25 ~ 75mm，陶瓷环壁厚为 2.5 ~ 9.5mm，金属环壁厚为 0.8 ~ 1.6mm。它的特点是结构简单、制造容易、价格低廉、机械强度高，但气液分布较差、传质效率低、阻力大、通量小，目前工业上已很少应用。

10.1.1.2 鲍尔环填料

鲍尔环是在拉西环的基础上改进而得。其结构为在拉西环的侧壁上开出一排或两排长方形孔，被切开的环壁侧仍与壁面相连，另一侧向环内弯曲，形成内伸的舌片，几乎在环

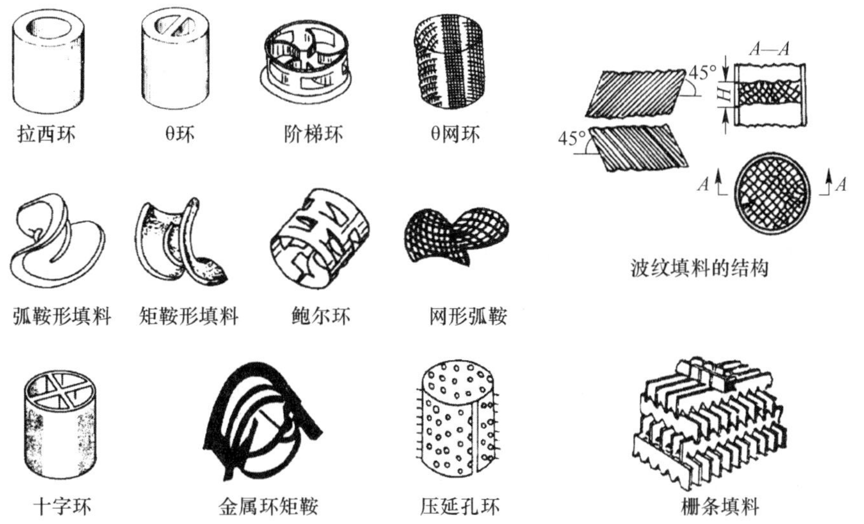

图 10-1 工业中常用的典型填料

中心对接起来，可用陶瓷、塑料、金属等材料制造。一般孔的面积为整个环壁的 35% 左右。这样，气、液便可以从一个个孔中心流过，流通性能改变，流动阻力大为降低，环的内表面积得到充分利用。另外，由于开孔后保留的舌片向中心弯曲，因此液体的分布较为均匀，改进了拉西环使液体向壁偏流的缺点。

正因如此，与拉西环相比，鲍尔环具有生产能力大、阻力小、效率高、操作弹性大等优点。在一般情况下，同样压降时，处理量比拉西环大 50% 以上，传质效率提高 20% 左右。所以鲍尔环是目前工业上用于大型塔的一种良好填料。

10.1.1.3 阶梯环填料

阶梯环是对鲍尔环的改进。与鲍尔环相比，阶梯环高度减少了一半，并在一端增设了一个锥形翻边。由于高径比减小，气体绕外壁的平均路径大大缩短，减少了气体通过填料层的阻力。锥形翻边不仅增加了填料的机械强度，而且使填料之间的接触方式从以线为主变成以点为主，这样不仅增加了填料的空隙，同时也成为液体沿填料表面流动的汇集分散点，可以促进液膜的表面更新，有利于传质效率的提高。阶梯环的综合性能由于鲍尔环，成为在目前所使用的环形填料中最为优良的一种。

10.1.1.4 弧鞍形填料

弧鞍形填料是一种表面全部敞开的填料，用陶瓷烧成，形状如同马鞍，大小为 25 ~ 50mm 的较为常见，其性能优于拉西环。但由于其结构的对称性，堆放时容易相互重叠，裸露面积减少，表面不能被充分利用，因此流体力学性能和传质性能不及矩鞍形填料，逐渐被后者取代。

10.1.1.5 矩鞍形填料

矩鞍形填料也是一种敞开式填料，多用陶瓷制造，又称 Intalox saddle。它的两面不对称，且大小不等，所以堆放时不会重叠，强度也较好，较耐压。它的流体阻力小，物料处理能力强，流体力学性能和传质性能好，制造比鲍尔环、弧鞍形填料简便，液体分布较均匀，是一种性能优良的新型填料。

10.1.1.6 环矩鞍填料

环矩鞍又称 Intalox，是兼顾环形和鞍形结构特点而设计出的一种新型填料，一般以金属制成，具有压降低、通量高、液体分布性能好、传质效率高、操作弹性大等优点，是工业应用最为普遍的一种散装填料。

10.1.1.7 十字环填料

十字环是由拉西环改进而成，操作时可使塔内压降相对降低，沟流和壁流较少，效率较拉西环高。

10.1.1.8 θ环填料

这种填料是由拉西环改进而成，在环中间有一隔板，增大了填料的比表面积，可用陶瓷、石墨、塑料或金属制成。

10.1.1.9 网体填料

以上介绍的几种填料都是用实体材料制成的。以金属网或多孔金属片为基本材料制成的填料，通称为网体填料。网体填料主要有θ网环、压延孔环、网形弧鞍和双层θ网环等。

（1）θ网环填料。θ网环由金属丝网制成，由于丝网的毛细作用，使液体能够很好的分散，可消除沟流现象。θ网环的网孔大小为0.15～0.42mm（60～100目）、环直径为1～6mm。

（2）压延孔环填料。压延孔环由冲有许多小孔的薄金属片卷成，但冲孔不去掉金属，而使其突出，成为粗糙的表面，有利于液体在填料表面的润湿。

（3）网形弧鞍填料。网形弧鞍是由金属丝网制成的弧鞍形填料，既有金属丝网分散液体的特点，又有弧形结构的优点。一般由一系列网孔0.15～0.20mm（80～100目）的金属丝网压成。

（4）双层θ网环填料。双层θ网环是用双层丝网绕成的θ环，其优点是强度较好，用双层后网孔间的表面张力作用更显著，因而润湿性非常好。

总之，网体填料因丝网材料很薄，填料可以做得很小所以比表面积都较大，而且空隙率大，液体分布均匀，液膜薄，传质效果好，属于高效填料。但因其造价较高，在工业上的应用受到限制。

10.1.2 规整填料

规整填料是按一定几何图形排列，整齐堆砌的填料。规整填料种类很多，根据其几何结构可分为格栅填料、波纹填料、脉冲填料等，工业上应用的规整填料绝大部分是波纹填料。波纹填料按结构又可分为网波纹填料和板波纹填料两大类，可用陶瓷、塑料、金属等材料制造。加工中，波纹与塔轴的倾角有30°和45°两种，倾角为30°用代码BX（或X）表示，倾角为45°用代码CY（或Y）表示。

金属丝网波纹填料（见图10-2）是网波纹填料的主要形式，其特点是压降低，分离效率高，特别适用于精密精馏和真空精馏装置，为难分离物系、热敏性物系的分离提供了有效手段。尽管其造价较高，但因性能优良仍得到了广泛应用。

金属孔板波纹填料（见图 10-3）是板波纹填料的主要形式。该填料的波纹板片上冲有许多直径 4～6mm 的小孔，可起到粗分板片上的液体，加强横向混合的作用。波纹板片上轧成的细小沟纹，可起到细分配板片上的液体，增强表面润湿性能的作用。金属孔板波纹填料强度高、耐腐蚀性强，特别适用于大直径塔及气液负荷较大的场合。

图 10-2　金属丝网波纹填料

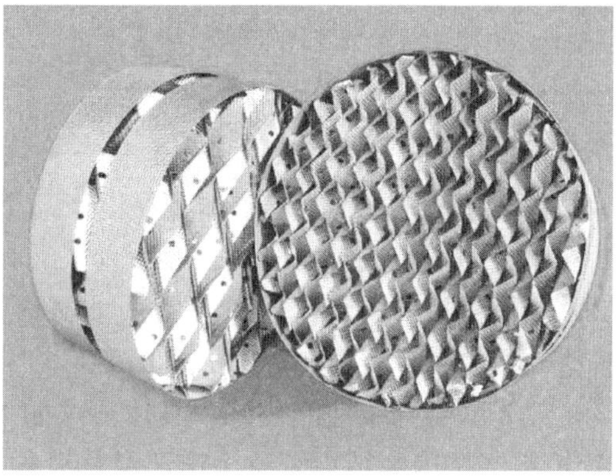

图 10-3　金属孔板波纹填料

波纹填料的优点是结构紧凑、阻力小、传质效率高、处理能力和比表面积大。其缺点是不适合处理黏度大、易聚合或有悬浮物的物料，且装卸、清理困难，造价高。

10.2　设计方案的确定

设计方案的确定主要包括：确定主要设备的型式和操作条件、装置流程、选择合适的吸收剂等。所选方案必须满足制定的工艺指标，达到规定的生产能力和分离要求，经济合理、操作安全。

10.2.1　填料的选择

填料的选择主要根据不同填料的性能特征和传质过程对填料的要求，确定填料的类型、规格和材质。在实际设计中，选择的填料既要符合生产需要，又要控制成本。

10.2.1.1　填料的性能特征

不同填料的性能各不相同，用来描述其性能特征的参数有以下几种。

（1）填料数 n。填料数是指单位体积填料中的填料个数。对乱堆填料，这是一个统计数据，其数值通过实验获取。

（2）比表面积 a_t。比表面积是指单位体积填料所具有的表面积，单位为 m^2/m^3。如果一个单体填料的表面积为 a_0，则比表面积和填料数的关系为：$a_t = na_0$。显然，比表面积越大，意味着单位体积填料提供的气、液接触面积越大，越有利于传质。

（3）空隙率 ε。空隙率是指单位体积填料所具有的空隙体积，单位为 m^3/m^3。如果一个单体填料的实际体积为 V_0，则空隙率和填料数之间的关系为：$\varepsilon = 1 - nV_0$。填料空隙率大，气液流动阻力小，流通能力大，塔的操作弹性大。在实际操作中，由于填料壁面上附有一层液体，实际的空隙率低于持液前的空隙率。

(4) 填料因子 ϕ。填料因子是指填料的比表面积与空隙率三次方的比值，即 a_t/ε^3，单位为 m^{-1}，常用来关联气体通过填料层的各种流动特性。填料因子分为干填料因子和湿填料因子。干填料因子是指填料未被润湿时的填料因子，它反映填料的几何特性；填料被液体润湿后，表面覆盖了一层液膜，比表面积和空隙率均发生相应变化，此时的填料因子为湿填料因子，它表示填料的流体力学性能。填料因子小，流动阻力小，发生液泛时的气速高，流体力学性能好。

10.2.1.2 传质过程对填料的基本要求

传质过程对填料的具体要求体现在以下几个方面：

(1) 比表面积要大。

(2) 能提供较大的流体通量。所选填料结构要敞开，死角区域的空间要小，有效的空隙率要大。

(3) 液体的再分布性能要好，具体要求如下：

1) 填料在塔内装填后，整个床层结构要均匀；

2) 填料在塔内堆放的形状要有利于液体向四周均匀分布；

3) 填料本身的结构要保证同一截面上的填料在接受上面流下来的液体后，不仅能垂直向下传递，而且能横向传递，从目前的填料来看，曲面结构和倾斜放置均有利于液体的横向传递；

4) 能减轻液体向塔壁的偏流或沟流。

(4) 要有足够的机械强度。

(5) 价格低廉。

10.2.1.3 填料的选择

A 填料类型的选择

填料类型的选择根据分离工艺的要求，通常考虑以下几个方面。

(1) 传质效率。传质效率即分离效率，它有两种表示方法：一种是以理论级进行计算的表示方法，以每个理论级当量的填料层高度表示，即 HETP（height equivalent to a theoretical plate）值；另一种是以传质效率进行计算的表示方法，以每个传质单元相当的填料层高度表示，即 HTU（height of transfer unit）值。在满足工艺要求的前提下，应选用传质效率高，即 HETP（或 HTU）值低的填料。对常用的工业填料，其 HETP（或 HTU）值可从相关手册或文献查得，也可通过一些经验公式来估算。

(2) 通量。在相同的液体负荷下，填料的液泛气速越高或气相动能因子越大，则通量越大，塔的处理能力越大。因此，在选择填料类型时，在保证具有较高传质效率的前提下，应选择具有较高液泛气速或气相动能因子的填料。对大多数常用填料，其液泛气速或气相动能因子可从相关手册或文献查得，也可通过一些经验公式来估算。

(3) 填料层压降。填料层的压降是填料的主要应用性能，填料层的压降越低，动力消耗越低，操作费用越小。选择压降低的填料对热敏性物系的分离尤为重要。比较填料的压降有两种方法：一种是比较填料层单位高度的压降 $\Delta p/Z$（Z 为填料层高度）；另一种是比较填料层单位传质效率的比压降 $\Delta p/N_T$（N_T 为理论板数）。填料层压降可由经验公式计算，也可从相关图表中查得。

（4）填料的操作性能。填料的操作性能主要是指操作弹性、抗污堵性和抗热敏性等。所选填料应具有较大的操作弹性，以保证塔内气液相负荷发生波动时能维持操作稳定。同时，还应具有一定的抗污堵、抗热敏能力，以适应物料的变化和塔内温度的变化。

此外，所选的填料要便于拆装、检修和清洗。

B　填料规格的选择

通常，散装填料和规整填料的规格表示方法不同，选择的方法也不尽相同，现分别加以介绍。

（1）散装填料规格的选择。散装填料的规格通常是指填料的公称直径。工业塔常用的散装填料主要有 *DN*16、*DN*25、*DN*38、*DN*50、*DN*76 等几种规格。同类填料，尺寸越小，分离效率越高，但阻力增加，通量减小，填料的费用也增加很多。而大尺寸的填料应用于小直径的塔中，又会产生液体分布不良和严重的壁流，使塔的分离效率降低。因此，对塔径和填料尺寸的比值要有一个规定，常用的塔径和填料公称直径的比值 D/d 的推荐值列于表 10-1。

表 10-1　塔径和填料公称直径比值 D/d 的推荐值

填料类型	拉西环	矩鞍形	鲍尔环	阶梯环	环矩鞍
D/d 的推荐值	≥20～30	≥15	≥10～15	>8	>8

（2）规整填料规格的选择。工业上常用规整填料型号和规格的表示方法很多，国内习惯用比表面积表示，主要有 125、150、250、350、500、700 等几种规格，同类型的规整填料，其比表面积越大，传质效率越高，但阻力增加，通量减小，填料费用也明显增加。选用时应从分离要求、通量要求、场地条件、物料性质、设备投资及操作费用等各方面综合考虑，使所选填料既能满足工艺要求，又具有经济合理性。

规整填料单体外径一般要比塔内径小 2～10mm，盘高为 40～200mm，设计中要根据塔径来选定。

需要指出的是，一座填料塔可以选用同种类型、同一规格的填料，也可选用同种类型、不同规格的填料，还可选用不同类型、不同规格的填料；有的塔段可选用散装填料，有的塔段可选用规整填料。设计时应灵活掌握，根据技术经济统一的原则进行选择。

C　填料材质的选择

选择填料时，应根据工艺物料的腐蚀性和操作温度等因素来确定所选填料材质。工业上，填料的材质分为陶瓷、金属和塑料三大类。

（1）陶瓷填料。陶瓷填料历史最悠久，具有良好的耐腐蚀性和耐热性，应用面最广。一般能耐除氢氟酸（HF）以外常见的各种无机酸、有机酸和有机溶剂的腐蚀。对强碱性介质，可选用耐碱配方制造的耐碱陶瓷填料。

陶瓷填料的缺点是质脆、易破碎，因此不宜在高冲击强度下使用。

陶瓷填料价格便宜，具有良好的表面润湿性能，工业上主要用于气体吸收、气体洗涤和液体萃取的过程。

（2）金属填料。金属填料可用多种材质制成。金属材质的选择主要根据物系的腐蚀性和金属材质的耐腐蚀性综合考虑。常用的金属材质主要有：碳钢、铝合金、低合金钢和不锈钢等。碳钢填料造价低，且具有良好的表面润湿性能，对无腐蚀或低腐蚀性物系应优先使用；不锈钢填料耐腐蚀性强，一般能耐除氯离子（Cl^-）以外常见物系的腐蚀，但造价较高；钛材、特种合金钢等材质制成的填料造价极高，一般只在某些腐蚀性极强的物系中使用。

金属填料可制成薄壁结构（0.2～1.0mm），与同种类型、同种规格的陶瓷或塑料填料相比，它的通量大、气体阻力小，且具有很高的抗冲击性能，能在高温、高压、高冲击强度下使用，特别适用于真空解吸或精馏，工业应用主要以金属填料为主。

（3）塑料填料。塑料填料的材质主要包括聚丙烯（PP）、聚乙烯（PE）、聚氯乙烯（PVC）及其增强塑料等，国内多采用聚丙烯材质。塑料填料的耐腐蚀性能较好，可耐一般的无机酸、碱和有机溶剂的腐蚀。纯聚丙烯填料可在100℃以下长期使用，玻璃纤维增强的聚丙烯填料可在120℃以下长期使用。但聚丙烯填料在0℃以下时具有冷脆性，需慎重使用，此时可选耐低温性能好的聚乙烯填料。

塑料填料具有质轻、廉价、耐冲击、不易破碎等优点，易于注塑成型，可制成薄壁结构，压降低、通量大，多用于操作温度较低的吸收、解吸、洗涤、除尘等装置。其缺点是表面润湿性能较差，使用初期有效润湿比表面积小，传质效果不佳，经过10～15天操作后方可使填料表面效率达到正常值，特殊情况下需要对其表面进行处理，以提高润湿性能。此外，塑料填料在使用和检修时，要防止出现填料超温、蠕变、熔融，甚至起火燃烧的现象发生。

D　填料的综合性能评价

表10-2列出了采用模糊数学方法对9种常用填料的综合性能评价结果，可作为设计时的参考。

表10-2　9种常用填料的综合性能评价

填料名称	评估值	语言值	排　序	填料名称	评估值	语言值	排　序
丝网波纹填料	0.86	很好	1	金属鲍尔环	0.51	一般好	6
孔板波纹填料	0.61	相当好	2	陶瓷环矩鞍	0.41	较好	7
金属环矩鞍	0.59	相当好	3	陶瓷矩鞍形	0.38	略好	8
金属矩鞍形	0.57	相当好	4	陶瓷拉西环	0.36	略好	9
金属阶梯环	0.53	一般好	5				

10.2.2　装置流程的确定

吸收装置流程的确定是指气体和液体进出吸收塔的流向安排，主要有以下几种，如图10-4所示。

10.2.2.1　逆流操作

气相自塔底进入由塔顶排出，液相自塔顶进入由塔底排出，即逆流操作，如图10-4(a)所示。逆流操作的特点是传质平均推动力大，传质速率快，分离效率高，吸收剂利用率高。工业生产中多采用逆流操作。

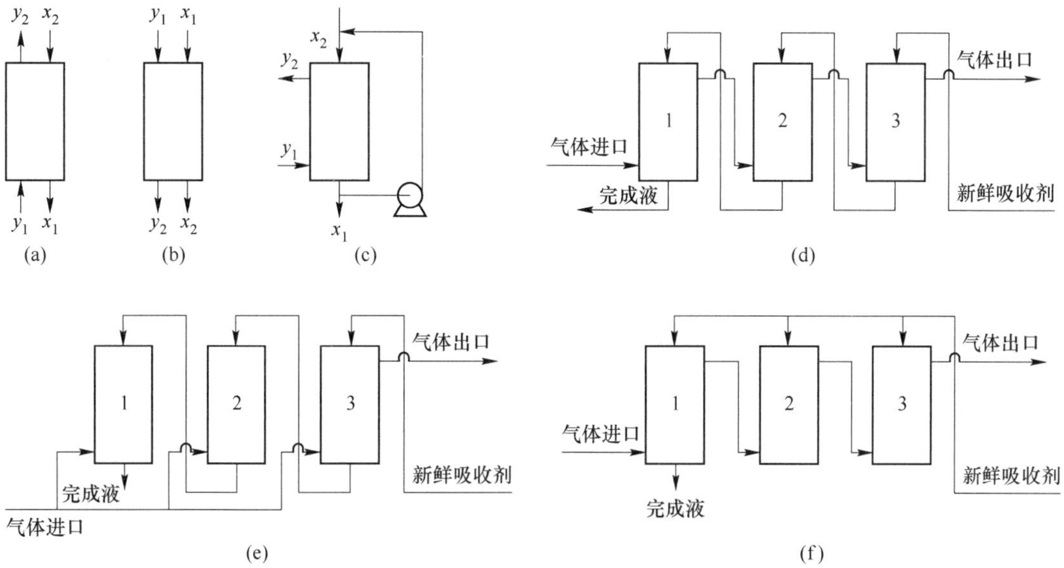

图 10-4 吸收装置流程

（a）逆流；（b）并流；（c）吸收剂部分再循环流程；（d）多塔串联逆流部分循环流程；（e）气相串联、液相并联的混合流程；（f）液相串联、气相并联的混合流程

10.2.2.2 并流操作

气液两相均从塔顶流向塔底，即并流操作，如图 10-4(b)所示。并流操作的特点是系统不受液流限制，可提高操作气速，以提高生产能力。通常在以下情况下可采用并流操作：

(1) 易溶气体的吸收，平衡曲线较为平坦时，流向对吸收推动力影响不大，或处理的气体不需要吸收很完全；

(2) 吸收剂用量特别大，逆流操作易引起液泛等。

10.2.2.3 吸收剂部分再循环操作

在逆流操作系统中，用泵将吸收塔排出液体的一部分冷却后与补充的新鲜吸收剂一同送回塔内，即为部分再循环操作，如图 10-4(c)所示。通常用于以下情况：

(1) 吸收剂用量较小，为提高塔内液体喷淋密度，以充分润湿填料；

(2) 非等温吸收过程，为控制塔内温升，需取出一部分热量。

该流程特别适合于相平衡常数 m 值很小的情况，通过吸收剂的部分再循环，提高其使用效率。吸收剂部分再循环操作较逆流操作的平均推动力要低，还需设置循环泵，操作费用增加。

10.2.2.4 多塔串联操作

若设计的填料层高度过大，或由于所处理物料等原因需经常清理填料，为便于维修，可把填料层分装在几个串联的塔内，每个吸收塔通过的吸收剂和气体量都相等，即为多塔串联操作。此种操作因塔内需留有较大空间，输液、喷淋、支承板等辅助装置增加，使设备投资加大。图 10-4(d)所示为多塔串联逆流操作流程。

10.2.2.5 串联－并联混合操作

若吸收过程处理的液量很大，如果用通常的流程，则液体在塔内的喷淋密度过大，操作气速势必很小（否则易引起塔内液泛），塔的生产能力很低。实际生产中可采用气相串联、液相并联的混合流程，如图 10-4(e)所示；若吸收过程处理的液量不大而气相流量很大时，可采用液相串联、气相并联的混合流程，如图 10-4(f)所示。

10.2.2.6 解吸方法

A 气提解吸

在解吸塔底通入某种不含溶质的惰性气体（空气、N_2、CO_2）或溶剂蒸汽作为气提气，与逆流而下的吸收液互不平衡。在解吸推动力的作用下，溶质不断由液相释出，由塔顶得到溶质组分与惰性气体或蒸汽的混合物，而塔底排出较纯净的溶剂。但需注意，若以惰性气体为载气，后续很难获得较纯净的溶质气体。

B 改变压力和温度条件的解吸

由于大多数气体溶质的溶解度随压力的减小和温度的升高而降低，可以通过减压和升温使溶解的溶质气体解吸出来。解吸可分为减压解吸、升温解吸和升温－减压解吸。

一般情况下，解吸过程很少采用单一的一步解吸方法，常常是升温－减压法和气提法的联合操作。

总之，在实际应用中，应根据生产任务和工艺特点，结合各种流程的优缺点选择适宜的吸收装置流程。

10.2.3 吸收剂和吸收方法的选择

吸收是依靠气体溶质在吸收剂中的溶解度差异来实现分离的过程，因此，吸收剂的选择是决定吸收效果的关键问题。选择吸收剂的基本原则如下：

（1）对被吸收溶质组分的溶解度要大，选择性要好；

（2）易于再生，可循环使用；

（3）蒸气压要低，减少吸收和解吸过程中的挥发损失；

（4）黏度要小、不易起泡，在塔内的流动性好，操作稳定；

（5）具有较好的化学稳定性和热稳定性，不易燃易爆，安全可靠；

（6）对设备的腐蚀性要小，尽可能无毒，对环境无污染；

（7）廉价易得。

一般来说，任何一种吸收剂都难以满足以上所有要求，选用时应针对具体情况和主要矛盾，既满足工艺要求，又兼顾经济合理性。工业上常用的吸收剂列于表 10-3 中。

表 10-3 工业上常用的吸收剂

溶 质	吸 收 剂	溶 质	吸 收 剂
氨	水、硫酸	硫化氢	碱液、砷碱液、有机溶剂
丙酮蒸气	水	苯蒸气	煤油、洗油
氯化氢	水	丁二烯	乙醇、乙腈
二氧化碳	水、碱液、碳酸丙烯酯	二氯乙烯	煤油
二氧化硫	水	一氧化碳	铜氨液

选择吸收剂时，根据吸收剂与溶质间有无化学反应发生决定选择物理吸收还是化学吸

收，从这种意义上讲，吸收剂的选择和吸收方法的选择有一定的联系。一般而言，当溶质含量较低，而分离要求较高时，宜采用化学吸收法；反之，若溶质含量较高，而分离要求不高时，宜采用物理吸收法。采用化学吸收法时，吸收剂应与溶质发生可逆反应，以利于再生。

10.2.4 操作条件的确定

10.2.4.1 操作压力

对于物理吸收，加压能提高溶质溶解度和传质速率，又能减小塔径和吸收剂用量，但压力过高会使塔造价增高，同时惰性组分的溶解也会增大，可能使选择性降低。对化学吸收，其速率可为传质控制，也可为化学反应控制，加压可有效提高前者的吸收速率，对后者影响不大，但总可减小塔径。

10.2.4.2 操作温度

对物理吸收，降温可增加溶质溶解度，选择较低的操作温度是有利的，但应避免过冷以减少高品位能量的消耗。化学吸收的温度应由保持合适的化学吸收速率而定。

10.2.4.3 吸收剂用量

吸收剂用量或液气比的确定是吸收装置设计中的重要内容，它的大小影响到吸收过程的推动力、塔径、填料层高度和吸收剂的再生费用等。一般适宜的液气比 L/G 常为最小液气比的 1.2 ~2.0 倍，其最佳值由经济核算决定。若液气比较小，则排出的吸收液浓度就高，溶质回收的操作费用减小，但塔高增加，即设备费用提高；相反，若液气比较大，则塔高降低，但塔径增大，且解吸费用提高。

吸收剂用量也可由吸收因数 $A(A=L/(mG))$ 获得。A 值可根据以下经验值选取：

气体净化、提高溶质回收率的吸收：$1.2<A<2.0$，一般取 $A=1.4$；

制取液体产品的吸收，一般取 $A<1.0$；

解吸，$1.2<1/A<2.0$，一般取 $1/A=1.4$。

对特殊气液物系或有特殊要求的吸收过程，A 的取值需根据具体情况来考虑。

10.2.5 能量的合理利用

吸收装置设计中应充分考虑能量的合理利用，只有充分利用工艺物流的各种能量，才能最大限度地减少公用工程外加的能量，以实现分离过程的节能降耗。通常需要从以下几方面考虑。

（1）选择操作压力时尽量和前道工序或后续工序的操作压力相一致，充分利用各工序的余压，避免压力大起大落的变化。

（2）尽可能减少吸收（或解吸）塔的压降，选择大通量、低阻力的新型填料及配套的各种塔内件，是实现填料塔节能的重要环节。

（3）对加压吸收、升温－减压解吸的吸收装置，应设置液力透平机回收高压富液减压放出的机械能，同时设置贫、富液换热器，以充分利用各工艺物流的热能。

（4）对设再沸器和冷凝器的解吸塔，再沸器最好能利用工艺物流的余热加热，冷凝器应选用温位恰当、廉价的冷却介质。

吸收装置能量合理利用的具体方案有多种形式，设计中应广泛参考典型实例。

10.3 填料塔的工艺计算

10.3.1 工艺计算的基本步骤

根据给定的吸收任务，在选定吸收剂、操作条件和填料之后，可以进行填料塔的工艺计算，其计算步骤如图10-5所示。

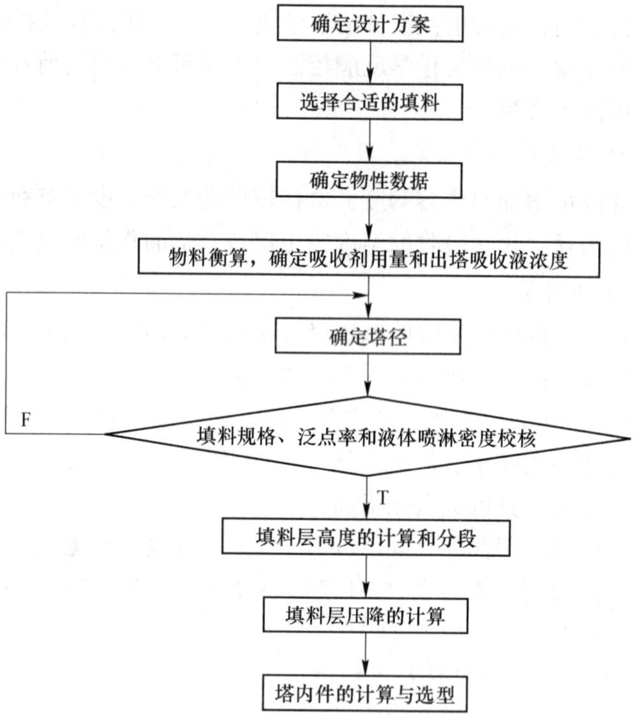

图10-5 填料塔工艺计算框图

10.3.2 塔体的工艺计算

塔体的工艺计算包括塔径、填料层高度和填料层分段。

10.3.2.1 塔径

填料塔的塔径仍采用流量公式初步计算，即：

$$D=\sqrt{\frac{4V_s}{\pi u}} \tag{10-1}$$

式中 D——塔内径，m；

V_s——塔内气相体积流量，m^3/s；

u——空塔气速，m/s。

由式（10-1）可知，计算塔径的核心是确定适当的空塔气速 u。确定空塔气速的方法主要有：液泛气速法、气相动能因子法和气相负荷因子法等。

A 液泛气速法

液泛气速是填料塔操作气速的上限，空塔气速必须小于液泛气速，空塔气速与液泛气速之比 u/u_f 即为泛点率。泛点率的经验取值如下：

（1）对散装填料：$u/u_f = 0.5 \sim 0.85$；

（2）对规整填料：$u/u_f = 0.6 \sim 0.95$。

泛点率的选择主要考虑填料塔的操作压力和物系的发泡程度两方面因素。设计中，对加压操作的塔，可取较高的泛点率，对减压操作的塔，应取较低的泛点率；对无泡沫的物系，可取较高的泛点率，对易起泡的物系，应取较低的泛点率。

填料塔的液泛气速与气液相流量、物系性质、填料类型和尺寸等因素有关，可用关联式计算，也可用关联图求取。

a 贝恩－霍根（Bain-Hougen）关联式

填料塔的液泛气速可由以下贝恩－霍根关联式计算：

$$\lg\left(\frac{u_f^2}{g}\frac{a_t}{\varepsilon^3}\frac{\rho_V}{\rho_L}\mu_L^{0.2}\right) = B - K\left(\frac{w_L}{w_V}\right)^{1/4}\left(\frac{\rho_V}{\rho_L}\right)^{1/8} \tag{10-2}$$

式中 u_f——液泛气速，m/s；

g——重力加速度，$g = 9.81\text{m/s}^2$；

a_t——填料比表面积，m^2/m^3；

ε——填料层空隙率，无因次；

ρ_V，ρ_L——气、液相密度，kg/m^3；

μ_L——液相黏度，mPa·s；

w_V，w_L——塔内气、液相质量流量，kg/s；

B，K——关联常数，无因次。

常数 B、K 与填料形状和材质有关，不同类型填料的 B、K 值列于表 10-4 中。由式（10-2）计算的液泛气速，误差在 15% 以内。

表 10-4 贝恩－霍根关联式中的关联常数 *B*、*K* 值

散装填料类型	B	K	规整填料类型	B	K
塑料鲍尔环	0.0942	1.75	金属丝网波纹填料	0.30	1.75
金属鲍尔环	0.1	1.75	塑料丝网波纹填料	0.420	1.75
塑料阶梯环	0.204	1.75	金属网孔波纹填料	0.155	1.47
金属阶梯环	0.106	1.75	金属孔板波纹填料	0.291	1.75
陶瓷矩鞍形	0.176	1.75	塑料孔板波纹填料	0.291	1.563
金属环矩鞍	0.06225	1.75			

b 埃克特（Eckert）通用压降关联图

散装填料的液泛气速可由埃克特通用压降关联图计算，如图 10-6 所示。计算时，先由气液相负荷和有关物性数据求出横坐标 $\frac{w_L}{w_V}\left(\frac{\rho_V}{\rho_L}\right)^{0.5}$，然后作垂线与相应泛点线相交，读取交点的纵坐标值 $\frac{u^2\phi\varphi}{g}\frac{\rho_V}{\rho_L}\mu_L^{0.2}$，此时所对应的 u 即为液泛气速 u_f。图 10-6 中的横坐标

$\frac{w_L}{w_V}\left(\frac{\rho_V}{\rho_L}\right)^{0.5}$ 与史密斯关联图（见图 7-10）中的横坐标$\frac{L_s}{V_s}\left(\frac{\rho_L}{\rho_V}\right)^{0.5}$实际上是同一参数，即为两相流动参数 F_{LV}。

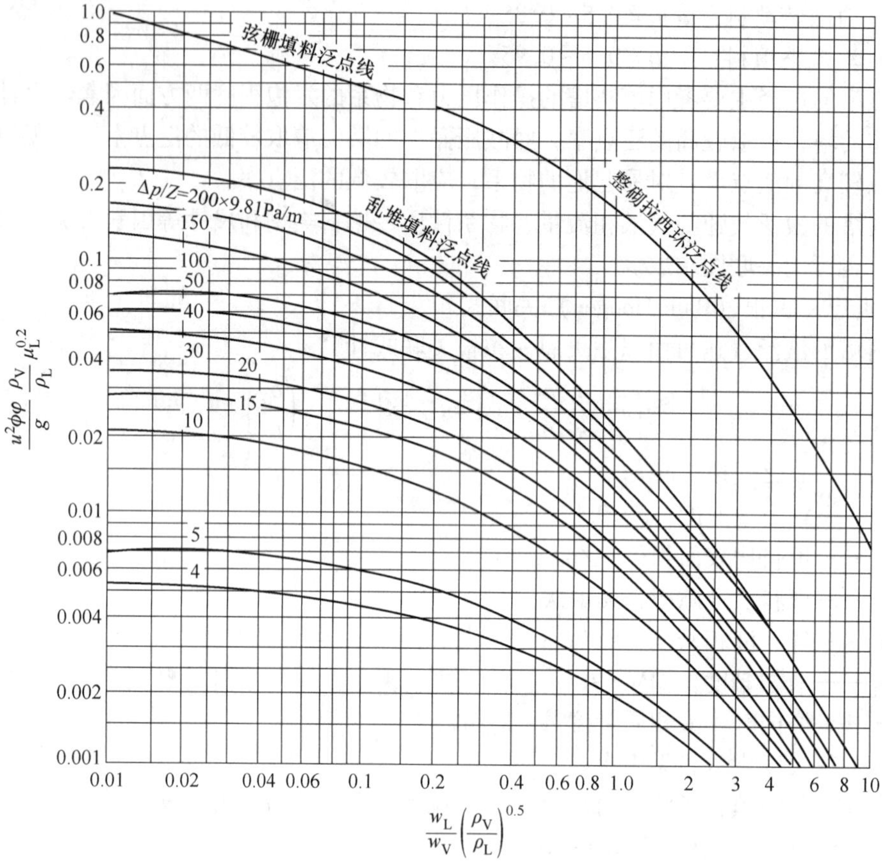

图 10-6 埃克特通用压降关联图

w_V，w_L—塔内气、液相质量流量，kg/s；ρ_V，ρ_L—气、液相密度，kg/m^3；u—空塔气速，m/s；g—重力加速度，$g=9.81\text{m/s}^2$；ϕ—填料因子，$\phi=a_t/\varepsilon^3$，m^{-1}；φ—液体密度校正系数，$\varphi=\rho_水/\rho_L$；μ_L—液相黏度，mPa·s；$\Delta p/Z$—每米高度填料层的压降，Pa/m

利用埃克特通用压降关联图计算液泛气速时，所需填料因子 ϕ 为液泛时的湿填料因子，称为泛点填料因子，以 ϕ_f 表示。ϕ_f 与液体的喷淋密度有关，为了工程计算方便，常采用与液体喷淋密度无关的泛点填料因子平均值。表 10-5 列出了部分散装填料的泛点填料因子平均值，可供设计时参考。

表 10-5 部分散装填料的泛点填料因子平均值 （m^{-1}）

填料类型	DN16	DN25	DN38	DN50	DN76
金属鲍尔环	410	—	117	160	—
金属环矩鞍	—	170	150	135	120
金属阶梯环	—	—	160	140	—
塑料鲍尔环	550	280	184	140	92

续表 10-5

填料类型	*DN*16	*DN*25	*DN*38	*DN*50	*DN*76
塑料阶梯环	—	260	170	127	—
陶瓷矩鞍形	1100	550	200	226	—
陶瓷拉西环	1300	832	600	410	—

B 气相动能因子法

气相动能因子简称 F 因子，其定义为：

$$F = u\sqrt{\rho_V} \tag{10-3}$$

式中 F——气相动能因子，$kg^{0.5}/(m^{0.5}\cdot s)$。

气相动能因子法多用于规整填料空塔气速的确定。计算时，先从相关手册或图表中查出填料在适宜操作条件下的 F 因子，然后按式（10-3）即可求出空塔气速 u。采用气相动能因子法计算空塔气速，一般用于低压操作（压力低于 0.2MPa）的场合。

C 气相负荷因子法

气相负荷因子简称 C 因子，其定义为：

$$C = u\sqrt{\frac{\rho_V}{\rho_L - \rho_V}} \tag{10-4}$$

式中 C——气相负荷因子，m/s。

气相负荷因子法多用于规整填料空塔气速的确定。计算时，先求出最大气相负荷因子 C_{max}，然后依据以下关系计算出 C，再由式（10-4）求出空塔气速 u。

$$C = 0.8C_{max} \tag{10-5}$$

式中 C_{max}——最大气相负荷因子，m/s。

常用规整填料 C_{max} 的计算可查阅有关填料手册，对金属板波纹填料，也可从图 10-7 查得。若以 250Y 型金属板波纹填料为基准，对其他类型的波纹填料，需要乘以修正系数，其值见表 10-6。

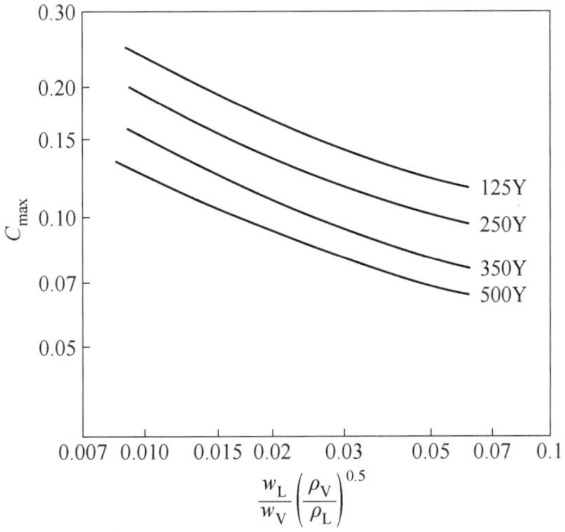

图 10-7 板波纹填料的最大气相负荷因子关联图

表 10-6 其他类型波纹填料的 C_{max} 修正系数

填料类型	金属板波纹填料	金属丝网波纹填料	金属丝网波纹填料	陶瓷板波纹填料
型号	250Y	BX	CY	BX
修正系数	1.0	1.0	0.65	0.8

一般情况下，填料塔空塔气速的选取可参考表 10-7。

表 10-7 填料塔一般操作气速范围

吸 收 系 统	空塔气速 $u/m \cdot s^{-1}$
气体溶解度很大的吸收过程	1.0~3.0
气体溶解度中等或稍小的吸收过程	1.5~2.0
气体溶解度低的吸收过程	0.3~0.8
纯碱溶液吸收二氧化碳过程	1.5~2.0
一般除尘	1.8~2.8

注：若液体喷淋密度较大，则空塔气速应远低于表中数值。

由式（10-1）计算出塔径 D 后，还应按塔径系列标准值进行圆整。常用的标准塔径为：400mm、500mm、600mm、700mm、800mm、1000mm、1200mm、1400mm、1600mm、1800mm、2000mm、2200mm 等。圆整后，必须根据实际塔径再核算空塔气速和泛点率。

10.3.2.2 填料层高度

填料层是填料塔完成传质实现分离任务的场所，其高度的计算实质是计算过程所需相际传质面积问题，涉及物料衡算、传质速率和相平衡关系。填料层高度的计算分为传质单元数法和等板高度法。在工程设计中，对吸收、解吸和萃取过程中的填料塔设计，多采用传质单元数法；而对精馏过程中的填料塔设计，习惯上采用等板高度法。

A 传质单元数法

采用传质单元数法计算填料层高度的基本公式为：

$$Z = H_{OG}N_{OG} = H_{OL}N_{OL} \tag{10-6}$$

式中 Z——填料层高度，m；

H_{OG}，H_{OL}——气相和液相传质单元高度，m；

N_{OG}，N_{OL}——气相和液相传质单元数，无因次。

a 传质单元数的计算

传质单元数的计算方法，就气体吸收而言有对数平均推动力法、吸收因数法、图解积分法和数值积分法等，应根据操作线和平衡线的特点进行选用，此处不再赘述。

b 传质单元高度的计算

传质过程的影响因素十分复杂，对不同物系、不同填料、不同流动状况和操作条件，传质单元高度各不相同，迄今为止尚无通用的计算方法和计算公式。目前在设计中多选用一些无因次特征数关联式或经验公式进行计算，其中应用较普遍的是修正的恩田（Onda）公式。

恩田等将填料润湿表面积作为有效传质面积，由此提出了分别计算填料润湿比表面积 a_w 和传质系数 k_G、k_L 的一组特征数关联式。修正的恩田公式如下：

$$k_G = 0.237 a_t D_V \left(\frac{U_V}{a_t \mu_V}\right)^{0.7} \left(\frac{\mu_V}{\rho_V D_V}\right)^{1/3} \tag{10-7}$$

$$k_L = 0.0095 \left(\frac{U_L}{a_W \mu_L}\right)^{2/3} \left(\frac{\mu_L}{\rho_L D_L}\right)^{-1/2} \left(\frac{\mu_L g}{\rho_L}\right)^{1/3} \tag{10-8}$$

$$k_G a = k_G a_w \psi^{1.1} \tag{10-9}$$

$$k_L a = k_L a_w \psi^{0.4} \tag{10-10}$$

$$\frac{a_w}{a_t} = 1 - \exp\left[-1.45 \left(\frac{\sigma_c}{\sigma_L}\right)^{0.75} \left(\frac{U_L}{a_t \mu_L}\right)^{0.1} \left(\frac{U_L^2 a_t}{\rho_L^2 g}\right)^{-0.05} \left(\frac{U_L^2}{\rho_L \sigma_L a_t}\right)^{0.2} \right] \tag{10-11}$$

式中 k_G，k_L——以体积摩尔浓度差为推动力的气、液相传质系数，m/s；

U_V，U_L——单位塔截面积的气、液相质量流量，kg/(m^2 · s)；

μ_V，μ_L——气、液相黏度，Pa · s；

ρ_V，ρ_L——气、液相密度，kg/m^3；

D_V，D_L——溶质在气、液相的扩散系数，m^2/s；

a_t——填料比表面积，m^2/m^3；

a_w——填料润湿比表面积，m^2/m^3；

a——单位体积填料层具有的有效气液接触面积，m^2/m^3；

g——重力加速度，$g = 9.81\text{m/s}^2$；

σ_L——液相表面张力，N/m；

σ_c——填料材质的临界表面张力，N/m；

ψ——填料的形状系数，无因次。

常见材质的临界表面张力值见表 10-8，常见填料的形状系数见表 10-9。

表 10-8 常见材质的临界表面张力值

材 质	碳	陶瓷	玻璃	聚丙烯	聚氯乙烯	钢	石蜡
表面张力/mN · m^{-1}	56	61	73	33	40	75	20

表 10-9 常见填料的形状系数

填料类型	球形	棒形	拉西环	弧鞍形	开孔环
ψ	0.72	0.75	1	1.19	1.45

上述修正的恩田公式只适用于 $u \leqslant 0.5u_F$ 的情况，当 $u > 0.5u_F$ 时，还需按下式进行校正：

$$k'_G a = \left[1 + 9.5\left(\frac{u}{u_F} - 0.5\right)^{1.4}\right] k_G a \tag{10-12}$$

$$k'_L a = \left[1 + 2.6\left(\frac{u}{u_F} - 0.5\right)^{2.2}\right] k_L a \tag{10-13}$$

由修正的恩田公式计算出 $k_G a$ 和 $k_L a$ 后，可按下式计算气相传质单元高度 H_{OG}。

$$k_y a = p \frac{k_G a}{RT} \tag{10-14}$$

$$k_x a = c_M k_L a \tag{10-15}$$

$$c_M = \frac{\rho_L}{M_L} \approx \frac{\rho_s}{M_s} \tag{10-16}$$

$$\frac{1}{K_y a} = \frac{1}{k_y a} + \frac{m}{k_x a} \tag{10-17}$$

$$H_{OG} = \frac{G}{K_y a} \tag{10-18}$$

式中 k_y，k_x——以摩尔分数差为推动力的气、液相传质系数，kmol/(m^2·s)；
p——系统压力，Pa；
R——摩尔气体常数，R=8.314J/(mol·K)；
T——系统热力学温度，K；
c_M——液相总体积摩尔浓度，kmol/m^3；
M_L——液相平均摩尔质量，g/mol；
ρ_s——溶剂密度，kg/m^3；
M_s——溶剂摩尔质量，g/mol；
K_y——以摩尔分数差为推动力的气相总传质系数，kmol/(m^2·s)；
m——相平衡常数，无因次；
G——单位塔截面积的气、液相摩尔流量，kmol/(m^2·s)。

B 等板高度法

等板高度是与一块理论板的传质作用相当的填料层高度，即 HETP，单位为 m。等板高度的大小表明填料效率的高低。采用等板高度法计算填料层高度的基本公式为：

$$Z = \mathrm{HETP} \times N_T \tag{10-19}$$

a 理论板数的计算

理论板数的计算方法包括简捷计算法、逐板计算法和计算机模拟法等，此处不再赘述。

b 等板高度的计算

等板高度和许多因素有关，不仅取决于填料的类型和尺寸，而且受系统物性、操作条件和设备尺寸的影响，目前尚无可靠的方法计算填料的 HETP 值。一般的方法是通过实验测定或由经验关联式进行估算，也可从工业应用的实际经验中选取 HETP 值。某些填料在一定条件下的 HETP 值可从有关填料手册中查得。设计中缺乏可靠数据时，也可取表 10-10 所列近似值作为参考。

表 10-10 某些填料的等板高度 (mm)

填料类型	*DN*25	*DN*38	*DN*50
矩鞍形	430	550	750
鲍尔环	420	540	710
环矩鞍	430	530	650

近年来研究者通过大量数据回归得到了常压精馏时的 HETP 关联式如下：

$$\ln(\mathrm{HETP}) = h - 1.292\ln\sigma_L + 1.47\ln\mu_L \tag{10-20}$$

式中 HETP——等板高度，mm；

σ_L——液相表面张力，N/m；

μ_L——液相黏度，Pa·s；

h——常数，其值见表 10-11。

表 10-11 HETP 关联式中的常数 h 值

填料类型	DN25	DN38	DN50
金属鲍尔环	6.8505	7.0779	7.3781
金属环矩鞍	6.8505	7.0382	7.2883
陶瓷环矩鞍	6.8505	7.1079	7.4430

式（10-20）考虑了液体黏度和表面张力的影响，其适用范围如下：

$$10^{-3}\,\text{N/m} < \sigma_L < 36 \times 10^{-3}\,\text{N/m} \tag{10-21}$$

$$0.08 \times 10^{-3}\,\text{Pa·s} < \mu_L < 0.83 \times 10^{-3}\,\text{Pa·s} \tag{10-22}$$

采用上述方法计算出填料层高度后，还应预留一定的安全系数。根据设计经验，填料层的设计高度一般为：

$$Z' = (1.2 \sim 1.5)Z \tag{10-23}$$

式中 Z'——设计时的填料层高度，m；

Z——工艺计算得到的填料层高度，m。

10.3.2.3 填料层分段

当液体沿填料层下流时，有逐渐向塔壁集中的趋势，使得塔壁附近的液体流量逐渐增大，形成壁流效应。壁流效应会造成气液两相在填料层中分布不均，使传质效率下降。因此，设计中，每隔一定的填料层高度，需要设置液体收集与再分布装置，即将填料层分段。

A 散装填料的分段

对散装填料，一般分段高度的推荐值见表 10-12，表中 h/D 为分段高度和塔径之比，h_{max}为允许的最大填料层高度。

表 10-12 散装填料分段高度推荐值

填料类型	拉西环	矩鞍形	鲍尔环	阶梯环	环矩鞍
h/D	2.5	5~8	5~10	8~15	8~15
h_{max}/m	≤4	≤6	≤6	≤6	≤6

B 规整填料的分段

对规整填料，填料层分段高度可按下式确定：

$$h = (15 \sim 20)\text{HETP} \tag{10-24}$$

式中 h——填料层分段高度，m。

h 也可按表 10-13 推荐的分段高度值确定。

表 10-13 规整填料分段高度推荐值

填料类型	250Y 板波纹填料	500Y 板波纹填料	500(BX)丝网波纹填料	700(CY)丝网波纹填料
h/m	6.0	5.0	3.0	1.5

10.3.3 塔内件的工艺计算

填料塔的内件主要有液体分布装置、液体收集与再分布装置、填料支承装置、填料压紧与限位装置等。合理的选择和设计塔内件，对保证填料塔的正常操作和优良的传质性能十分重要。

10.3.3.1 液体分布器设计

在塔内件设计中，最重要的是液体分布器的设计。液体分布器置于填料塔上端，它将液相加料和回流液均匀分布到整个塔截面，形成塔内液体的初始分布。

A 液体分布器设计原则

性能优良的液体分布器设计时必须满足以下几点。

a 液体分布均匀

评价液体分布均匀的标准是：足够的分布点密度，分布点几何均匀性及分布点流量均匀性。

（1）分布点密度。分布点密度是指单位塔截面积上的分布点数目。液体分布器分布点密度的选取与填料类型及规格、塔径大小、操作条件等密切相关，各种文献推荐值也相差很大。大致的规律是：塔径越大、分布点密度越小；液体喷淋密度越小，分布点密度越大。对散装填料，填料尺寸越大，分布点密度越小；对规整填料，比表面积越大，分布点密度越大。表10-14和表10-15分别列出了散装填料塔和规整填料塔的分布点密度推荐值，可供设计时参考。根据所选择的填料，确定分布点密度后，再由塔截面积求得分布器的分布点数。

表10-14 埃克特（Eckert）的散装填料塔分布点密度推荐值

塔径/mm	400	750	≥1200
分布点密度/个·m^{-2}	330	170	42

表10-15 苏尔寿（Sulzer）公司的规整填料塔分布点密度推荐值

填料类型	250Y孔板波纹填料	500(BX)丝网波纹填料	700(CY)丝网波纹填料
分布点密度/个·m^{-2}	≥100	≥200	≥300

（2）分布点几何均匀性。分布点在塔截面上的几何均匀性是较分布点密度更重要的问题。设计中，一般需要通过反复计算和绘图排列进行比较，选择较优方案。分布点的排列可采用正方形和正三角形等不同方式。

（3）分布点流量均匀性。为保证各分布点的流量均匀，需要分布器总体的合理设计，精细的制作和正确的安装。高性能的液体分布器要求各分布点流量和平均流量的偏差小于6%。

b 操作弹性大

液体分布器的操作弹性是指液体的最大负荷和最小负荷之比。设计中，一般要求液体分布器的操作弹性为2～4，对液体负荷变化很大的工艺过程，有时要求操作弹性达到10以上，此时的分布器必须特殊设计。

c 自由截面积大

液体分布器的自由截面积是指气体通道占塔截面积的比值。根据设计经验，性能优良的液体分布器，其自由截面积可达50%～70%。

d 其他

液体分布器应结构紧凑、占用空间小、不易堵塞、不易造成液沫夹带和发泡、制造容易、调整和维修方便。

B 液体分布器类型

液体分布器的类型较多，有不同的分类方法。按液体流动的推动力分类，主要可分为重力型和压力型两大类；按结构形式分类，主要可分为多孔型和溢流型两大类。

a 多孔型液体分布器

多孔型液体分布器主要有管式、莲蓬头式、多孔槽式和多孔盘式等类型，其共同点都是利用分布器下方的布液孔将液体均匀分布在填料层上，液体流出方式均为孔流式。

（1）管式液体分布器。管式液体分布器由不同结构形式的开孔管制成，常见的有排管和环管两种，如图10-8所示。每根直管或环管上的小孔直径为4～8mm，可有3～5排，小孔面积总和约等于管横截面积。

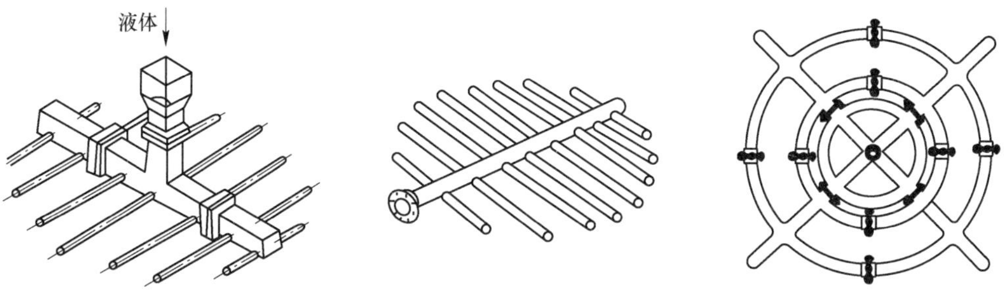

(a)　(b)　(c)

图10-8 管式液体分布器

（a）重力型排管式液体分布器；（b）压力型排管式液体分布器；（c）压力型环管式液体分布器

排管式液体分布器又可分重力型和压力型两种。重力型排管式液体分布器（见图10-8(a)）主要由进液口、液位保持管、液体分配管和布液支管组成。进液口一般呈漏斗形，其内部放置金属丝网过滤器，以防止固体杂质进入分布器时堵塞布液孔。液位保持管的作用是使分布器内保持一定的液位，为液体分布提供推动力，其最大液体流量下所需的液位高度（最大液位高度）通常在200～500mm。液位保持管的高度一般取最大液位高度的1.12～1.15倍，管径按管内液体流速为0.3m/s左右确定。液体分配管的作用是将液体均匀地分配到各布液支管中。分配管长度由塔径决定，在能够实现顺利安装的前提下尽可能长些，管径按管内液体流速不大于0.3m/s确定。液位保持管和液体分配管一般用圆形和方形钢管制成。布液支管是一组安装在液体分配管上的圆形钢管，各支管的外端点均位于以塔中心为圆心、直径小于塔内径的圆周上，其下方开孔形成布液点。布液支管管径按管内液体流速为0.1m/s左右确定，同时管内径不得小于15mm和大于45mm。压力型排管式液体分布器（见图10-8(b)）的结构与重力型排管式液体分布器大体相同，其差别在于没有液位保持管，而是利用泵或高位槽的产生的压头将液体引入液体分配管。

环管式液体分布器一般均为压力型，如图10-8(c)所示。

管式液体分布器的突出特点是结构简单，供气体流过的自由截面大，阻力小。但小孔易堵塞，操作弹性一般较小。管式液体分布器多用于中等以下液体负荷的填料塔中，如减压精馏和丝网波纹填料塔。

（2）莲蓬头式液体分布器。莲蓬头式液体分布器如图 10-9 所示，一般是开有许多小孔的球面分布器，小孔直径为 3 ~ 10mm。它悬挂于填料上方的正中位置，液体借助泵或高位槽产生的压头自小孔喷出，喷洒半径随液体压力和高度的不同而不同。在压头稳定的情况下，可以达到较均匀的喷洒效果。小孔在球面上一般采用同心圆排列，为了喷洒均匀，球面上各小孔的轴线应交汇于一点。

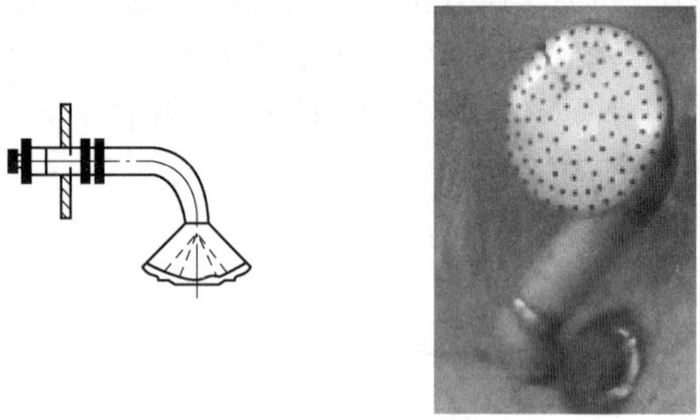

图 10-9　莲蓬头式液体分布器

莲蓬头上的小孔易堵塞，液沫夹带严重，因而要求液体清洁。由于喷淋液量的改变会造成喷洒半径的改变，影响预定的液体分布，操作弹性较小。一般用于直径 600mm 以下的塔中。

（3）多孔槽式液体分布器。多孔槽式液体分布器靠重力分布液体，其结构如图 10-10 所示。其中，二级槽式液体分布器（见图 10-10(a)）具有优良的布液性能，结构简单，气相阻力小，应用较为广泛。单级槽式液体分布器（见图 10-10(b)）空间占位低，常在塔内空间高度受限时使用。二级槽式液体分布器主要由主槽和分槽组成，液体物料由主槽上的加料管加入主槽中，然后通过主槽的布液孔按比例分配到各支槽中，并通过各支槽上的布液孔均匀分布在填料表面。

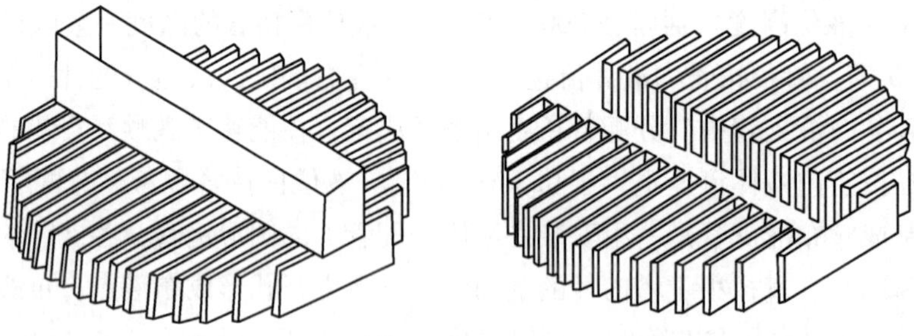

(a)　　(b)

图 10-10　多孔槽式液体分布器

（a）二级槽式液体分布器；（b）单级槽式液体分布器

二级槽式液体分布器中，主槽为矩形敞开槽，其长度由塔径和分槽的数量及间距确定；其高度由最大液位高度确定，设计时一般使最大液位高度保持在200～300mm之间，一般不大于350mm；其宽度按槽内液体流速为0.24～0.30m/s确定。主槽的布液结构是在对应各分槽的位置处开一定数量的液体分配孔，由于各分槽的长度不同，分配的液量不同，因而各分槽处的开孔数或孔径也不相同。主槽的布液孔可以开在主槽底部，但当液相中含有固体杂质时，为防止堵塞，也可开在主槽侧壁上，此时应在主槽上设置导液装置，其结构如图10-11所示。

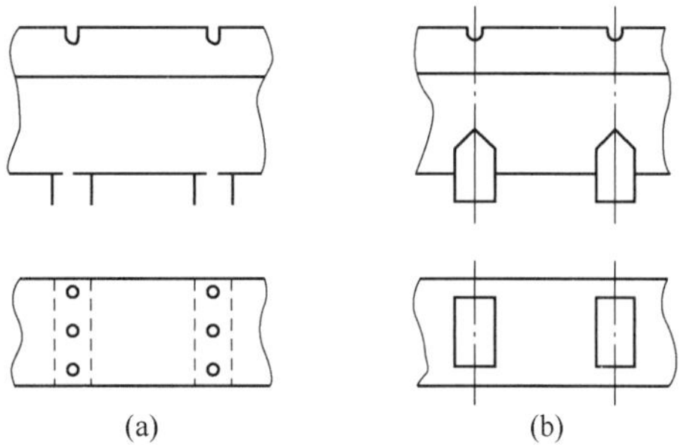

图10-11 主槽布液方式

（a）槽底开孔；（b）侧壁开孔

二级槽式液体分布器分槽的数量由塔径、液相负荷、布液点数、液体在槽内的流速及气相流通截面积等因素确定，需要全面协调。分槽的长度由塔径及排列情况而定；分槽的宽度主要由液体在槽内的流速确定，其数值通常为30～60mm；分槽的高度由该分槽的最大液位高度确定，最大液位高度一般在200mm左右，分槽高度约为最大液位高度的1.25倍；布液孔直径应在3mm以上。分槽布液结构依据实际需要有不同形式，主要有底孔式、内管式、侧孔管式、侧孔槽式几类，如图10-12所示。底孔式结构简单易于加工，但其布液点位置受分槽位置限制，使用不够灵活，且底孔易于堵塞。侧孔式虽然较为复杂，但由于其布液点可以根据需要灵活设置，因此具有优良的分布性能。

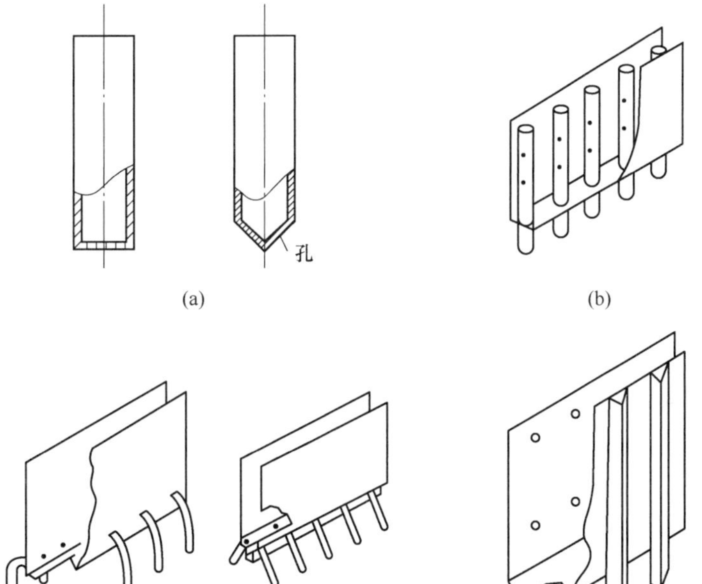

图10-12 分槽布液方式

（a）底孔式布液；（b）内管式布液；（c）侧孔管式布液；（d）侧孔槽式布液

（4）多孔盘式液体分布器。多孔盘式液体分布器结构如图 10-13 所示，主要由底盘和升气管组成，底盘固定在塔圈上。这种分布器的升气管通常为圆形（见图 10-13(a)）或矩形（见图 10-13(b)），液相通过底盘或升气管侧壁上的开孔在重力作用下分布在填料表面。液相中含有较多固体杂质时，宜采用升气管侧壁开孔结构。为增加操作弹性，也可采用图 10-14 的结构。

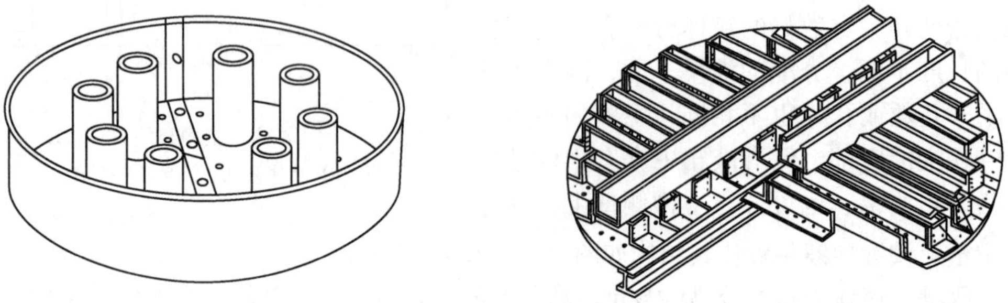

(a) (b)

图 10-13 多孔盘式液体分布器
（a）圆形升气管；（b）矩形升气管

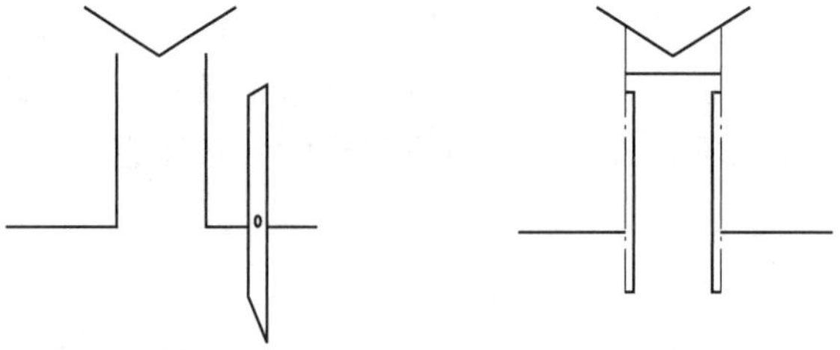

(a) (b)

图 10-14 增加操作弹性时盘式液体分布器开孔方式
（a）内管开孔；（b）侧壁多排开孔

升气管应对上升气相有较好的分布性能，阻力小，同时也要考虑便于安排布液孔，升气管直径通常在 100～150mm。在满足布液孔要求的条件下，尽可能增大升气管面积。一般升气管面积占塔截面积的 15%～45%，如果该面积过小，将造成较大的流动阻力。升气管高度根据需要来确定，正常操作时要求液位保持在升气管高度的一半；最小液量时，液面高度不能低于 13mm，最高液位应低于升气管顶面 25mm。为防止小孔堵塞，开孔直径不能小于 6mm。

多孔盘式液体分布器易于实现液体的均匀分布，尤其适合于自分布能力较差的开孔环形填料，也可用于易起泡物系，但不适合含结晶或固体杂质的介质，常用于直径小于 1200mm 的塔中。

b 溢流型液体分布器

溢流型液体分布器主要有溢流槽式和溢流盘式等类型，如图 10-15 所示。

（1）溢流槽式液体分布器。溢流槽式液体分布器（见图 10-15(a)）的结构与多孔槽

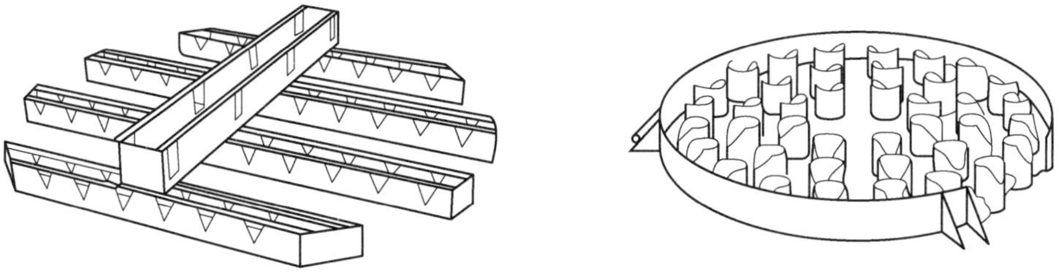

(a) (b)

图 10-15 溢流型液体分布器

(a) 溢流槽式液体分布器；(b) 溢流盘式液体分布器

式类似，其差别在于布液结构不同，将孔流型布液点变为溢流堰口。溢流堰口一般为倒三角形或矩形。由于三角形堰口随液位的升高，液体流通面积加大，故这种开口方式具有较大的操作弹性。溢流槽式分布器的设计步骤与多孔槽式分布器基本相同。这种分布器适用于高液量和易堵塞的场合，但其布液质量不如多孔槽式，常用于直径大于 1000mm 的散装填料塔中。

(2) 溢流盘式液体分布器。溢流盘式液体分布器（见图 10-15(b)）的结构与多孔盘式类似，两者的差别在于溢流型分布器的布液结构采用溢流管或在升气管上端开倒三角形溢流口。溢流管采用直径 20mm 以上的开 60°斜口的小管制作，一般溢流管斜口高出底盘 20mm 以上，溢流管的数量依分布点密度要求设置。

C 液体分布器布液能力计算

液体分布器布液能力的计算是液体分布器设计的重要内容。设计时，按其布液作用原理不同和具体结构特性，选用不同的公式计算。

a 多孔型液体分布器

(1) 重力型。重力型液体分布器的布液推动力为开孔上方的液位高度，其布液能力计算公式为：

$$L_s = \frac{\pi}{4} d_0^2 n C_0 \sqrt{2g\Delta h} \tag{10-25}$$

式中 L_s——塔内液相体积流量，m^3/s；

d_0——布液孔直径，m；

n——布液孔数；

C_0——孔流系数，无因次；

g——重力加速度，$g = 9.81 m/s^2$；

Δh——开孔上方液位高度，m。

孔流系数 C_0 由小孔液体流动雷诺数 Re 确定，其值可由图 10-16 直接查出。当 $Re > 1000$ 时，C_0 可取 0.60～0.62。

(2) 压力型。压力型液体分布器的布液推动力为压力差（或压降），其布液能力计算公式为：

$$L_s = \frac{\pi}{4} d_0^2 n C_0 \sqrt{\frac{2\Delta p}{\rho_L}} \tag{10-26}$$

式中 Δp——分布器的工作压力差（或压降），Pa；

ρ_L——液相密度，kg/m^3。

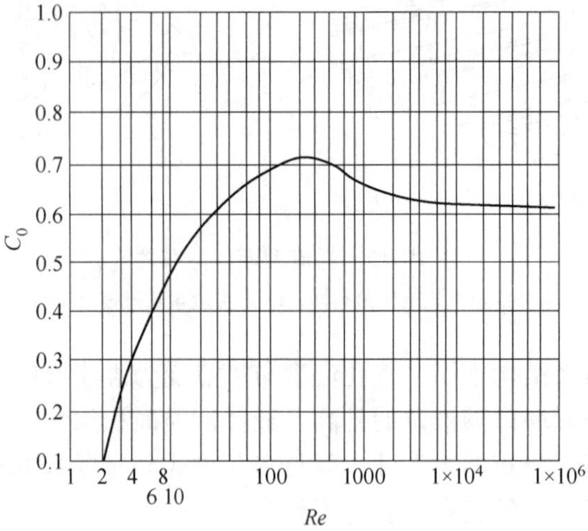

图 10-16 孔流系数与雷诺数关联图

b 溢流型液体分布器

（1）矩形溢流堰口。矩形溢流堰口布液能力计算公式为：

$$L_s = \frac{2}{3}C_0 bn\Delta h^{1.5}\sqrt{2g} \tag{10-27}$$

式中 b——矩形溢流口宽度，m；

n——溢流堰口数；

Δh——溢流口上方液位高度，m。

（2）倒三角形溢流堰口。倒三角形溢流堰口布液能力计算公式为：

$$L_s = 2.36C_0 n\Delta h^{2.5}\tan\frac{\alpha}{2} \tag{10-28}$$

式中 α——倒三角形溢流口夹角，(°)。

设计中，液相体积流量 L_s 为已知，给定液位高度 Δh（或分布器工作压差 Δp），根据分布器布液能力计算公式，可设定布液孔数（或溢流堰口数）n，计算布液孔直径 d_0（或矩形溢流口宽度 b，或倒三角形溢流口夹角 α）；也可设定布液孔直径 d_0（或矩形溢流口宽度 b，或倒三角形溢流口夹角 α），计算布液孔数（或溢流堰口数）n。一般来说，布液孔数（或溢流堰口数）n 由分布点密度决定，不应有太大的改变。总之，设计时应全面协调各项参数，使之均在适宜的范围内。

10.3.3.2 液体收集与再分布装置设计

当填料层较高，需要分段时，或填料层间有侧线进料或采出时，在各段填料层间需设置液体收集与再分布装置，将上段填料流下的液体收集后充分混合，使进入下段填料层的液体具有均匀的浓度，并重新分布在下段填料层上。

液体收集与再分布装置大体上可分为两类，一类是液体收集器和液体再分布器各自独立，分别承担液体收集和再分布任务。对这种结构，之前所述的各种液体分布器都可与液体收集器组合成液体收集与再分布装置。另一类是集液体收集和再分布功能于一体而制成的液体收集与再分布装置。这种液体收集与再分布装置结构紧凑，安装空间高度低，常用于塔内空间高度受到限制的场合。

A 液体收集器

典型的液体收集器主要有截锥式液体收集器（分配锥）、斜板式液体收集器、支承式液体收集器等。

a 截锥式液体收集器

截锥式液体收集器是一种最简单的液体收集器，如图 10-17 所示，用分配锥将沿壁流下的液体重新导至中央，多用于直径小于 600mm 的塔中。图 10-18 所示是一种改进的截锥式液体收集器，即将分配锥做成玫瑰状，与普通截锥式液体收集器相比，它具有通量大、不影响填料装填等优点。

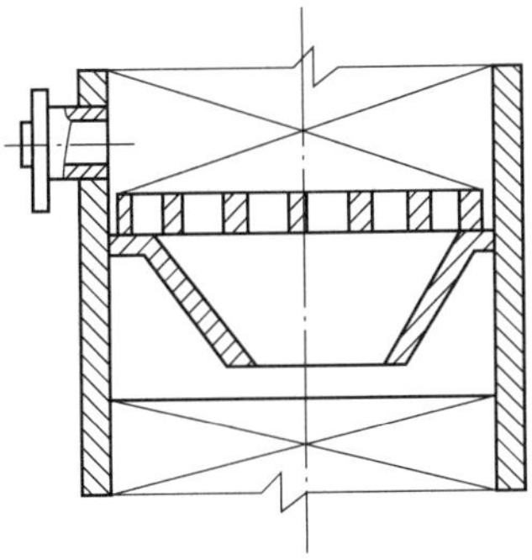

图 10-17 截锥式液体收集器

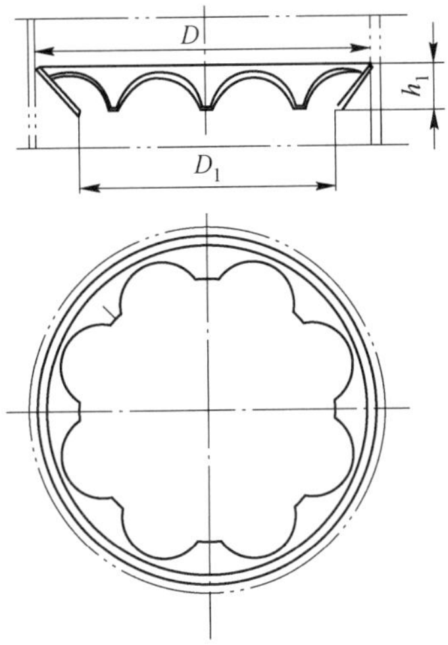

图 10-18 改进的截锥式液体收集器

b 斜板式液体收集器

斜板式液体收集器如图 10-19 所示，主要由集液板、导液槽和集液槽组成。集液板由下端带导液槽的一组倾斜挡板构成，其作用在于收集液体，并通过下方的导液槽将液体汇集于集液槽中。集液槽是位于导液槽下方的横槽或沿塔周边设置的环形槽，液体在集液槽中混合后，沿集液槽中心管进入液体再分布器，进行液相的充分混合和再分布。集液板在

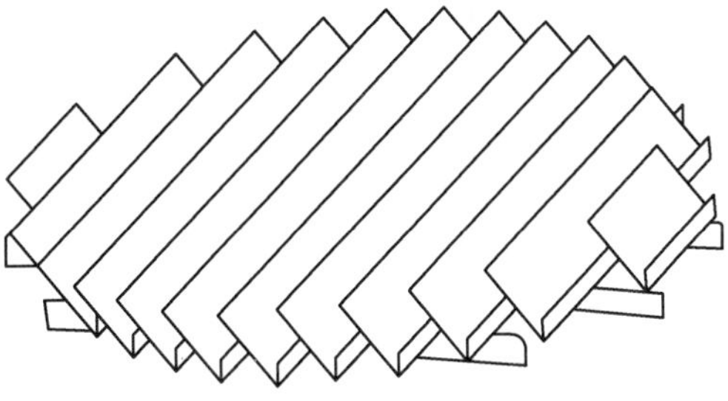

图 10-19 斜板式液体收集器

塔截面的投影必须覆盖整个界面，并稍有重叠。斜板式液体收集器的特点是自由截面积大，气体阻力小，因此非常适合真空操作。斜板式液体收集器同时还具有一定的气体分布功能。

c　支承式液体收集器

图 10-20 所示为支承式液体收集器和配套的盘式液体分布器。分布器的升气管必须与支承板的气体通道对齐，使从支承板流下的液体落入分布器升气管间的布液盘中，进行收集与再分布，这种组合方式适用于散装填料。支承式收集器的优点是把填料支承和液体收集器合二为一，占据空间小，缺点是填料容易挡住收集器的开孔。

B　槽盘式液体分布器

槽盘式液体分布器是集液体收集、液体分布和气体分布功能于一体的新型液体收集和再分布装置，如图 10-21 所示，具有结构紧凑、占用空间高度低、操作弹性大、抗堵塞能力强、无液沫夹带、压降低和性能稳定等优点，是目前最常用的液体收集和再分布装置之一。它既可安装在填料塔塔顶作为液体分布器，也可布置在填料层之间作为液体收集和再分布装置。

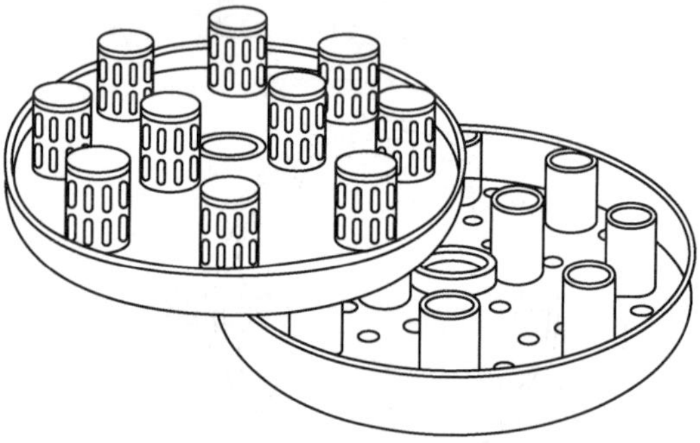

图 10-20　支承式液体收集器

图 10-21　槽盘式液体分布器

槽盘式液体分布器主要由集液板、升气管、导液管和底板等部分组成，在升气管的上下部分分别开有上大下小的两排布液孔，同一垂线上的小孔被特制的导液管罩住。集液板将上方液体收集后在底板上富集，经布液孔进入下层填料。当液体流量较小时，分布器仅下层布液孔工作，随着流量的增大，分布器内液面逐渐升高，当液面升高至略高于上层布液孔边缘时，上层布液孔便开始工作。设计时，下层布液孔中心距底板高度一般取 50mm，当物料很清洁时不少于 20mm，当物料含较多沉积物时应大于 50mm；上层布液孔中心距底板高度不超过 200mm，距升气管上缘一般为 50mm；下层布液孔直径为 3 ~ 15mm，且小于上层布液孔直径；布液能力计算公式同式（10-25）。

10.3.3.3　填料支承装置设计

填料支承装置一般安装在填料层的底部，其作用是支承操作时上方的填料及填料的持液重量。一般情况下填料支承装置应满足如下要求：

（1）有足够的强度和刚度。

（2）有足够的开孔率。为防止压降过大甚至发生液泛，填料支承装置的自由截面积应大于 75%。

（3）有利于气液相均匀分布，同时不至于产生较大阻力（一般压降不大于 20Pa）。

(4) 所用材质不易被介质腐蚀。

(5) 结构简单，易于加工、制造和安装。

常用的填料支承装置有孔管形、栅格形和驼峰形等多种形式，如图 10-22 所示。

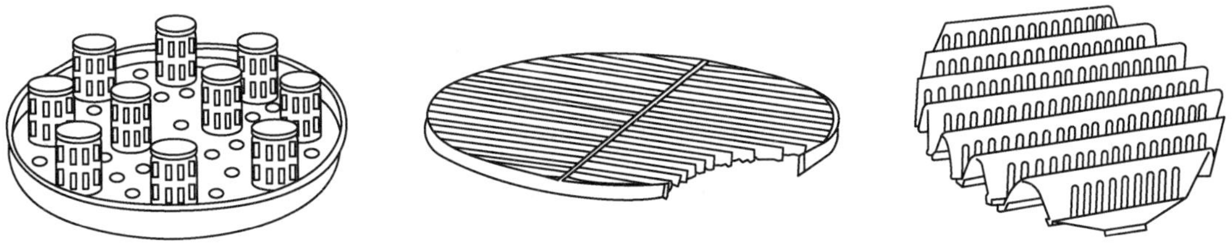

(a) (b) (c)

图 10-22 填料支承装置

(a) 孔管形；(b) 栅格形；(c) 驼峰形

A 孔管形填料支承装置

孔管形填料支承装置又称升气管式填料支承装置（见图 10-22(a)），将位于支承板上的升气管上口封闭，在管壁上开长孔。气体由升气管上升，通过升气管侧面所开长孔齿缝进入填料层，而液体则由支承装置底板上的许多小孔流下，气液分道而行。这种结构的支承装置有足够大的自由截面积，因而在此处不会造成液泛，一般和盘式液体分布器配合使用，适用于小直径的散装填料塔。

B 栅格形填料支承装置

栅格形填料支承装置（见图 10-22(b)）由栅条、格条和边圈组成，结构简单，制造方便，使用较多，特别适合于规整填料的支撑。当用于散装填料时，栅条间距约为填料外径的 0.6~0.8 倍，为提高栅格的自由截面积，也可采用较大间距，预先在其上散布较大尺寸的填料，而后再放置小尺寸填料。塔径较小时采用整块式栅格板；大直径塔采用分块式栅格板，每块栅格板应能从人孔处自由出入。

C 驼峰形填料支承装置

驼峰形填料支承装置又称波形板式支承装置或梁型气体喷射式支承装置（见图 10-22(c)），由开孔金属平板冲压成驼峰形，小孔分布在每个驼峰的侧面和底部，大小以填料不致漏出为限，一般用于直径大于 1500mm 的散装填料塔，采用分块制作。上升的气体从侧面小孔喷出，下降的液体从底部小孔流下，气液分道逆流，既减小了流体阻力，又使气液分布均匀，降低了因液体聚集而发生液泛的概率，驼峰形结构也提高了支撑的强度和刚度，是一种性能优良的填料支承装置。

10.3.3.4 填料压紧与限位装置设计

为保证填料塔在工作状态下填料床层能够稳定，防止高气相负荷或负荷突然变动时填料层发生松动，破坏填料层结构，甚至造成填料流失，必须在填料层顶部设置填料限定装置。填料限定装置可分为两类：一类是放置于填料上端，仅靠自身重力将填料压紧的填料限定装置，称为填料压板；另一类是将填料限定装置固定于塔壁上，称为床层限位板。填料压板常用于陶瓷和石墨等脆性散装填料，以免填料发生移动撞击，造成填料破碎；床层限位板多用于金属和塑料等散装填料，以防止由于填料层膨胀，改变其初始堆积状态而造成的流体分布不均现象。规整填料一般不会发生流化，但在大塔中，分块组装的填料会发生移动，因此也必须安装床层限位板。

A　填料压板

填料压板主要有两种形式，一种是栅条形压板（见图10-23(a)），另一种是丝网压板（见图10-23(b)）。栅条形压板与栅格形支承板类似，栅条间距为填料直径的0.6～0.8倍。丝网压板是用大孔金属丝网焊接于金属支撑圈上构成，网孔的大小应以填料不能通过为限。设计中为防止填料压板处压降过大甚至发生液泛，要求其自由截面积应大于70%。此外，填料压板的重量要适当，过重可能会压碎填料，过轻则难以起到作用，一般按1100N/m² 设计，必要时需加装压铁以满足重量要求。填料压板可根据塔径大小制成整体式或分块式结构，以方便安装和检修。

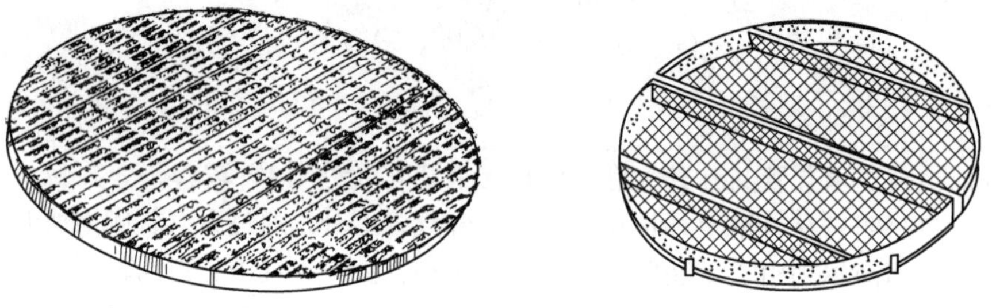

(a)　(b)

图10-23　填料压板

（a）栅条形压板；（b）丝网压板

B　床层限位板

床层限位板可采用与填料压板类似的结构，但其重量较轻，一般为300N/m²。

10.3.4　填料塔的流体力学校核

为使填料塔能够在较高的效率下工作，塔内的气液两相处于良好的流动状态，需要对初步设计的填料塔进行流体力学校核。校核内容包括填料层的压降、填料层的持液量、液体的喷淋密度和液泛等。

10.3.4.1　填料层的压降

气体通过填料层的压降，对填料塔的操作影响较大。若填料层压降大，则操作过程的动力消耗大，特别是负压操作过程更是如此，这将增加塔的操作费用。另一方面，对塔釜需要加热的过程，填料层压降大必然使釜液温度升高，从而消耗更高品位的热能，也将使操作费用增加。

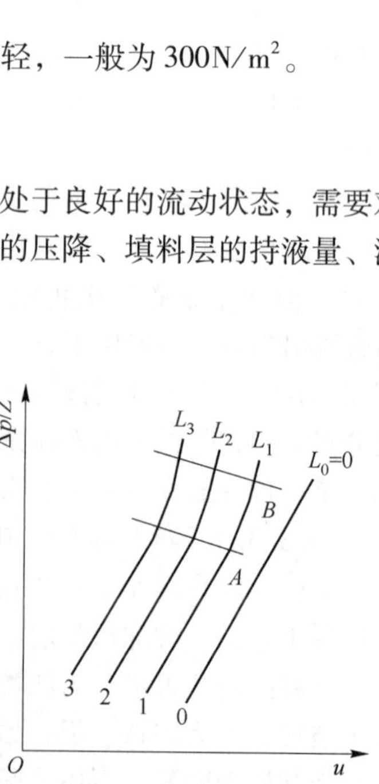

图10-24　填料层压降示意图

填料层压降通常用单位高度填料层的压降 $\Delta p/Z$ 来表示，它与填料的类型、尺寸、物系性质、液体喷淋密度和空塔气速有关。将不同喷淋密度下填料层压降 $\Delta p/Z$ 与空塔气速 u 的实测数据标绘在双对数坐标系中，可得如图10-24所示的线簇。图中，$L_0=0$ 时的直线表示无液体

喷淋时干填料的 $\Delta p/Z\text{-}u$ 关系，称为干填料压降线；曲线 L_1、L_2 和 L_3 分别表示不同液体喷淋量下的操作压降线，喷淋量大小为 $L_1 < L_2 < L_3$。各类填料的 $\Delta p/Z\text{-}u$ 关系图线的趋势大致都是如此。

干填料的压降线是直线，其斜率为 1.8～2.0。当有一定的喷淋量时，压降线变为折线，并存在 A 和 B 两个转折点，转折点 A 称为载点，转折点 B 称为泛点。这两个转折点将关系线分为三个区段，即恒持液量区、载液区和液泛区。

当气速较低时，液体在填料层内向下流动时受气体曳力很小，几乎与空塔气速无关。在恒定的喷淋量下填料表面上覆盖的液膜厚度不变，因而填料层的持液量不变，故为恒持液量区。在同一空塔气速下，由于填料层内所持液体占据一定空间，故气体的真实流速较通过干填料层时的流速为高，压降也较大。因此，恒持液量区的压降线位于干填料压降线的左侧，且两条线平行。

随着气速的增大，上升气流对下降液体的曳力增大，开始阻碍液体向下流动，此种现象称为拦液现象。此时，填料表面的液膜厚度和床层持液量随气速的增加而明显增加，压降也随气速增大而较快增大，压降线在 A 点出现转折并进入载液区。A 点对应的空塔气速即为开始发生拦液现象时的空塔气速，称为载点气速，超过载点后，压降线的斜率将会大于 2。

若气速继续增大，气液两相间的作用进一步增强，使得填料表面的液膜难以顺利流下，填料层内持液量不断增加，以致几乎充满整个填料层内的空隙，压降急剧升高，填料塔发生液泛，压降线在 B 点出现转折并进入液泛区。B 点对应的空塔气速即为开始发生液泛时的空塔气速，称为液泛气速或泛点气速，超过泛点后，压降线的斜率可达 10 以上，近于垂直上升的趋势。在液泛区内，气液两相由原来的膜式接触变为鼓泡接触，液相从分散相变为连续相，气相则从连续相变为分散相。

有时在实测的 $\Delta p/Z\text{-}u$ 关系线上，载点和泛点并不明显，压降线的斜率是逐渐变化的，上述三个区域间并无清晰的界限。

通常情况下，填料塔应在载液区操作，即操作气速应控制在载点气速和泛点气速之间，其压降的计算可采用以下方法。

A 散装填料的压降计算

a 由埃克特（Eckert）通用压降关联图计算

散装填料的压降值可由埃克特通用压降关联图计算（见图 10-6）。计算时，先由气液相负荷和有关物性数据求出横坐标 $\dfrac{w_L}{w_V}\left(\dfrac{\rho_V}{\rho_L}\right)^{0.5}$，再根据操作空塔气速 u、有关物性数据和填料性能参数求出纵坐标 $\dfrac{u^2\phi\varphi}{g}\dfrac{\rho_V}{\rho_L}\mu_L^{0.2}$，通过作图得出交点，读出过交点的等压降线数值，即为每米填料层压降值 $\Delta p/Z$。

利用埃克特通用压降关联图计算压降时，所需填料因子 ϕ 为操作状态下的湿填料因子，称为压降填料因子，以 ϕ_p 表示。ϕ_p 与液体的喷淋密度有关，为了工程计算方便，常采用与液体喷淋密度无关的压降填料因子平均值。表 10-16 列出了部分散装填料的压降填料因子平均值，可供设计时参考。

表 10-16 部分散装填料的压降填料因子平均值 (m^{-1})

填料类型	DN16	DN25	DN38	DN50	DN76
金属鲍尔环	306	—	114	98	—
金属环矩鞍	—	138	93.4	71	36
金属阶梯环	—	—	118	82	—
塑料鲍尔环	343	232	114	125	62
塑料阶梯环	—	176	116	89	—
陶瓷矩鞍形	700	215	140	160	—
陶瓷拉西环	1050	576	450	288	—

b 由散装填料的压降曲线查取

散装填料压降曲线的横坐标通常以空塔气速 u 表示，纵坐标以单位高度填料层压降 $\Delta p/Z$ 表示，常见散装填料的 $\Delta p/Z$-u 曲线可从有关填料手册中查得。

B 规整填料的压降计算

a 由规整填料通用压降关联图计算

Kister 等人提出了适用于规整填料的通用压降关联图，如图 10-25 所示。该图以两相流动参数 $F_{LV}=\frac{w_L}{w_V}\left(\frac{\rho_V}{\rho_L}\right)^{0.5}$ 为横坐标，以 $\frac{C}{0.3048}\left(\frac{\phi}{3.2808}\right)^{0.5}\nu_L^{0.05}$ 为纵坐标，通过作图得出交点，读出过交点的等压降线数值，即为每米填料层压降值 $\Delta p/Z$。纵坐标中，C 为按式 (10-4) 定义的气相负荷因子，m/s；ϕ 为规整填料的填料因子，可由表 10-17 查得，m^{-1}；ν_L 为液相运动黏度，$\nu_L=\mu_L/\rho_L$，cSt（$1m^2/s=10^6$cSt）。此关联图在以下范围内使用时准确性较高：

（1）液相为水时，$0.01\leqslant F_{LV}\leqslant 1$；非水系统，$0.02\leqslant F_{LV}\leqslant 0.2$；

（2）压降填料因子 ϕ 在 20～100m^{-1}之间。

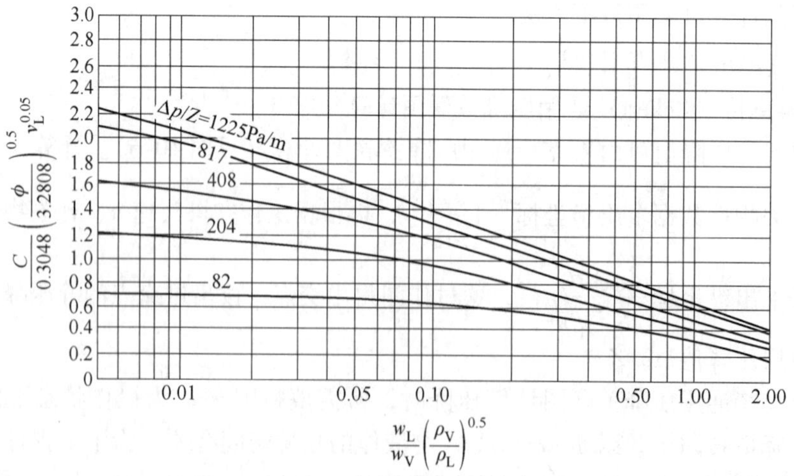

图 10-25 规整填料通用压降关联图

表 10-17 常见规整填料的填料因子

填 料	金属丝网波纹 (Koch-Sulzer)		金属孔板波纹 (Sulzer's Mellapak)				塑料孔板波纹 (Sulzer's Mellapak)
型 号	CY	BX	125Y	250Y	350Y	500Y	250Y
填料因子/m^{-1}	230	69	33	66	75	112	72

b 由规整填料的压降曲线查取

规整填料压降曲线的横坐标通常以气相动能因子 F 表示，纵坐标以单位高度填料层压降 $\Delta p/Z$ 表示，常见规整填料的 $\Delta p/Z$-F 曲线可从有关填料手册中查得。

10.3.4.2 泛点率

如前所述，泛点率是指塔内操作时的空塔气速与液泛气速之比。液泛气速可采用贝恩－霍根关联式或埃克特通用压降关联图求得。尽管近年来有研究者认为填料塔在泛点附近操作时仍具有较高的传质效率，但由于泛点附近流体力学性能的不稳定性，一般较难稳定操作，故一般要求泛点率在 0.5 ~0.85 的范围内，对易气泡物系可低至40%。

10.3.4.3 液体的喷淋密度

填料塔的液体喷淋密度是指单位时间、单位塔截面上的液体喷淋体积，计算式为：

$$U=\frac{L_h}{\frac{\pi}{4}D^2} \tag{10-29}$$

式中 U——液体喷淋密度，$m^3/(m^2 \cdot h)$；

L_h——塔内液相体积流量，m^3/h；

D——塔内径，m。

填料塔传质效率的高低与液体的分布及填料的润湿状况有关，为使填料能获得良好的润湿，应保证塔内液体的喷淋密度不低于某一极限值，此极限值称为最小喷淋密度，以 U_{min} 表示。

对散装填料，其最小喷淋密度与比表面积有关，关系式为：

$$U_{min}=(L_w)_{min}a_t \tag{10-30}$$

式中 U_{min}——最小喷淋密度，$m^3/(m^2 \cdot h)$；

$(L_w)_{min}$——最小润湿速率，$m^3/(m \cdot h)$；

a_t——填料比表面积，m^2/m^3。

最小润湿速率是指在塔的横截面上，单位长度的填料周边上最小液体体积流量。其值可由经验公式计算（见有关填料手册），也可用一些经验值。对直径不超过 75mm 的散装填料，可取 $(L_w)_{min}=0.08m^3/(m \cdot h)$；对直径大于 75mm 的散装填料，可取 $(L_w)_{min}=0.12m^3/(m \cdot h)$。对规整填料，其最小喷淋密度也可直接从有关填料手册中查得，设计中，通常取 $U_{min}=0.2m^3/(m^2 \cdot h)$。

实际操作时采用的液体喷淋密度应大于最小喷淋密度。若喷淋密度过小，则不能保证填料表面的充分润湿，操作效率将会降低，需进行调整。具体方法有：（1）在允许范围内减小塔径；（2）采用增大回流比或液体再循环的方法加大液体流量；（3）适当增加填料层高度予以补偿。若液体喷淋密度过大，会使气速过小，最大喷淋密度通常为最小喷淋密度的 4 ~6 倍。

10.3.4.4 填料层的持液量

填料层的持液量（液体/填料）是指在一定操作条件下，单位体积填料层内所积存的液体体积，以 m^3/m^3 表示。持液量可分为静持液量、动持液量和总持液量。静持液量是指当填料表面被充分润湿后，停止气液两相进料，并排液至无滴液流出时存留于填料层中的液体量；动持液量是指填料塔停止气液两相进料时流出的液体量；总持液量是指在一定操作条件下存留于填料层中的液体总量。显然，总持液量为静持液量和动持液量之和，即：

$$H_t = H_o + H_s \tag{10-31}$$

式中 H_t——总持液量，m^3/m^3；

H_o——静持液量，m^3/m^3；

H_s——动持液量，m^3/m^3。

持液量是影响填料塔效率、压降和处理能力的重要参数，而且对液体在塔内的停留时间有较大影响。多数研究结果表明，当操作气速低于泛点气速的70%时，持液量仅受填料类型、尺寸、物料性质和液相负荷的影响，而基本上与气速无关；当操作气速大于泛点气速的70%时，持液量明显受气速影响。填料特性对持液量影响的一般规律是：尺寸相同的情况下，陶瓷填料的持液量最大，金属填料次之，塑料填料最小；材质相同的情况下，持液量随填料尺寸的增大而减小。关于持液量的计算，目前虽有一些计算方法可用，但都不够成熟，仍主要以实验的方法确定填料层的持液量。

10.3.5 填料塔工艺计算示例

例 10-1 在一常压操作的吸收塔内脱除混于空气中的氨气。已知混合气体的处理量为 $2.4\times10^4 m^3/h$（标准状况），其中含氨体积分数为5.4%，要求塔顶尾气中含氨体积分数不超过0.02%。吸收过程可近似看作等温过程，操作温度为20℃，其余条件自选。试作出能完成上述吸收任务的填料塔的工艺计算。

解： 1. 设计方案的确定

因氨在水中的溶解度较大，且水的理化性质稳定，挥发性小，黏度小，对溶质的选择性好，又廉价易得，符合吸收过程对吸收剂的选择要求，故本方案选择水作为吸收剂。由于氨气不作为产品，故采用纯溶剂。为提高传质效率，选用逆流吸收流程。

2. 填料的选择

对水吸收氨的过程，操作温度和操作压力较低，工业上通常选用成本较低的塑料散装填料。在塑料散装填料中，阶梯环的综合性能较好，故本设计选用 *DN*50 聚丙烯阶梯环填料，其主要性能参数为：

比表面积 $a_t = 114.2 m^2/m^3$，空隙率 $\varepsilon = 0.927$，泛点填料因子 $\phi_f = 127 m^{-1}$，压降填料因子 $\phi_p = 89 m^{-1}$。

3. 物性数据的确定

(1) 液相物性数据。对低浓度吸收过程，溶液的物性数据可近似取纯水的物性数据。由相关手册查得，20℃时水的有关物性数据如下：

摩尔质量 $M_L = 18.02\text{g/mol}$，密度 $\rho_L = 998.2\text{kg/m}^3$，黏度 $\mu_L = 0.001\text{Pa·s}$，表面张力 $\sigma_L = 0.0726\text{N/m}$，氨在水中的扩散系数 $D_L = 2.04\times10^{-9}\text{m}^2/\text{s}$。

（2）气相物性数据。

气相平均摩尔质量：

$$M_V = 0.054\times17.03 + (1-0.054)\times28.95 = 28.31\text{g/mol}$$

气相平均密度：

$$\rho_V = \frac{pM_V}{RT} = \frac{101325\times28.31\times10^{-3}}{8.314\times(20+273.15)} = 1.177\text{kg/m}^3$$

气相黏度可近似取空气的黏度。查相关手册，20℃时空气的有关物性数据如下：

黏度 $\mu_V = 1.81\times10^{-5}\text{Pa·s}$，氨在空气中的扩散系数 $D_V = 2.25\times10^{-5}\text{m}^2/\text{s}$。

（3）相平衡数据。

由手册查得，常压下20℃时氨在水中的亨利系数：$E = 76.4\text{kPa}$

相平衡常数：
$$m = \frac{E}{p} = \frac{76.4}{101.3} = 0.754$$

4. 物料衡算

该吸收过程为低浓度气体吸收，平衡线和操作线均为直线，且采用纯溶剂吸收，进塔吸收剂中溶质摩尔分数 $x_2 = 0$，故最小液气比为：

$$\left(\frac{L}{G}\right)_{\min} = \frac{y_1 - y_2}{y_1/m - x_2} = \frac{0.054 - 0.0002}{0.054/0.754 - 0} = 0.7512$$

取操作液气比为：

$$\frac{L}{G} = 1.4\left(\frac{L}{G}\right)_{\min} = 1.4\times0.7512 = 1.052$$

塔内气相摩尔流量：

$$G_M = \frac{p_0 V_{s0}}{RT_0} = \frac{101.325\times2.4\times10^4}{8.314\times273.15} = 1070.82\text{kmol/h}$$

吸收剂用量为：

$$L_M = 1.052\times G_M = 1.052\times1070.82 = 1126.50\text{kmol/h}$$

出塔吸收液中溶质摩尔分数为：

$$x_1 = \frac{G(y_1 - y_2)}{L} + x_2 = \frac{0.054 - 0.0002}{1.052} + 0 = 0.05114$$

5. 填料塔塔径的计算与校核

（1）塔径计算。采用贝恩－霍根关联式计算液泛气速。

气相质量流量：
$$w_V = G_M M_V = \frac{1070.82}{3600}\times28.31 = 8.421\text{kg/s}$$

液相质量流量：
$$w_L = L_M M_L = \frac{1126.50}{3600}\times18.02 = 5.639\text{kg/s}$$

$$\lg\left(\frac{u_f^2}{g}\frac{a_t}{\varepsilon^3}\frac{\rho_V}{\rho_L}\mu_L^{0.2}\right) = B - K\left(\frac{w_L}{w_V}\right)^{1/4}\left(\frac{\rho_V}{\rho_L}\right)^{1/8}$$

即：
$$\lg\left(\frac{u_f^2}{9.81}\times\frac{114.2}{0.927^3}\times\frac{1.177}{998.2}\times1^{0.2}\right) = 0.204 - 1.75\times\left(\frac{5.639}{8.421}\right)^{1/4}\times\left(\frac{1.177}{998.2}\right)^{1/8}$$

可得液泛气速：$u_F = 4.397\text{m/s}$

取 $u = 0.8u_F = 0.8 \times 4.397 = 3.518\text{m/s}$

塔内气相体积流量：

$$V_s = \frac{T}{T_0}V_{s0} = \frac{20 + 273.15}{273.15} \times \frac{2.4 \times 10^4}{3600} = 7.155\text{m}^3/\text{s}$$

$$D = \sqrt{\frac{4V_s}{\pi u}} = \sqrt{\frac{4 \times 7.155}{3.14 \times 3.518}} = 1.610\text{m}$$

圆整取 $D = 1.6\text{m}$。

（2）塔径校核。

1）填料规格校核。

$$\frac{D}{d} = \frac{1600}{50} = 32 > 8$$

由表 10-1 可知，填料规格满足要求。

2）泛点率校核。

$$u = \frac{V_s}{\frac{\pi}{4}D^2} = \frac{7.155}{0.785 \times 1.6^2} = 3.560\text{m/s}$$

$$\frac{u}{u_F} = \frac{3.560}{4.397} = 0.810$$

泛点率在允许范围内。

3）液体喷淋密度校核。对直径不超过 75mm 的散装填料，可取$(L_w)_{\min} = 0.08\text{m}^3/(\text{m} \cdot \text{h})$

$$U_{\min} = (L_w)_{\min}a_t = 0.08 \times 114.2 = 9.136\text{m}^3/(\text{m}^2 \cdot \text{h})$$

$$U = \frac{L_h}{\frac{\pi}{4}D^2} = \frac{1126.50 \times 18.02/998.2}{0.785 \times 1.6^2} = 10.119\text{m}^3/(\text{m}^2 \cdot \text{h}) > U_{\min}$$

液体喷淋密度满足要求。

6. 填料层高度的计算与分段

采用传质单元数法计算填料层高度。

（1）传质单元数。吸收塔的气相平均推动力为：

$$\Delta y_m = \frac{\Delta y_1 - \Delta y_2}{\ln\frac{\Delta y_1}{\Delta y_2}} = \frac{(y_1 - mx_1) - (y_2 - mx_2)}{\ln\frac{y_1 - mx_1}{y_2 - mx_2}}$$

$$= \frac{(0.054 - 0.754 \times 0.05114) - (0.0002 - 0)}{\ln\frac{0.054 - 0.754 \times 0.05114}{0.0002 - 0}} = 0.003506$$

气相传质单元数为：

$$N_{OG} = \frac{y_1 - y_2}{\Delta y_m} = \frac{0.054 - 0.0002}{0.003506} = 15.35$$

（2）传质单元高度。采用修正的恩田关联式计算气相传质单元高度。

气相质量流率：$U_V = \dfrac{w_V}{\frac{\pi}{4}D^2} = \dfrac{8.421}{0.785 \times 1.6^2} = 4.190\text{kg}/(\text{m}^2 \cdot \text{s})$

液相质量流率： $U_L = \dfrac{w_L}{\dfrac{\pi}{4}D^2} = \dfrac{5.639}{0.785 \times 1.6^2} = 2.806\text{kg/(m}^2 \cdot \text{s)}$

查表 10-8，聚丙烯的临界表面张力 $\sigma_c = 33\text{mN/m}$。

$$\frac{a_w}{a_t} = 1 - \exp\left[-1.45\left(\frac{\sigma_c}{\sigma_L}\right)^{0.75}\left(\frac{U_L}{a_t\mu_L}\right)^{0.1}\left(\frac{U_L^2 a_t}{\rho_L^2 g}\right)^{-0.05}\left(\frac{U_L^2}{\rho_L\sigma_L a_t}\right)^{0.2}\right]$$

即：

$$\frac{a_w}{114.2} = 1 - \exp\left[-1.45 \times \left(\frac{33}{72.6}\right)^{0.75} \times \left(\frac{2.806}{114.2 \times 0.001}\right)^{0.1} \times \left(\frac{2.806^2 \times 114.2}{998.2^2 \times 9.81}\right)^{-0.05}\left(\frac{2.806^2}{998.2 \times 0.0726 \times 114.2}\right)^{0.2}\right] = 0.3544$$

可得填料润湿比表面积： $a_w = 40.47\text{m}^2/\text{m}^3$

$$k_G = 0.237 a_t D_V\left(\frac{U_V}{a_t\mu_V}\right)^{0.7}\left(\frac{\mu_V}{\rho_V D_V}\right)^{1/3}$$

$$= 0.237 \times 114.2 \times 2.25 \times 10^{-5} \times \left(\frac{4.190}{114.2 \times 1.81 \times 10^{-5}}\right)^{0.7} \times \left(\frac{1.81 \times 10^{-5}}{1.177 \times 2.25 \times 10^{-5}}\right)^{1/3}$$

$$= 0.1107\text{m/s}$$

$$k_L = 0.0095\left(\frac{U_L}{a_W\mu_L}\right)^{2/3}\left(\frac{\mu_L}{\rho_L D_L}\right)^{-1/2}\left(\frac{\mu_L g}{\rho_L}\right)^{1/3}$$

$$= 0.0095 \times \left(\frac{2.806}{40.47 \times 0.001}\right)^{2/3} \times \left(\frac{0.001}{998.2 \times 2.04 \times 10^{-9}}\right)^{-1/2} \times \left(\frac{0.001 \times 9.81}{998.2}\right)^{1/3}$$

$$= 1.550 \times 10^{-4}\text{m/s}$$

阶梯环为开孔环，查表 10-9 可得形状系数 $\psi = 1.45$

$$k_G a = k_G a_w \psi^{1.1} = 0.1107 \times 40.47 \times 1.45^{1.1} = 6.742\text{s}^{-1}$$

$$k_L a = k_L a_w \psi^{0.4} = 1.550 \times 10^{-4} \times 40.47 \times 1.45^{0.4} = 0.007278\text{s}^{-1}$$

由于 $\dfrac{u}{u_F} = 0.810 > 0.5$，故需对 $k_G a$ 和 $k_L a$ 进行校正：

$$k'_G a = \left[1 + 9.5\left(\frac{u}{u_F} - 0.5\right)^{1.4}\right]k_G a = [1 + 9.5 \times (0.81 - 0.5)^{1.4}] \times 6.742 = 19.17\text{s}^{-1}$$

$$k'_L a = \left[1 + 2.6\left(\frac{u}{u_F} - 0.5\right)^{2.2}\right]k_L a = [1 + 2.6 \times (0.81 - 0.5)^{2.2}] \times 0.007278 = 0.008717\text{s}^{-1}$$

$$k_y a = p\frac{k'_G a}{RT} = 101.325 \times \frac{19.17}{8.314 \times (20 + 273.15)} = 0.7970\text{kmol/(m}^3 \cdot \text{s)}$$

$$k_x a = c_M k'_L a = \frac{\rho_L}{M_L}k_L a = \frac{998.2}{18.02} \times 0.008717 = 0.4829\text{kmol/(m}^3 \cdot \text{s)}$$

$$\frac{1}{K_y a} = \frac{1}{k_y a} + \frac{m}{k_x a} = \frac{1}{0.7970} + \frac{0.754}{0.4829} = 2.816\text{m}^3 \cdot \text{s/kmol}$$

$$G = \frac{G_M}{\dfrac{\pi}{4}D^2} = \frac{1070.82/3600}{0.785 \times 1.6^2} = 0.1480\text{kmol/(m}^2 \cdot \text{s)}$$

$$H_{OG}=\frac{G}{K_y a}=0.1480\times 2.816=0.4168\text{m}$$

（3）填料层高度。

$$Z=H_{OG}N_{OG}=0.4168\times 15.35=6.398\text{m}$$

取 $Z'=1.4Z=8.957\text{m}$

圆整后填料层设计高度为： $Z'=9\text{m}$

（4）填料层分段。查表10-12可知，对阶梯环填料，

$$h/D=8\sim 15,\quad h_{max}=6\text{m}$$

取 $h/D=8$，则 $h=8D=8\times 1.6=12.8\text{m}$

故按 $h_{max}=6\text{m}$ 进行分段，填料层可分2段，每段为4.5m。

7. 填料层压降的计算

采用埃克特通用关联图计算填料层压降。

横坐标为： $\frac{w_L}{w_V}\left(\frac{\rho_V}{\rho_L}\right)^{0.5}=\frac{5.639}{8.421}\left(\frac{1.177}{998.2}\right)^{0.5}=0.023$

查表10-16得： $\phi_p=89\text{m}^{-1}$

纵坐标为： $\frac{u^2\phi\varphi}{g}\frac{\rho_V}{\rho_L}\mu_L^{0.2}=\frac{3.560^2\times 89\times 1}{9.81}\times\frac{1.177}{998.2}\times 1^{0.2}=0.136$

查图10-6得： $\Delta p/Z=125\times 9.81=1226.25\text{Pa/m}$

填料层压降为： $\Delta p=1226.25\times 9=11036.25\text{Pa}$

8. 填料塔内件的计算与选型

（1）液体分布器。

1）液体分布器选型。由于槽盘式液体分布器具有结构紧凑、占用空间高度低、操作弹性大、抗堵塞能力强、无液沫夹带、压降低和性能稳定等优点，既可作为液体分布器，也可作为液体收集和再分布装置，近年来被广泛采用，故本设计中优先选用。

2）分布点密度计算。根据埃克特的建议值，$D\geqslant 1200\text{mm}$ 时，分布点密度为42个/m^2。

分布点数为： $n=0.785\times 1.6^2\times 42=84.4\approx 85$ 个

按分布点几何均匀和流量均匀的原则，进行布点设计。

3）布液计算。本设计中的物料较清洁，因此取下层布液孔中心距底板高度为：

$$h_1=20\text{mm}$$

上下层布液孔中心距为： $h_2=160\text{mm}$

正常流量时，仅下层布液孔工作，工作液位为：

$$\Delta h=0.5h_2=0.5\times 160=80\text{mm}$$

取孔流系数 $C_0=0.6$，由布液能力计算公式：

$$L_s=\frac{\pi}{4}d_1^2 nC_0\sqrt{2g\Delta h}$$

即： $\frac{5.639}{998.2}=0.785\times d_1^2\times 85\times 0.6\times\sqrt{2\times 9.81\times 0.08}$

可得下层布液孔直径：$d_1=0.0106\text{m}$，圆整后取 $d_1=10\text{mm}$

代入布液能力计算公式：

$$\frac{5.639}{998.2}=0.785\times0.01^2\times n\times0.6\times\sqrt{2\times9.81\times0.08}$$

可得实际下层布液孔数为：　　$n=95.7\approx96$ 个

取上层布液孔直径 $d_2=15\text{mm}$，上层布液孔数与下层布液孔数相同。

（2）液体收集与再分布装置。液体收集与再分布装置同样选用槽盘式液体分布器，与液体分布器结构相同。

（3）填料支承装置。本设计塔径较大，选用梁型气体喷射式支承装置。

（4）填料压紧与限位装置。由于设计中采用塑料散装填料，故选用栅条形床层限位板。

9. 填料塔主要工艺计算结果和工艺尺寸

填料塔主要工艺计算结果和工艺尺寸见表 10-18。

表 10-18　填料塔主要工艺计算结果和工艺尺寸

物流参数	气相	液相	
操作压力/kPa	101.3		
操作温度/℃	20		
摩尔流量/$\text{kmol}\cdot\text{h}^{-1}$	1070.82	1126.50	
质量流量/$\text{kg}\cdot\text{s}^{-1}$	8.421	5.639	
密度/$\text{kg}\cdot\text{m}^{-3}$	1.177	998.2	
黏度/Pa·s	1.81×10^{-5}	0.001	
表面张力/$\text{N}\cdot\text{m}^{-1}$	—	0.0726	
扩散系数/$\text{m}^2\cdot\text{s}^{-1}$	2.25×10^{-5}	2.04×10^{-9}	
主要工艺尺寸			
填料类型	阶梯环	工作液位高度 Δh/mm	80
填料规格	*DN*50	下层布液孔直径 d_1/mm	10
填料材质	塑料	上层布液孔直径 d_2/mm	15
塔径 D/m	1.6	布液孔数 n	96
填料层设计高度 Z'/m	9	液体再分布器	同液体分布器
填料层分段数	2	填料支承装置	梁型气体喷射式
液体分布器类型	槽盘式液体分布器	填料压紧与限位装置	栅条形床层限位板
主要工艺计算结果			
空塔气速/$\text{m}\cdot\text{s}^{-1}$	3.56	填料层压降/Pa	11036.25
气相传质单元数 N_{OG}	15.35	泛点率	0.81
气相传质单元高度 H_{OG}/m	0.4168	液体喷淋密度/$\text{m}^3\cdot(\text{m}^2\cdot\text{h})^{-1}$	10.119

10.4　辅助设备的设计

辅助设备的设计同本书 7.4 节。

11 填料塔的结构设计

填料塔的基本结构由塔体、填料、内件和附件组成，主体结构如图 11-1 所示。塔体及其附件的结构与板式塔类似。塔内件包括液体分布装置、液体收集与再分布装置、填料支承装置、填料压紧与限位装置等。

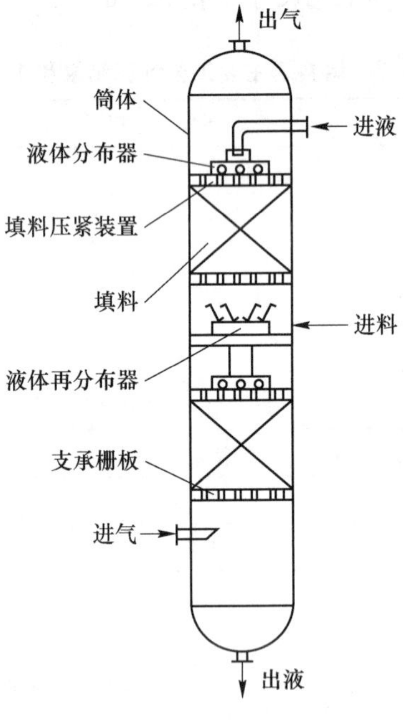

图 11-1　填料塔结构简图

11.1 塔 体 结 构

填料塔的塔体总高度包括填料层高度和塔的附属高度。塔的附属高度主要包括塔顶空间、塔底空间、液体分布装置高度、液体收集与再分布装置高度、人孔高度、塔顶封头高度以及裙座高度。

塔顶空间见本书 8. 1. 1 节，对填料塔，其高度一般取 1. 2 ~ 1. 5m。

塔底空间见本书 8. 1. 2 节。

液体分布装置高度和液体收集与再分布装置高度，依据所选分布器的类型而定，一般需要 1 ~ 1. 5m 的空间高度。

11.2 塔内件结构

11.2.1 液体分布器

11.2.1.1 排管式液体分布器

压力型排管式液体分布器的结构如图 11-2 所示，它是由一根进液总管和数排支管组成，总管和支管的端部均用盲板封死，各支管的下方壁面开有布液孔。

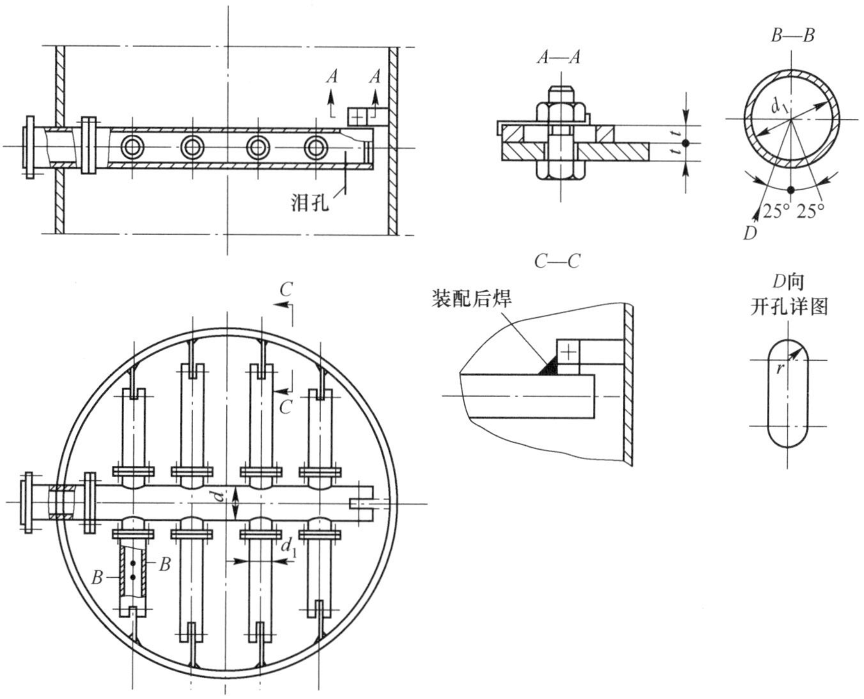

图 11-2 排管式液体分布器结构

排管式液体分布器一般制成可拆式连接结构，各支管与总管用法兰连接，以便通过人孔进行拆装。

不同塔径下，排管式液体分布器主要结构尺寸可参考表 11-1。

表 11-1 排管式液体分布器主要结构尺寸

塔径/mm	总管直径/mm	支管排数	管外缘直径/mm	最大体积流量/$m^3 \cdot h^{-1}$
400	50	3	360	3
500	50	3	460	5
600	50	4	560	7
700	50	4	660	9.5
800	50	5	760	12.5

续表 11-1

塔径/mm	总管直径/mm	支管排数	管外缘直径/mm	最大体积流量/$m^3 \cdot h^{-1}$
900	50	5	860	16
1000	50	6	960	20
1200	75	7	1140	28
1400	75	7	1340	38.5
1600	100	5	1540	50
1800	100	6	1740	64
2000	100	6	1940	78
2400	150	7	2340	112
2800	150	8	2740	154

11.2.1.2　环管式液体分布器

环管式液体分布器性能与排管式类似，仅结构不同，如图 11-3 所示，最外层环管的中心圆直径一般取塔内径的 0.6～0.85 倍。

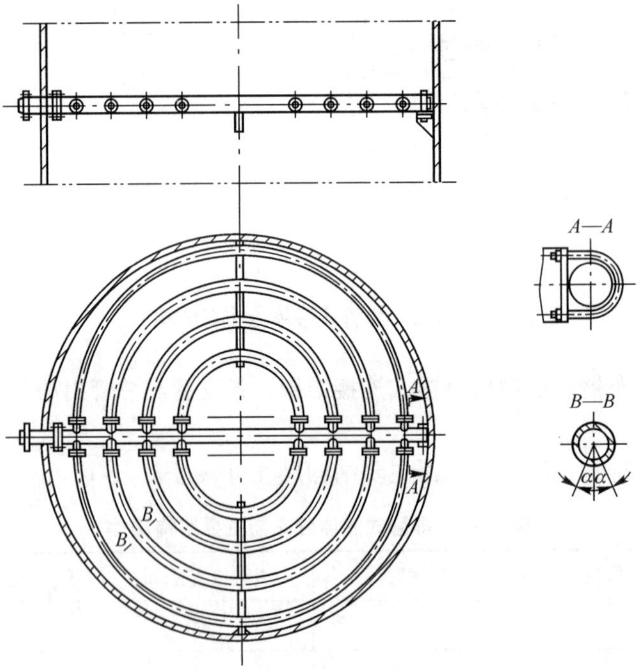

图 11-3　环管式液体分布器结构

管式液体分布器的安装结构可用螺栓与塔壁上的筋板连接（见图 11-2），或将总管端部用管卡固定在焊于塔壁的支座上（见图 11-3）。对大直径塔，各支管还须加辅助支承，其支承结构与总管相同。

管式液体分布器的安装高度，对散装填料塔，安装位置一般要高于填料层顶部 150～200mm；对规整填料塔，可用支承梁将分布器直接放置于填料层上。

11.2.1.3　莲蓬头式液体分布器

莲蓬头式液体分布器的结构如图 11-4 所示，莲蓬头直径 d 一般为塔径 D 的 1/5～1/3，球面半径为(0.5～1.0)D，喷洒角 $\alpha \leqslant 80°$，喷洒外圈距塔壁 70～100mm，莲蓬距填料层高度(0.5～1.0)D。

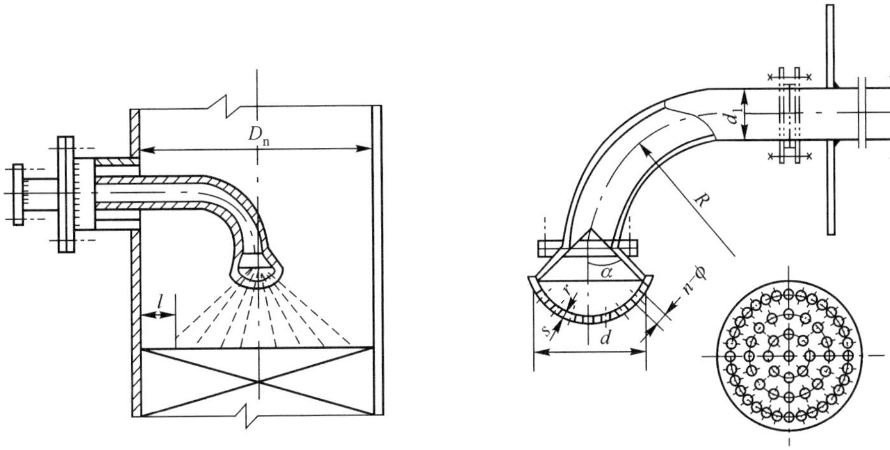

图 11-4　莲蓬头式液体分布器结构

11.2.1.4　多孔盘式液体分布器

多孔盘式液体分布器的结构如图 11-5 所示，它是由开有布液孔的底盘和升气管组成，液体经小孔流下，气体经升气管上升。

分布盘直径 $D_r = (0.85 \sim 0.88)D$。

分布盘围环高度 h：塔径 $D \leqslant 800$mm 时，$h = 175$mm；塔径 $D > 800$mm 时，$h = 200$mm。

分布盘厚度 δ：塔径 $D = 400 \sim 600$mm，$\delta = 3 \sim 4$mm；塔径 $D = 700 \sim 1200$mm，$\delta = 4 \sim 6$mm。

分布器定位块外缘与塔壁的间隙为 8～12mm。

塔径大于 600mm 的塔，分布盘常设计成分块式结构，一般分成 2～3 块。

液体是通过分布盘上方的中心管加入盘内的，中心管的管口距围环上缘 50～200mm。为使盘上液体稳定，对直径较大的塔须增设进液缓冲管，其结构如图 11-6 所示。

多孔盘式液体分布器的支承结构，有不可调节式（见图 11-7）和可调节式（见图 11-8）两种，可调节式支承结构在安装时可调节盘面水平度，但结构较复杂。

在加工和安装时，应注意保持盘面水平，否则易造成布液不均。安装位置应距填料上表面 150～300mm，以留有足够的气体释放空间。

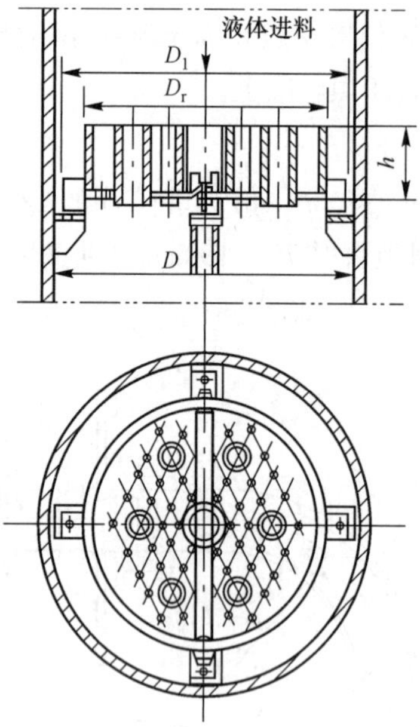

图 11-5　多孔盘式液体分布器结构

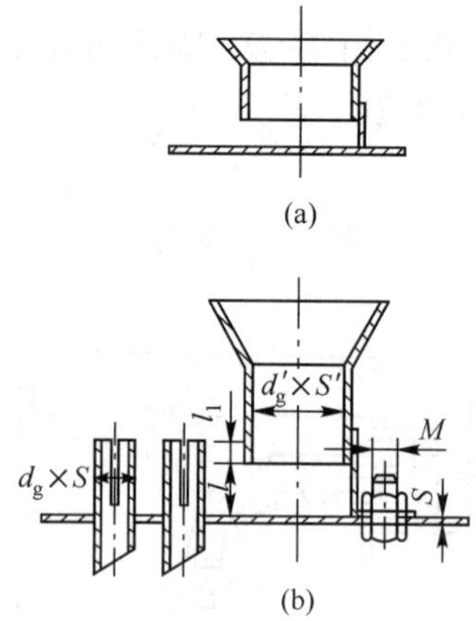

图 11-6　进液缓冲管结构

（a）不可拆结构；（b）可拆结构

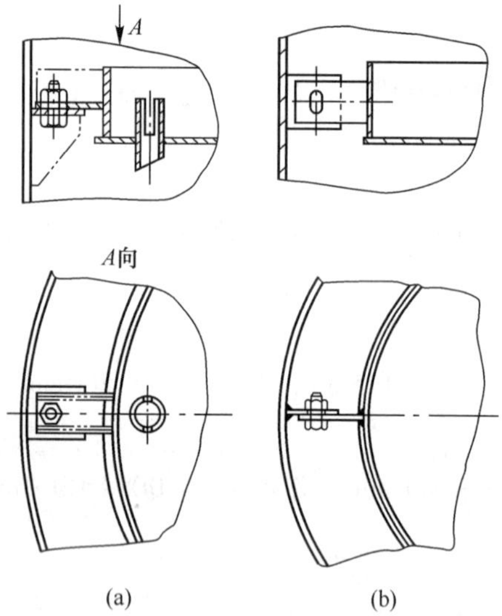

图 11-7　不可调节式支承结构

（a）平放；（b）横装

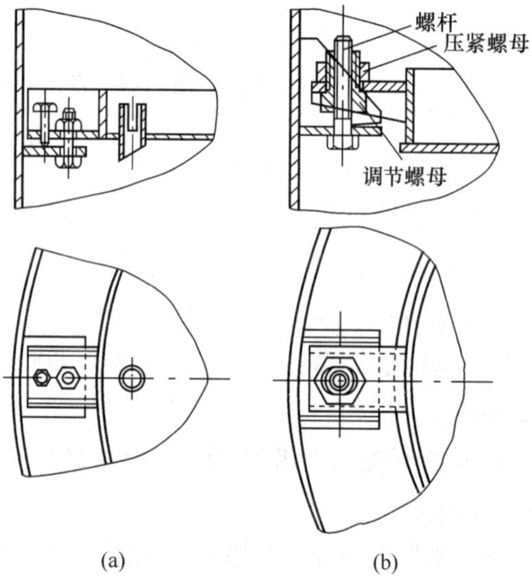

图 11-8　可调节式支承结构

（a）螺钉调节；（b）螺母调节

11.2.1.5　溢流槽式液体分布器

溢流槽式液体分布器的结构如图 11-9 所示，它是由主槽和若干个分槽组成。主槽上开溢流堰口（也有开底孔的），液体由主槽分配到各分槽，再从分槽上的溢流口流到填料表面。

主槽的数量为：直径在2000mm以下的塔，可设置一个主槽；直径在2000mm以上的塔或液量大的塔，可设置两个或多个主槽。主槽的宽度大于120mm，高度不超过350mm。

分槽的宽度一般为100～120mm，高度一般为100～150mm，分槽中心距为300mm左右。

槽式液体分布器的支承结构，根据情况可设计成不可拆式或可拆式。对不可拆式，各分槽与支承圈焊接连接，主槽与分槽焊接。对可拆式，则用螺栓连接，如图11-9所示。

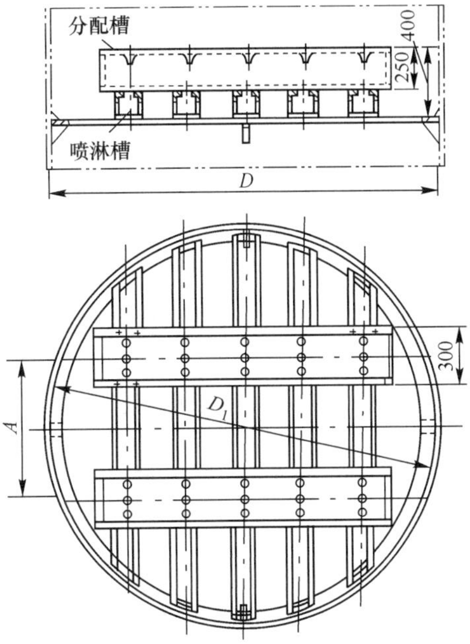

图11-9　溢流槽式液体分布器结构

11.2.2　液体收集与再分布装置

11.2.2.1　截锥式液体收集器

图11-10和图11-11所示分别为截锥式液体收集器和通孔截锥式液体收集器的结构。通孔截锥式液体收集器即在分配锥上开设四个管孔以增大气体自由截面积，使气体流过分配锥时不致因流速变化过大而影响操作。截锥式液体收集器主要结构尺寸为：锥体与塔壁的夹角一般为35°～45°，截锥口直径 $D_1=(0.7\sim0.8)D_i$，锥高 $h=(0.1\sim0.2)D_i$，壁厚 $S=3\sim4$mm。

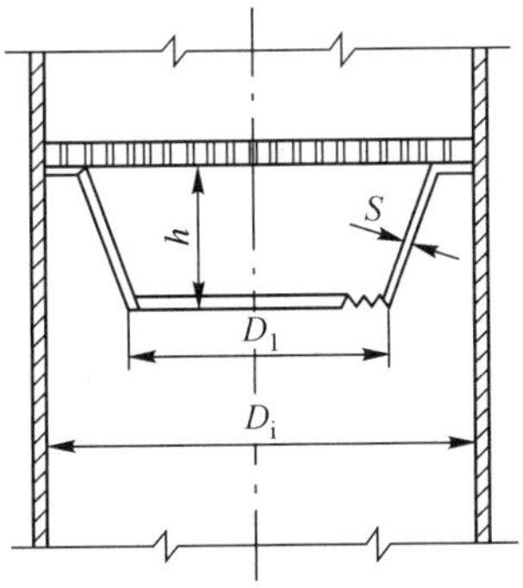

图11-10　截锥式液体收集器

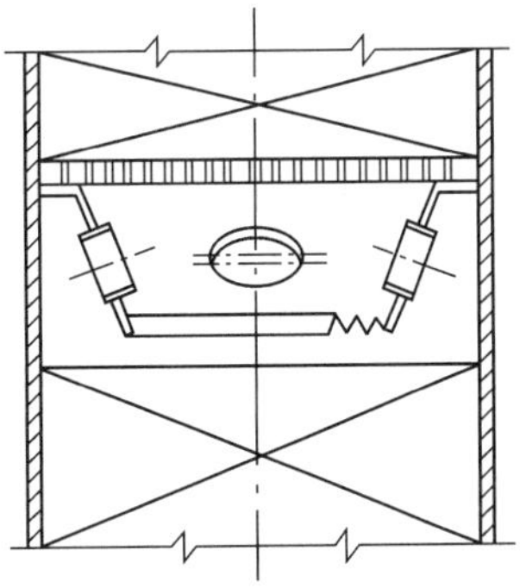

图11-11　通孔截锥式液体收集器

11.2.2.2　槽盘式液体分布器

槽盘式液体分布器已有标准（HG/T 21585.1《可拆型槽盘气液分布器》）可供选用。该标准的分布器分为标准升气管型和高升气管型，标准升气管型和高升气管型又分为带挡液帽的气液分布器和不带挡液帽的气液分布器。对 DN600mm和 DN700mm的分布器，采用整块式底板；对 $DN\geqslant800$mm的分布器，采用分块式底板。分块式底板分为两种结构型式，单升气管型用于800mm≤DN≤1800mm的标准升气管型及高升气管型，其结构型式如图11-12所示，双升气管型用于 $DN\geqslant2000$mm的标准升气管型，其结构型式如图11-13所示。

分块式底板之间采用螺纹紧固件连接，分块式底板与分布器支持圈和分布器支承梁采用螺纹卡板紧固件（卡子）连接。

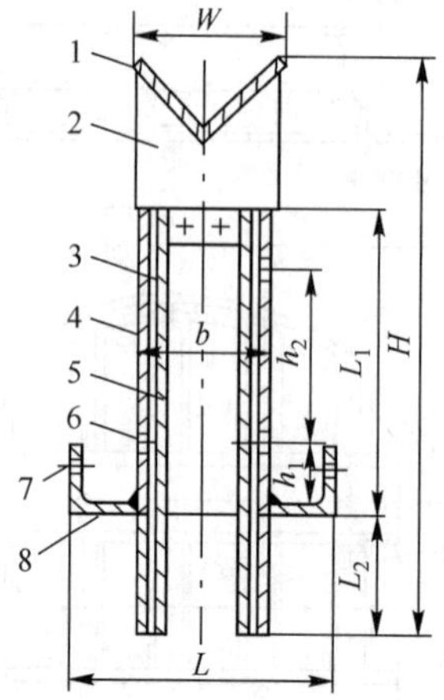

图 11-12 单升气管型底板

1—挡液帽；2—支架；3—上层喷淋孔 d_2；4—升气管；5—导液角钢；6—下层喷淋孔 d_1；7—螺栓连接孔；8—分布板（底板）

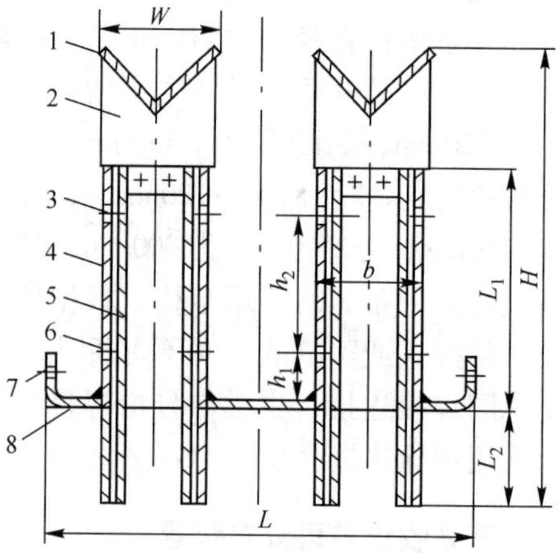

图 11-13 双升气管型底板

1—挡液帽；2—支架；3—上层喷淋孔 d_2；4—升气管；5—导液角钢；6—下层喷淋孔；7—螺栓连接孔；8—分布板

11.2.3 填料支承装置

11.2.3.1 栅板

栅板是最常用的、结构最简单的填料支承板，它是用扁钢条和扁钢圈焊接而成。塔径不超过500mm时，采用整块式栅板；塔径大于600mm时，采用分块式栅板，每块的宽度为300~400mm；塔径不小于900mm时，为增加栅板的刚度，须加设上、下连接板。当用于支承规整填料时，为保持水平，不能设上连接板。图11-14所示为塔径在900~1200mm时的分块式栅板结构。图11-15所示为改进后的分块式栅板结构，他将扁钢圈的高度减小（取栅板条高度的2/3），消除了扁钢圈与支持圈之间积存壁流液体的死角，各分块之间用定距环保证间距，也便于拆装。

一般情况下（介质温度不大于250℃，填料密度不大于670kg/m^3），栅板的材料采用Q-235A或Q-235AF，其结构尺寸和最大支承填料层高度可参照表11-2确定。其他情况下，栅板尺寸应按具体条件进行计算确定。

表 11-2 栅板结构尺寸和最大支承填料层高度

塔径 DN/mm	栅板尺寸		最大支承填料层高度/mm
	外直径 D/mm	栅条高度 h×厚度 S/mm×mm	
600	580	40×6	10DN
700	680	40×6	8DN
800	780	50×6	8DN
900	880	50×6	6DN
1000	980	50×8	6DN

续表 11-2

塔径 DN/mm	栅板尺寸		最大支承填料层高度/mm
	外直径 D/mm	栅条高度 h × 厚度 S/mm × mm	
1200	1168	60 × 10	6DN
1400	1380	60 × 10	3DN
1600	1558	60 × 10	3DN

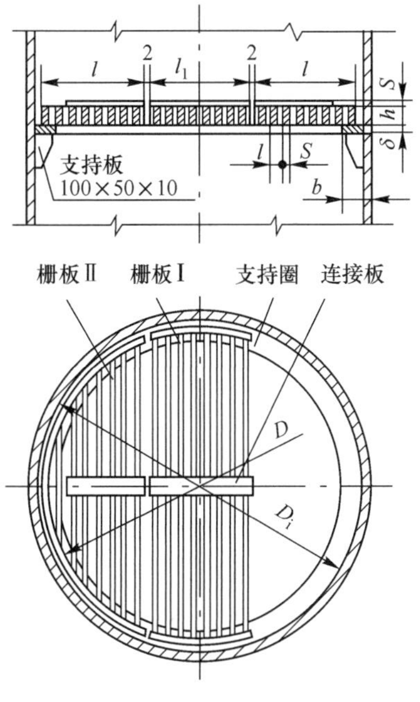

图 11-14　分块式栅板结构

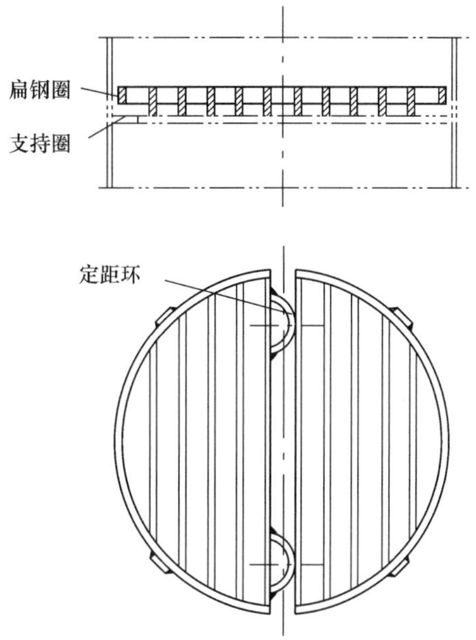

图 11-15　改进后的分块式栅板结构

栅板的安装结构是将它放置在焊接于塔壁的支持圈上，直径大于 1000mm 的塔，支持圈还需用支持板来加强。支持圈、支持板的结构和尺寸分别见图 11-16 和表 11-3。若塔径超过 2000mm，还应加中间支承梁。

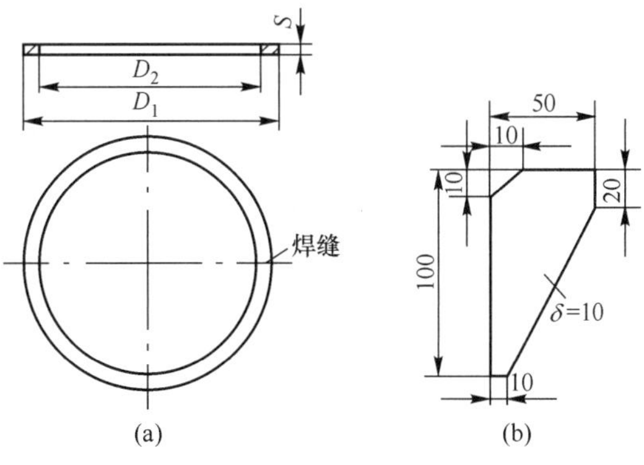

图 11-16　栅板的支承结构

（a）支持圈；（b）支持板

表 11-3 支持圈结构尺寸

塔径/mm	D_1/mm	D_2/mm	厚度/mm		支持板数
			碳素钢	不锈钢	
500	496	416	6	4	—
600	596	496	8	6	—
700	696	596	8	6	—
800	796	696	8	6	—
900	894	794	8	6	—
1000	994	894	10	8	6
1200	1194	1074	10	8	6
1400	1392	1272	10	8	8
1600	1592	1472	10	8	8

11.2.3.2 梁型气体喷射式支承板

梁型气体喷射式支承板的结构如图 11-17 所示，它是由多条波形单体梁组装而成，每条梁之间用螺栓连接。在梁的侧板和底板上开有若干孔，气体从侧板孔喷出，液体从底板孔流下，气液流通的自由截面积大，是目前性能最优的填料支承板。相应标准为《梁型气体喷射式填料支承板》(HG/T 21512)，适用的填料塔直径范围为 $DN300 \sim DN4000$。支承板的波形尺寸见表 11-4。

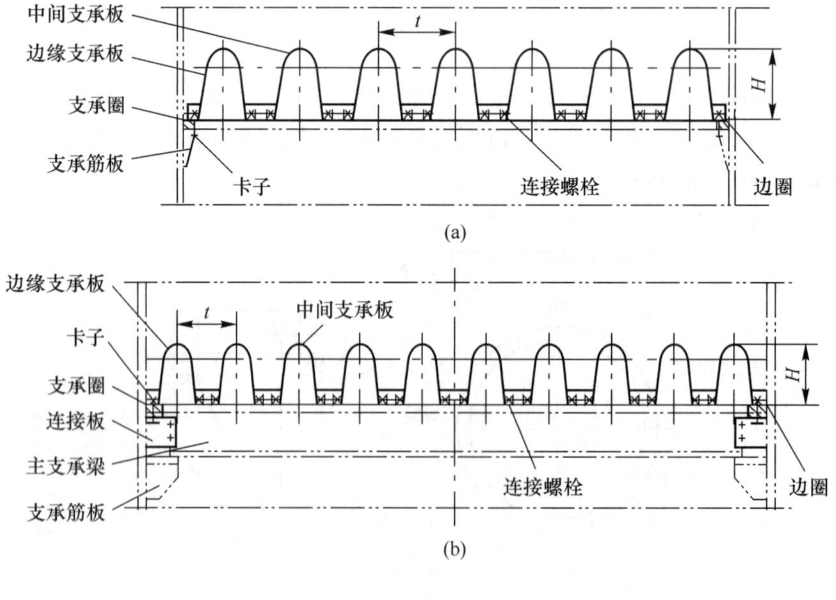

图 11-17 梁型气体喷射式支承板结构

(a) DN 1300 ~ DN 2500；(b) DN 2600 ~ DN 4000

表 11-4　支承板波形尺寸

塔径/mm	波　形	$b \times H$/mm × mm	t/mm
300	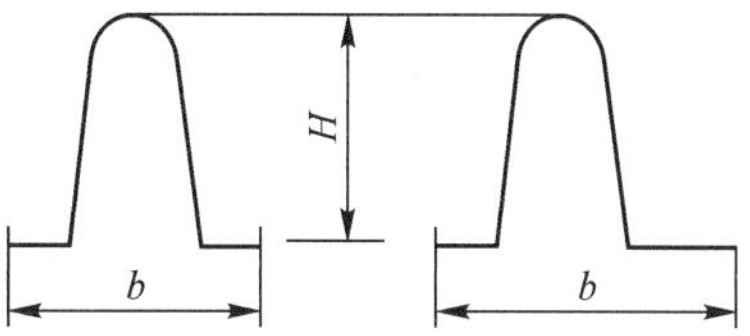	145 × 180	145
400 ~ 800		192 × 250	192
900 ~ 4000		300 × 300	300

注：尺寸 b 是塔中间支承板（见表中左图）的宽度，塔边缘支承板（见表中右图）的宽度 b 将随塔径不同而异，左右不对称。H 为波高，t 为波距。

11.2.4　填料压紧与限位装置

11.2.4.1　填料压板

A　栅条压板

栅条压板与填料支承栅板结构相同，结构和尺寸可参照支承栅板，但重量须满足压板的要求，否则，可采用增加栅条高度、厚度或附加荷重等方法，以达到重量要求。

B　丝网压板

图 11-18 所示的丝网压板适用于直径小于 1200mm 的塔。它是用金属丝编织成的金属网与扁钢圈焊接而成。钢圈外缘的限制台肩与焊在塔壁上的限制板配合,以控制压板的上限位置。

当塔径大于 1200mm 时，上述结构的丝网压板难以达到所要求的压强，需附加压铁。压板可制成分块结构，入塔后用螺栓连接。当塔径不超过 1200mm 时，压板外径比塔内径小 10 ~ 20mm；当塔径大于 1200mm 时，压板外径比塔内径小 25 ~ 38mm。

11.2.4.2　床层限位板

床层限位板的结构与填料压板类似，有栅板、丝网等形状。不同的是床层限位板的重量较轻，且必须固定在塔壁上。丝网床层限位板的结构及与塔壁的固定方式如图 11-19 所示。

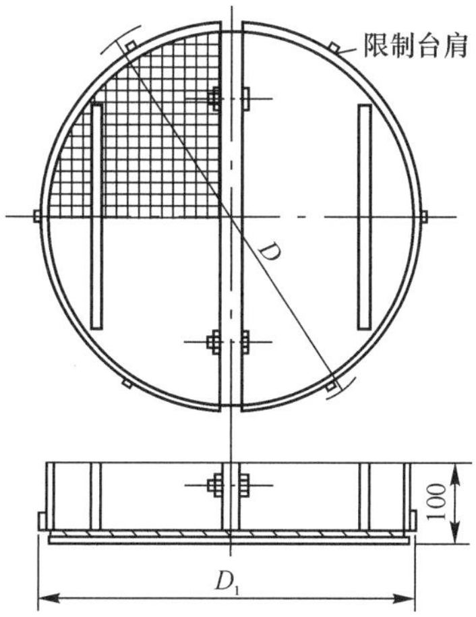

图 11-18　丝网压板结构

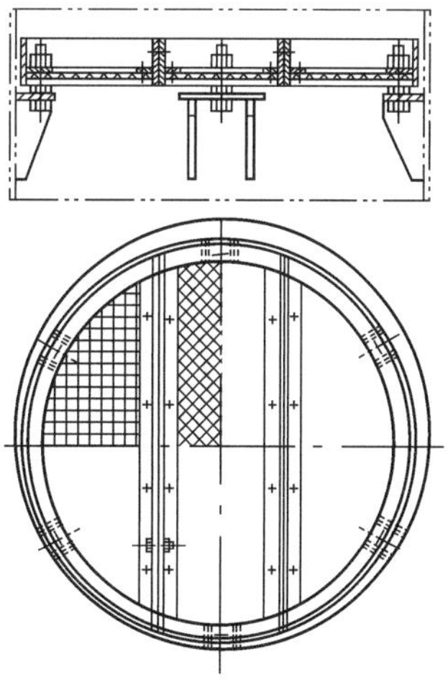

图 11-19　丝网床层限位板结构

当塔径不超过1200mm时，限位板外径比塔内径小10～15mm；当塔径大于1200mm时，限位板外径比塔内径小25～38mm。

11.3 塔附件结构

塔附件结构同本书8.3节。

12 利用 Aspen Plus 进行填料塔设计

在 Aspen Plus 9.0 及以上版本中，RadFrac 模块中的 Column Internals（塔内件）子项可在塔设备严格计算的基础上进行流体力学校核与负荷性能图绘制。对填料塔，Column Internals 可对分段数、分段高度、填料类型及塔径等结构参数进行设计，并计算出填料层的压降、负荷率、持液量、气相动能因子及气相负荷因子等性能参数。这里将结合具体示例介绍利用 Column Internals 进行填料塔的工艺设计与校核。

例 12-1 用 30℃、200kPa 的水吸收尾气中的丙酮。已知尾气进料温度 50℃，压力 120kPa，流量 2000kg/h，含丙酮 0.169（摩尔分数，下同），苯酚 0.255，氮气 0.432，氧气 0.144，吸收塔塔顶压力 101.3kPa，压降 10kPa。规定净化后尾气中丙酮浓度为 5.0PPM。物性方法采用 NRTL。试设计一座合适的填料塔，要求整个填料层的负荷率均介于 0.4~0.8 之间，压降不超过 10kPa。

解： Ⅰ. 吸收塔严格计算

A　初值模拟

在 Aspen Plus V10.0 中新建流程模拟文件，将文件保存为 Example 12-1.bkp，按例 2-2 中步骤在 Properties 环境下添加组分，选择物性方法为 NRTL。

当系统中含有不凝性、超临界气体如 H_2、CO_2、CH_4、N_2、SO_2 等时，需将其选作亨利组分。点击进入 Components | Henry Comps 页面，弹出 Create new ID 对话框，点击 OK（见图 12-1），进入 Components | Henry Comps | HC-1 | Selection 页面，选中 Available components 栏中的 NITRO-01（氮气）和 OXYGE-01（氧气），点击 > 图标将其移动至 Selected components 栏，如图 12-2 所示。

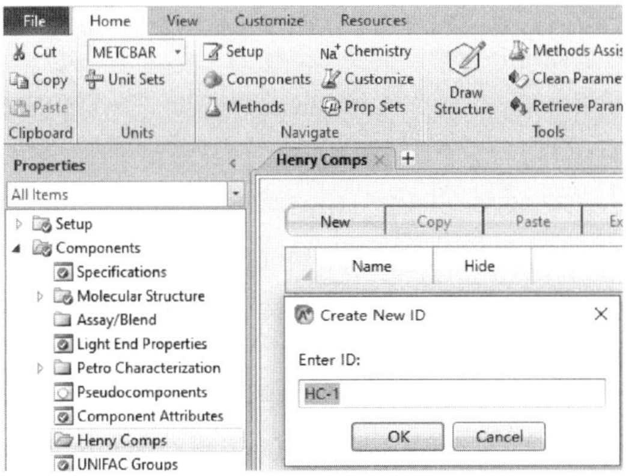

图 12-1　新建亨利组分文件

左下方切换至 Simulation 环境，在主窗口建立如图 12-3 所示的流程图，其中吸收塔采用下端模块库中的 Columns | RadFrac | ABSBR1 模块。

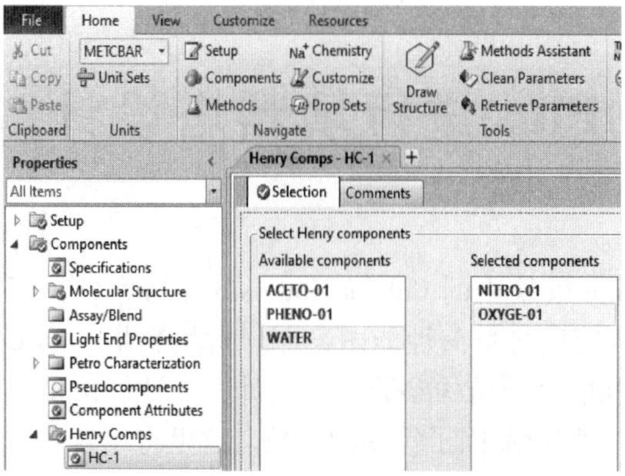

图 12-2 选择亨利组分

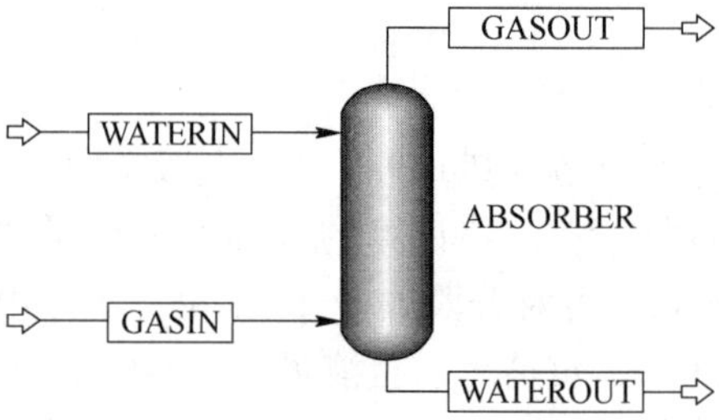

图 12-3 吸收塔严格计算流程

点击 Next，进入 Streams | GASIN | Input | Mixed 页面，按题中所给条件输入进料气相物流信息，如图 12-4 所示。

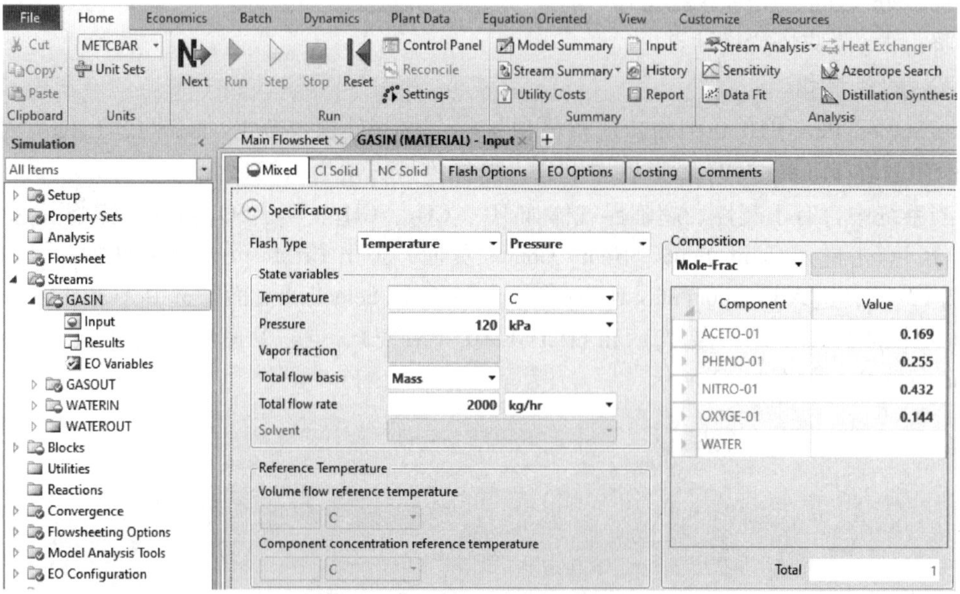

图 12-4 输入进料气相物流信息

点击 Next，进入 Streams | WATERIN | Input | Mixed 页面，按题中所给条件输入进料液相物流信息，设定用水量初值为 100kmol/h，如图 12-5 所示。

点击 Next，进入 Blocks | ABSORBER | Specifications | Setup | Configuration 页面，设定理论板数初值为 10，冷凝器和再沸器为 None，如图 12-6 所示。

点击 Next，进入 Blocks | ABSORBER | Specifications | Setup | Streams 页面，输入进料位置。进料物流 GASIN 的进料位置为 11，物流 WATERIN 的进料位置为 1，注意，塔底进料物流 GASIN 从第 11 块板上方进料，相当于由第 10 块板下方进料，如图 12-7 所示。

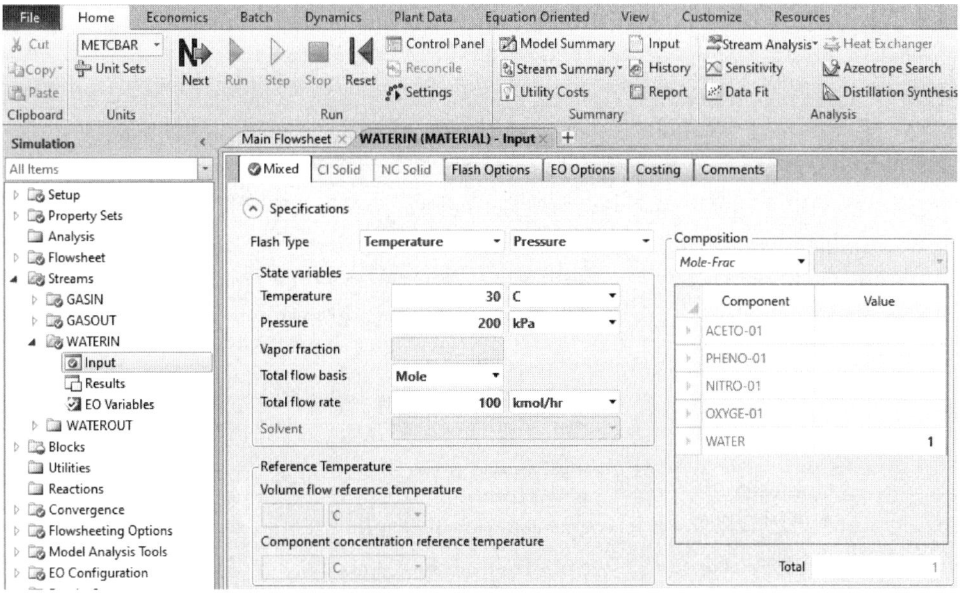

图 12-5 输入进料液相物流信息

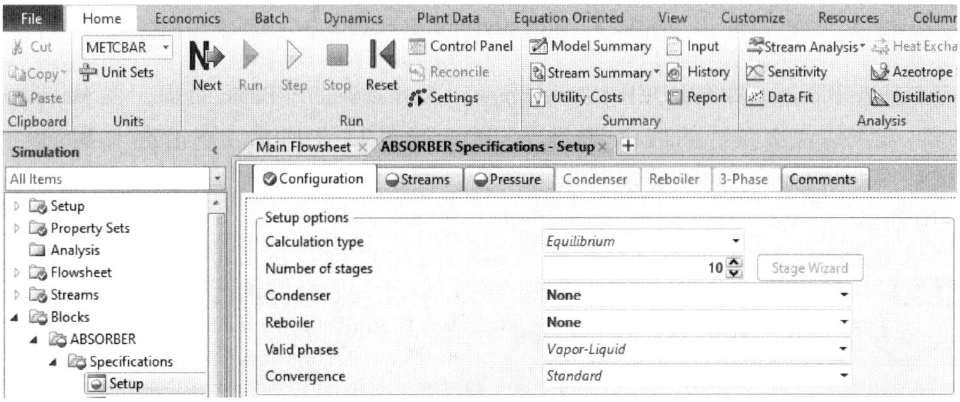

图 12-6 输入 ABSORBER 模块参数

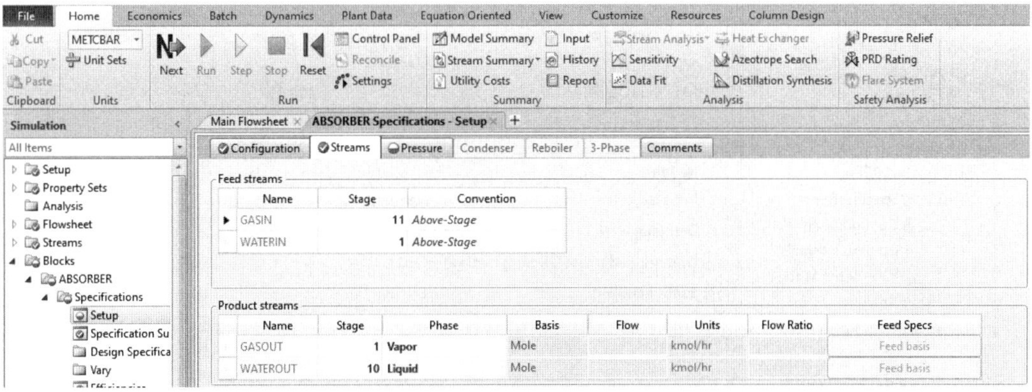

图 12-7 输入 ABSORBER 模块的进料位置

点击 Next，进入 Blocks | ABSORBER | Specifications | Setup | Pressure 页面，输入相关压力，如图 12-8 所示。

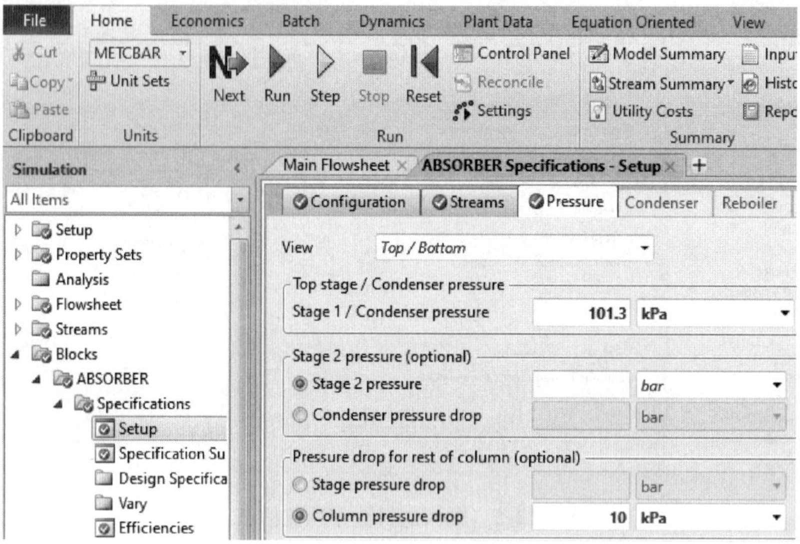

图 12-8 输入 ABSORBER 模块压力

点击进入 Blocks | ABSORBER | Convergence | Convergence | Basic 页面，将 Maximum iterations（最大迭代次数）的值由 30 改为 200，如图 12-9 所示。点击进入 Blocks | ABSORBER | Convergence | Convergence | Advanced 页面，将 Absorber 的值由 No 改为 Yes，如图 12-10 所示。

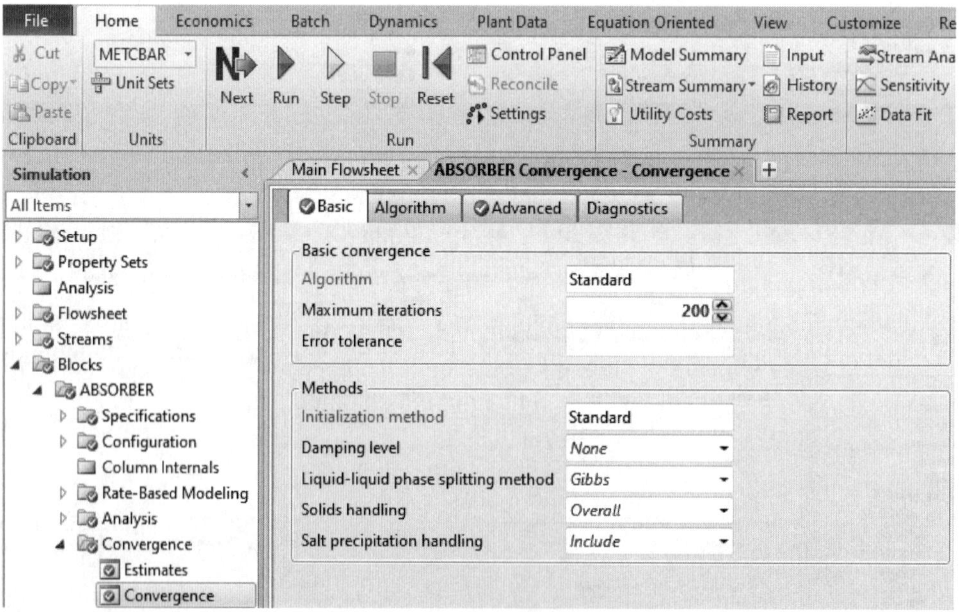

图 12-9 修改收敛的最大迭代次数

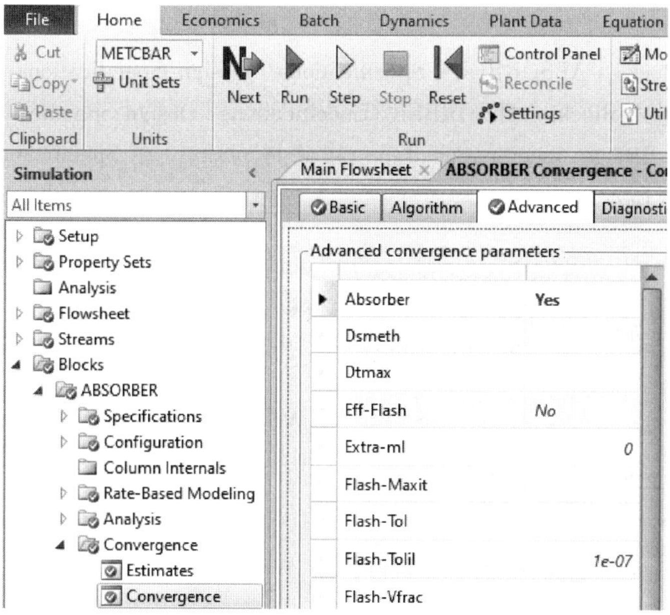

图 12-10 修改 Absorber 的值

点击 Run 运行模拟，流程收敛。点击进入 Blocks | ABSORBER | Stream Results 页面，可查看吸收塔物流结果，如图 12-11 所示。出塔尾气中丙酮摩尔分数为 0.000596，未满足分离要求。

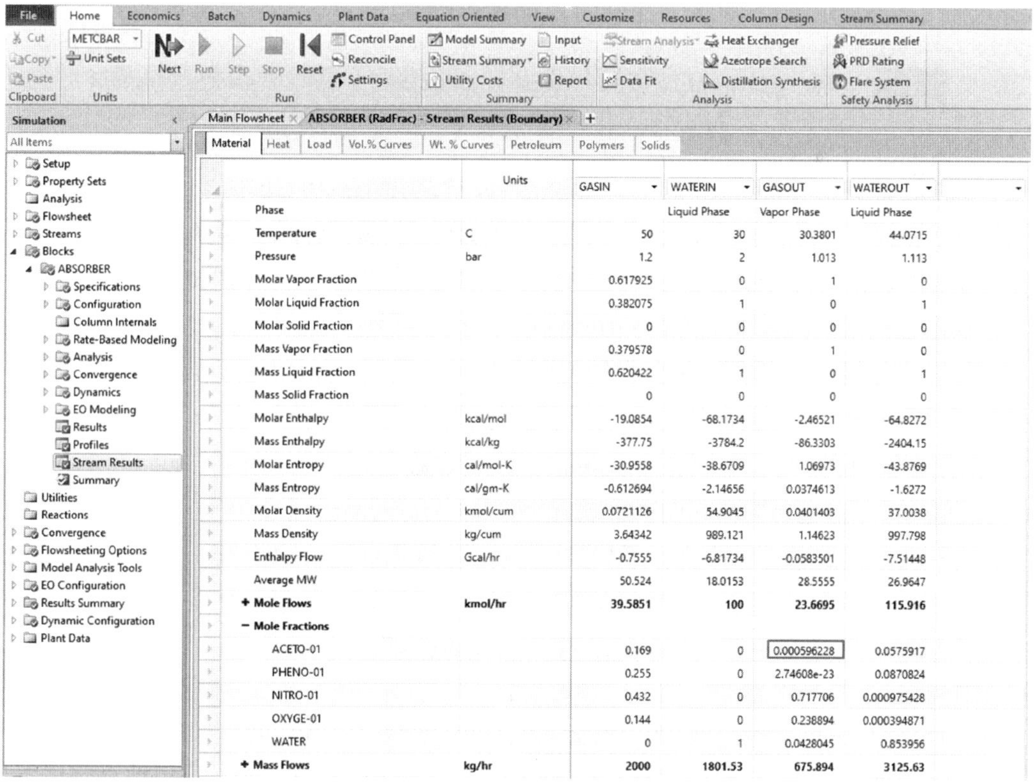

图 12-11 查看物流结果

B　设计规定

点击进入 Blocks | ABSORBER | Specifications | Design Specifications 页面，点击 New（见图 12-12），进入 Blocks | ABSORBER | Specifications | Design Specifications | 1 | Specifications 页面，选择 Design specification Type 为 Mole purity，在 Specification Target 中输入 5e-6，如图 12-13 所示。

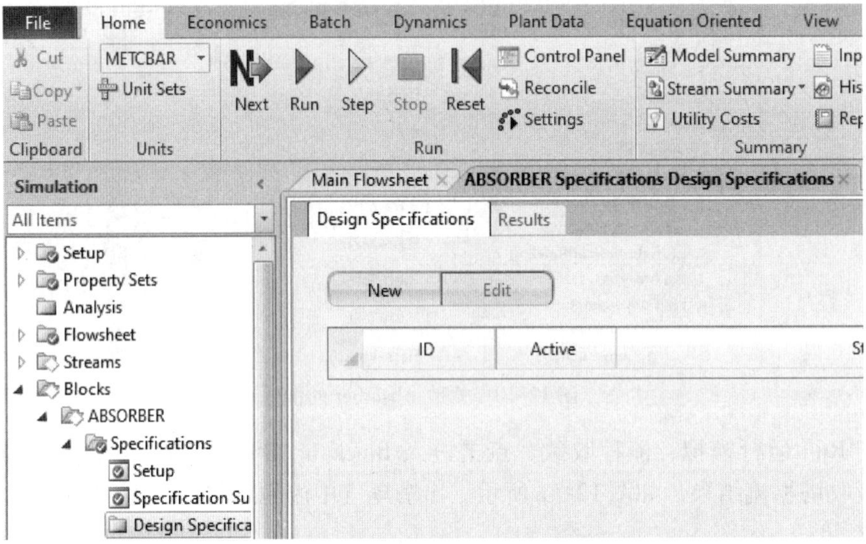

图 12-12　新建设计规定

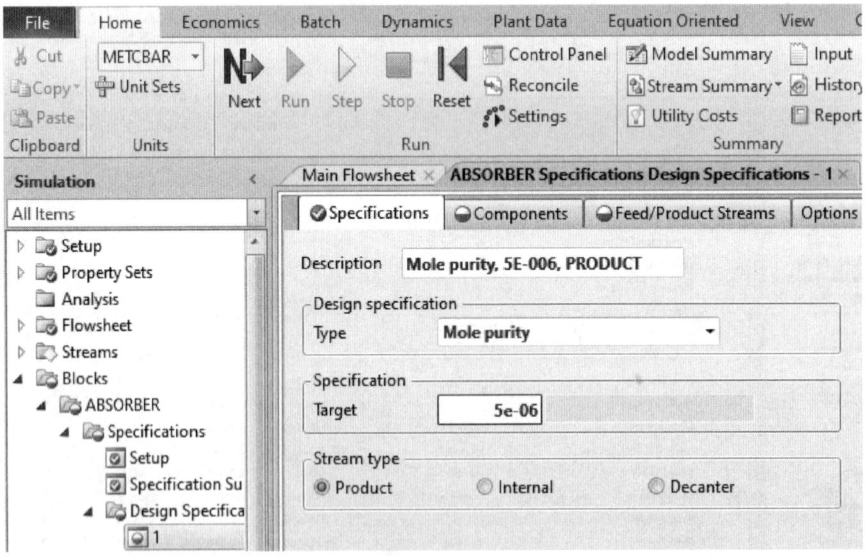

图 12-13　输入分离要求

点击 Next，进入 Blocks | ABSORBER | Specifications | Design Specifications | 1 | Components 页面，选中 Available components 栏中的 ACETO-01（丙酮），点击 > 图标将其移动至 Selected components 栏，如图 12-14 所示。

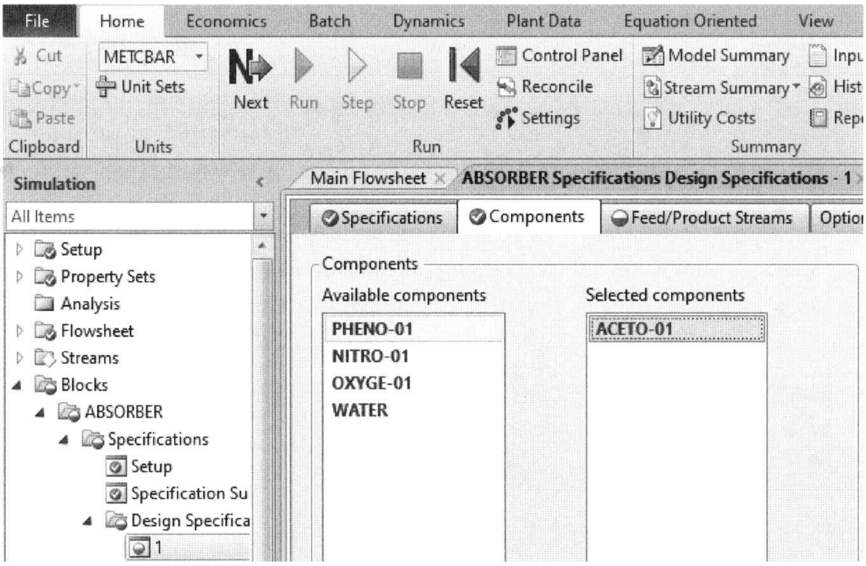

图 12-14　选择组分

点击 Next，进入 Blocks | ABSORBER | Specifications | Design Specifications | 1 | Feed/Product Streams 页面，选中 Product streams 左栏中的 GASOUT（出塔尾气），点击 > 图标将其移动至右栏，如图 12-15 所示。

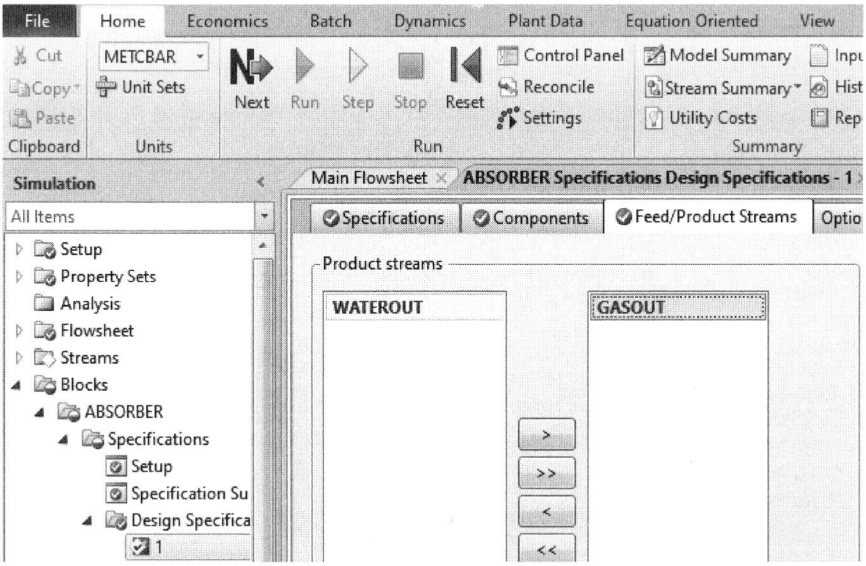

图 12-15　选择物流

点击 Next，进入 Blocks | ABSORBER | Specifications | Vary 页面，点击 New（见图 12-16），进入 Blocks | ABSORBER | Specifications | Vary | 1 | Specifications 页面，选择 Adjusted variable Type 为 Feed rate（进料流量），选择 Stream name 为 WATERIN，输入 Lower bound 为 50kmol/h，输入 Upper bound 为 500kmol/h，如图 12-17 所示。

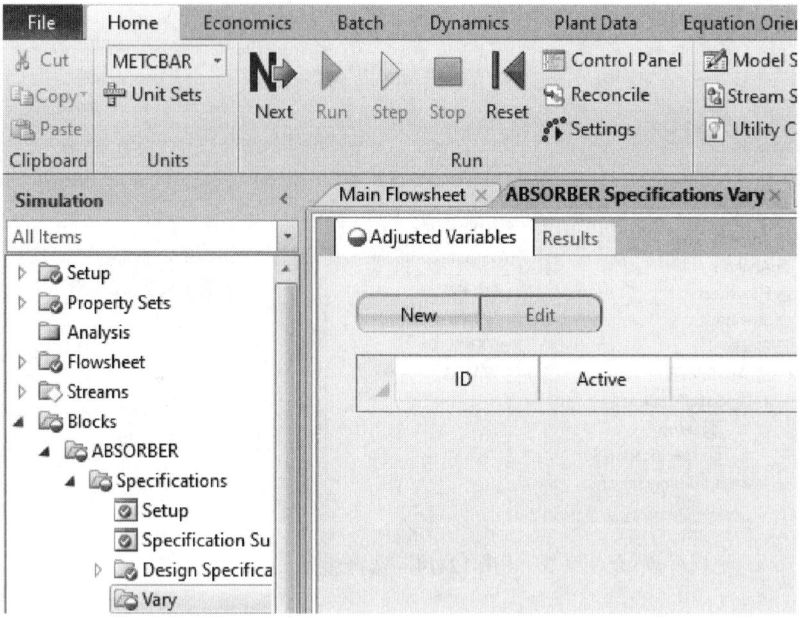

图 12-16 新建调节变量

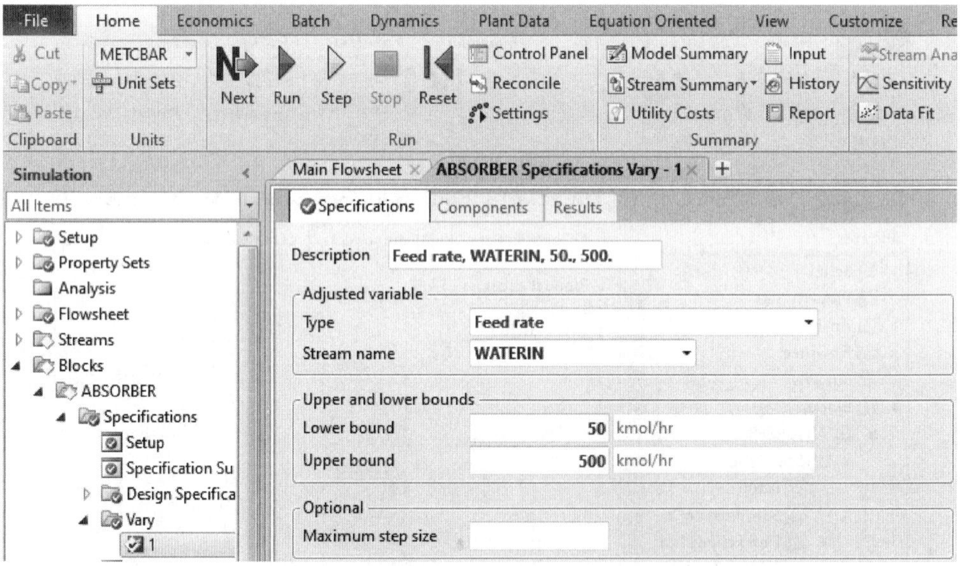

图 12-17 选择调节变量并输入调节范围

至此，塔内设计规定（净化后尾气中丙酮浓度为 5.0×10^{-6}）和调节变量（吸收剂用量）已添加完毕。点击 Run 运行模拟，流程收敛。点击进入 Blocks | ABSORBER | Stream Results 页面，可查看吸收塔物流结果，如图 12-18 所示。出塔尾气中丙酮摩尔分数为 5.00e-6，满足分离要求，此时所需的用水量为 139.17kmol/h。

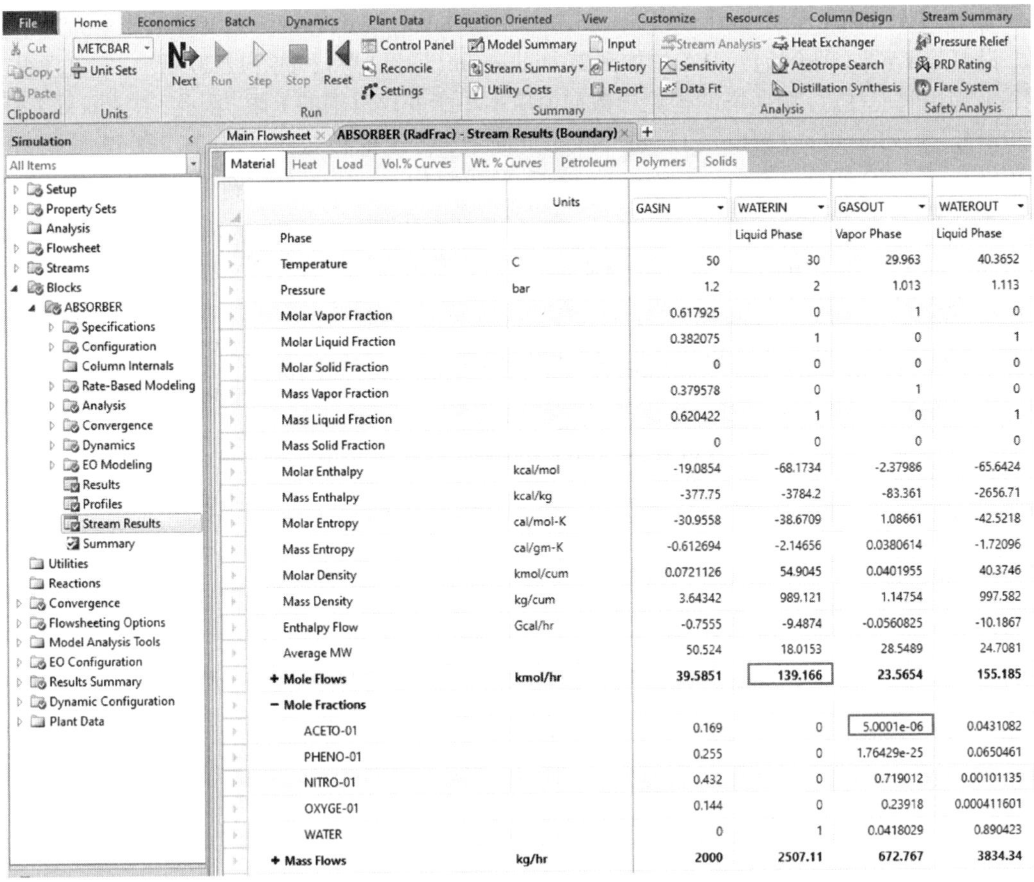

图 12-18　查看物流结果

C　灵敏度分析

合理的理论板数可采用 Sensitivity（灵敏度分析）进行优化。

点击进入 Model Analysis Tools | Sensitivity 页面，点击 New，弹出 Create new ID 对话框，点击 OK 新建一个灵敏度分析文件，如图 12-19 所示。

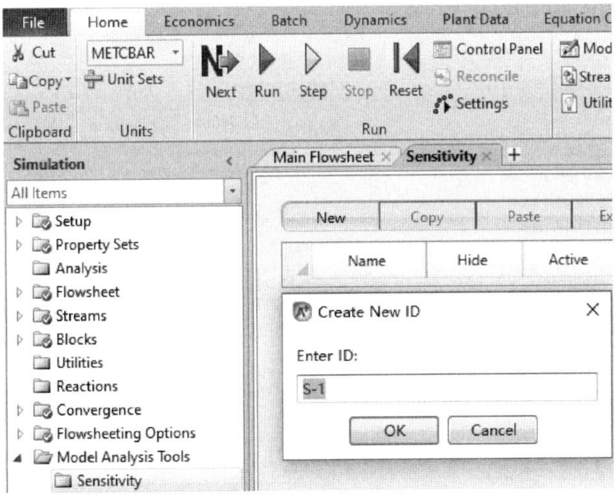

图 12-19　新建灵敏度分析

点击进入 Model Analysis Tools | Sensitivity | S-1 | Input | Vary 页面，定义操纵变量为理论板数，设置 NSTAGE(理论板数)从5增加到21，Increment(增量)为1，如图12-20所示。定义操纵变量变化范围时应注意，吸收塔的理论板数初值应不小于变化范围的上限。因此，在 Blocks | ABSORBER | Specifications | Setup | Configuration 页面下，将理论板数更改为21，在 Blocks | ABSORBER | Specifications | Setup | Streams 页面下，将进料物流 GASIN 的进料位置更改为22。

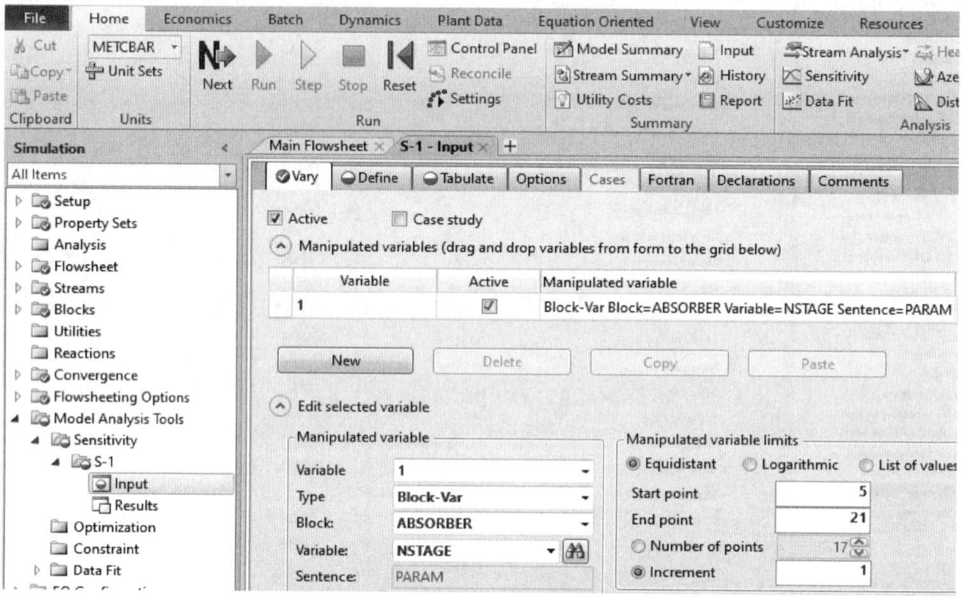

图 12-20 定义理论板数为灵敏度分析的操纵变量

点击 Next，进入 Model Analysis Tools | Sensitivity | S-1 | Input | Define 页面，点击 New，弹出 Create new variable 对话框，输入采集变量名称为 FLOW，点击 OK 新建一个采集变量，如图 12-21 所示。定义采集变量为流股 WATERIN 的 MOLE-FLOW（摩尔流量），Units（单位）为 kmol/h，如图 12-22 所示。

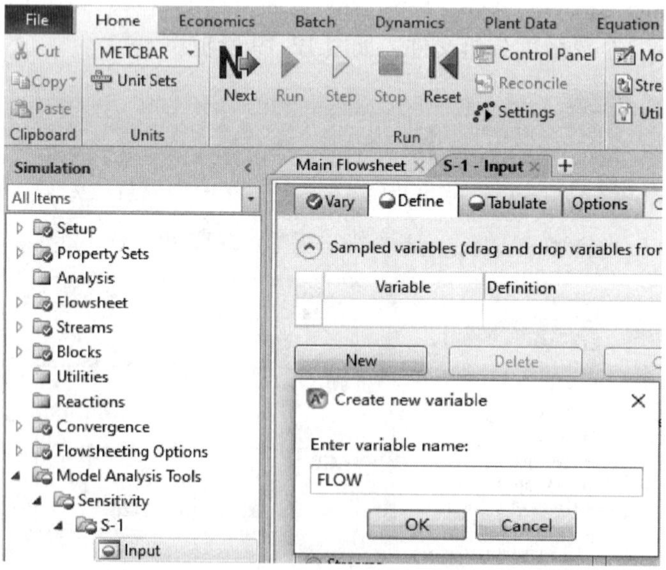

图 12-21 新建采集变量

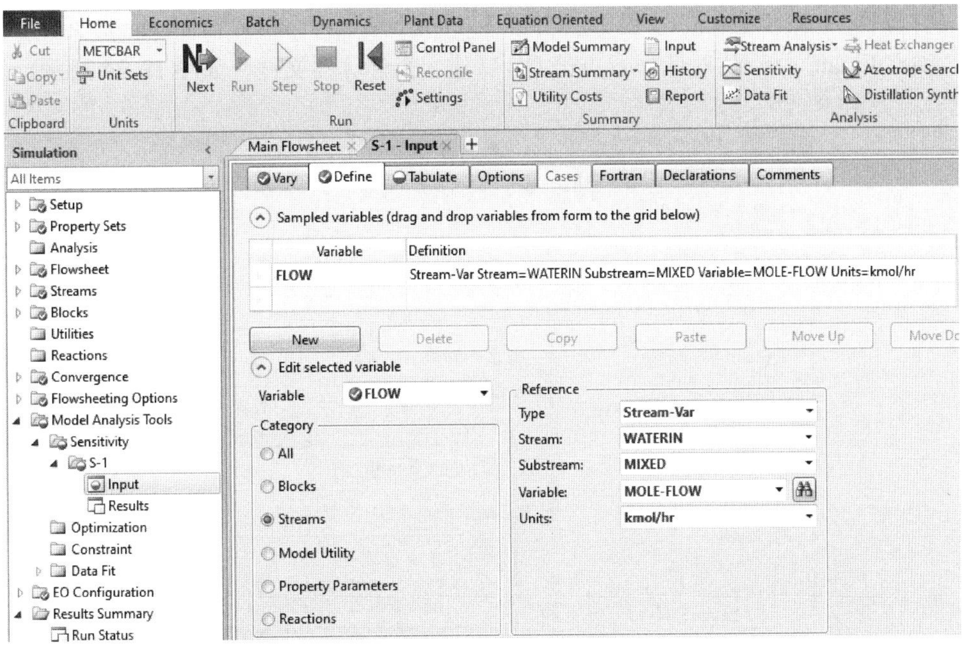

图 12-22 定义采集变量

点击 Next，进入 Model Analysis Tools | Sensitivity | S-1 | Input | Tabulate 页面，在 Column No. 中输入 1，在 Tabulate variable or expression 中输入 FLOW（或直接点击 Fill Variables），如图 12-23 所示。

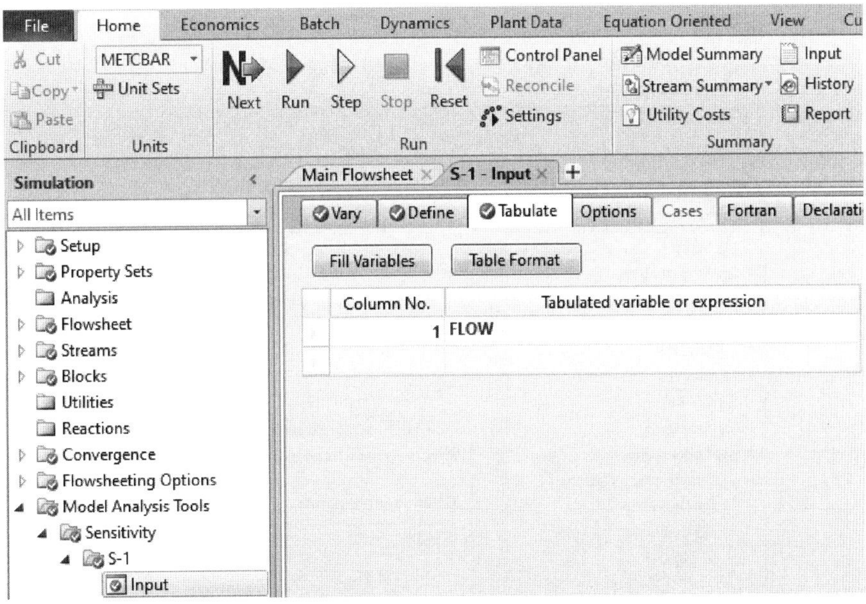

图 12-23 定义变量或表达式的列位置

由于吸收塔在理论板数变化的同时，塔底气体的进料位置也随之而变，可使用 Calculator（计算器）来实现这一过程。点击进入 Flowsheeting Options | Calculator 页面，点击 New，弹出 Create new ID 对话框，点击 OK 新建一个计算器文件，如图 12-24 所示。

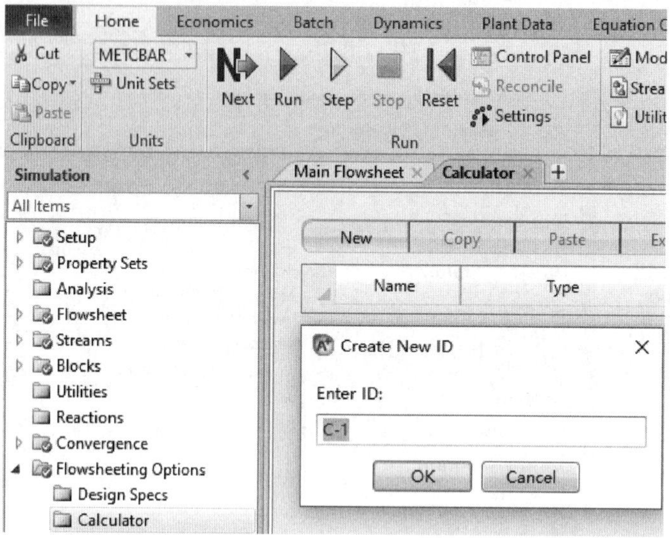

图 12-24　新建计算器

点击进入 Flowsheeting Options | Calculator | C-1 | Input | Define 页面，点击 New，弹出 Create new variable 对话框，输入计算变量名称为 FEED，点击 OK 新建第一个计算变量，如图 12-25 所示。定义第一个计算变量为流股 GASIN 的 FEED-STAGE（进料位置），如图 12-26 所示。

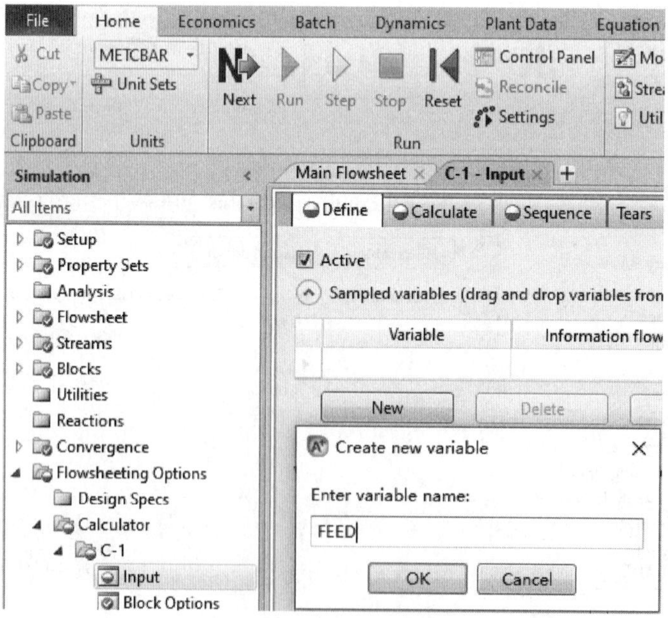

图 12-25　新建第一个计算变量

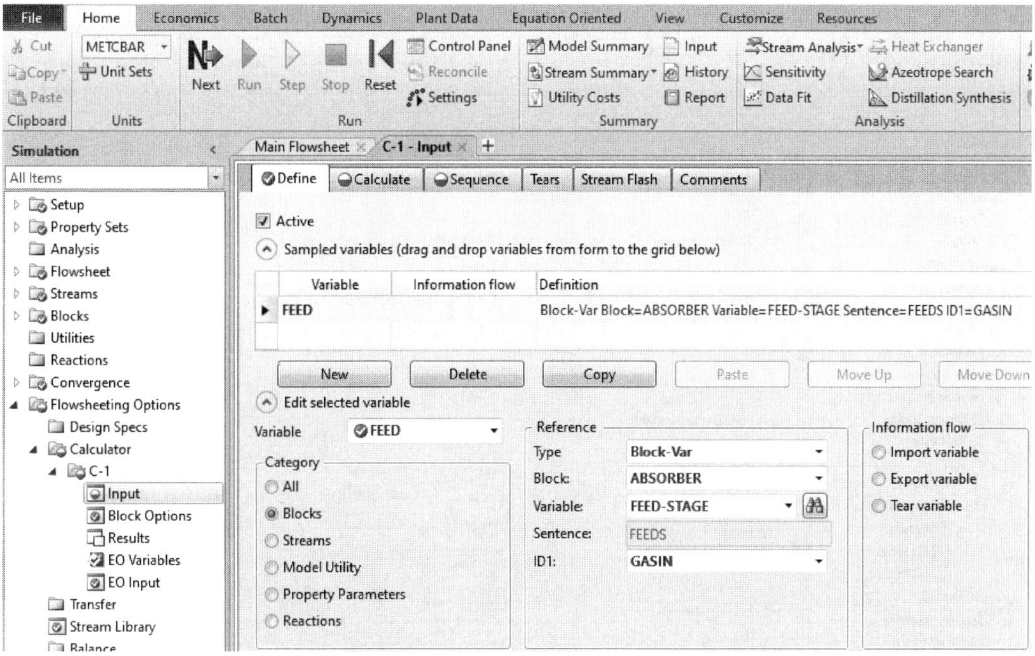

图 12-26 定义第一个计算变量

继续点击 New，弹出 Create new variable 对话框，输入计算变量名称为 NS，点击 OK 新建第二个计算变量，如图 12-27 所示。定义第二个计算变量为 NSTAGE（理论板数），如图 12-28 所示。

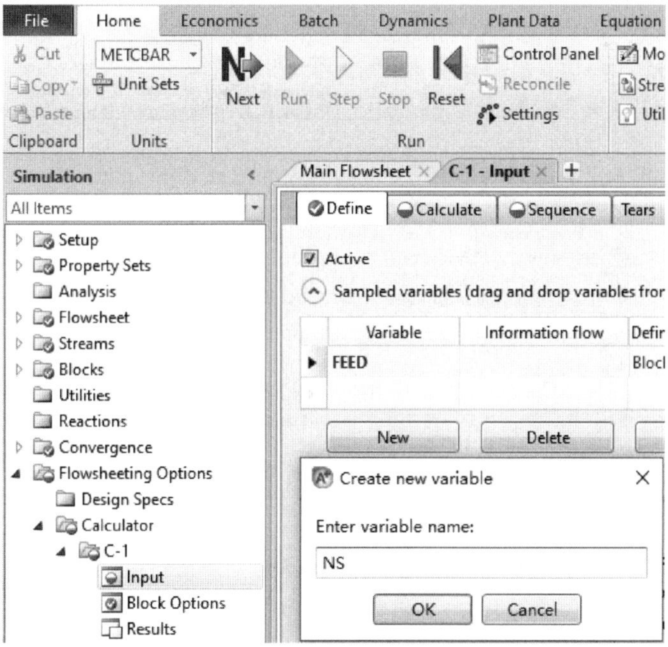

图 12-27 新建第二个计算变量

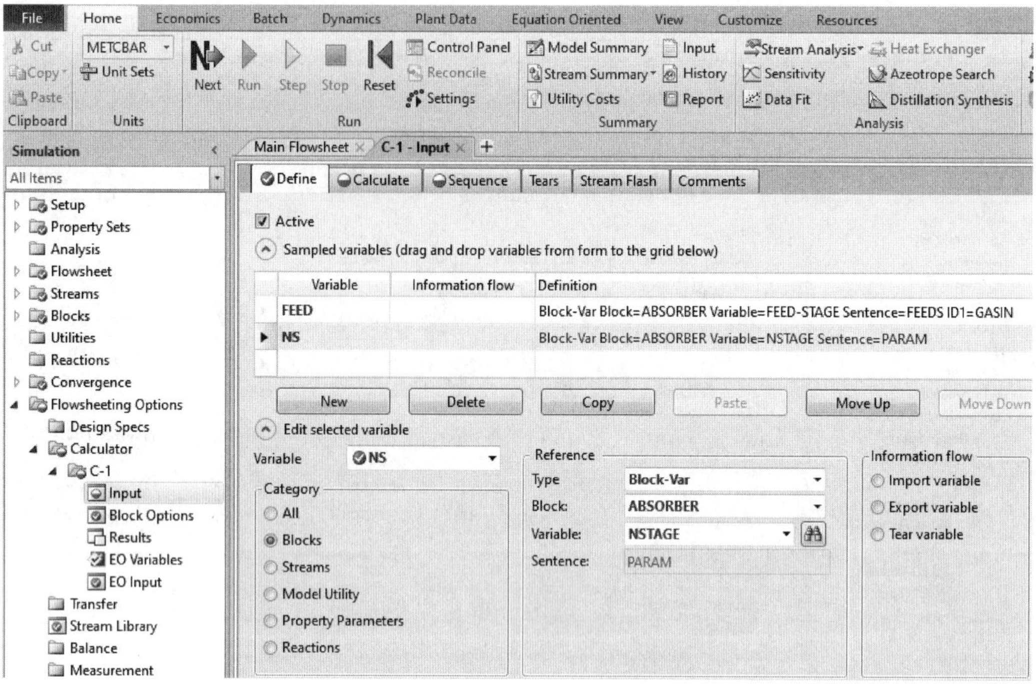

图 12-28 定义第二个计算变量

点击 Next，进入 Flowsheeting Options | Calculator | C-1 | Input | Calculate 页面，选择 Calculation method 为 Fortran，在 Enter executable Fortran statements 对话框中编写塔底气体进料位置的 Fortran 语言计算语句为：FEED = NS + 1，如图 12-29 所示。

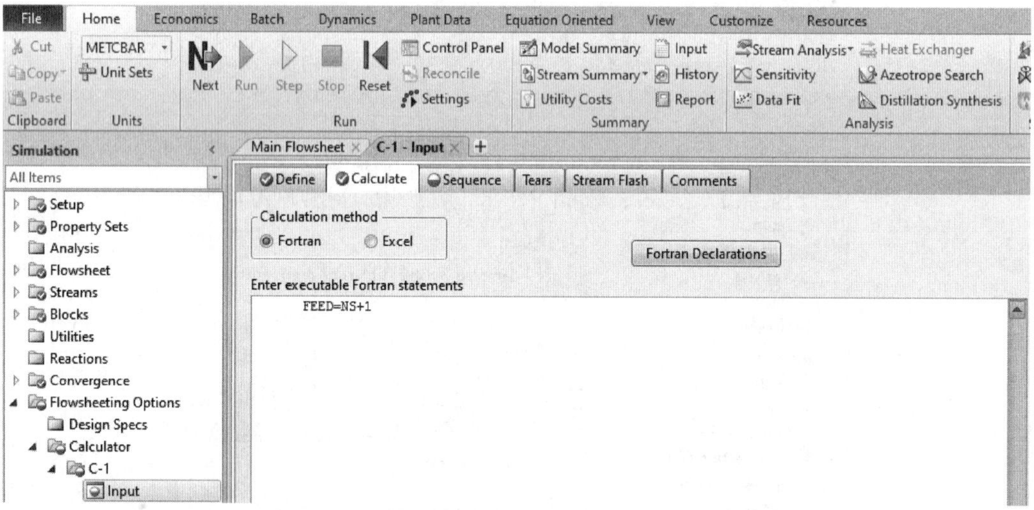

图 12-29 输入 Fortran 语言计算语句

点击 Next，进入 Flowsheeting Options | Calculator | C-1 | Input | Sequence 页面，定义计算器的计算顺序为在吸收塔计算之前进行计算，如图 12-30 所示。

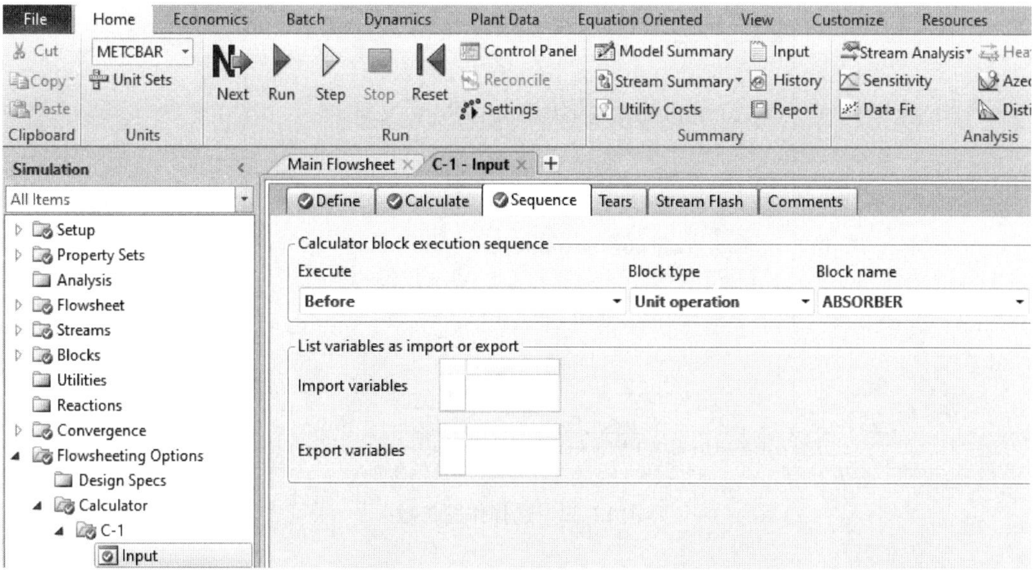

图 12-30 定义计算器的计算顺序

点击 Run 运行模拟，流程收敛。点击进入 Model Analysis Tools | Sensitivity | S-1 | Results | Summary 页面查看结果，如图 12-31 所示。

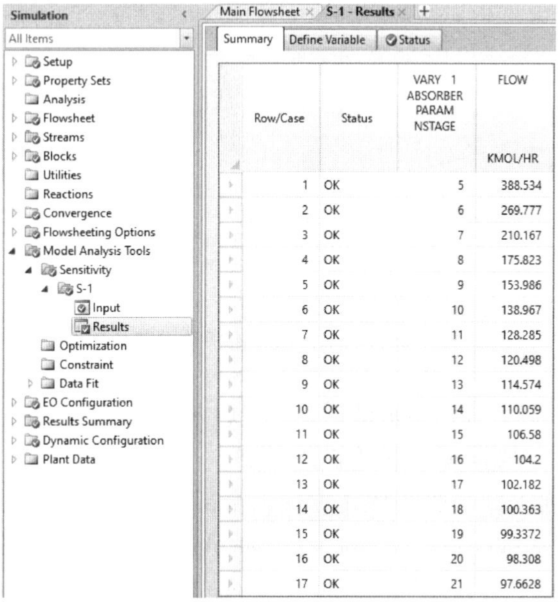

Row/Case	Status	VARY 1 ABSORBER PARAM NSTAGE	FLOW KMOL/HR
1	OK	5	388.534
2	OK	6	269.777
3	OK	7	210.167
4	OK	8	175.823
5	OK	9	153.986
6	OK	10	138.967
7	OK	11	128.285
8	OK	12	120.498
9	OK	13	114.574
10	OK	14	110.059
11	OK	15	106.58
12	OK	16	104.2
13	OK	17	102.182
14	OK	18	100.363
15	OK	19	99.3372
16	OK	20	98.308
17	OK	21	97.6628

图 12-31 查看灵敏度分析结果

点击右上方 Plot 方框中的 Results Curve，按图 12-32 选择理论板数作为 X-Axis，勾选 FLOW 为 Y-Axis，点击 OK 即可得到吸收剂用量随理论板数的变化曲线图，如图 12-33 所示。

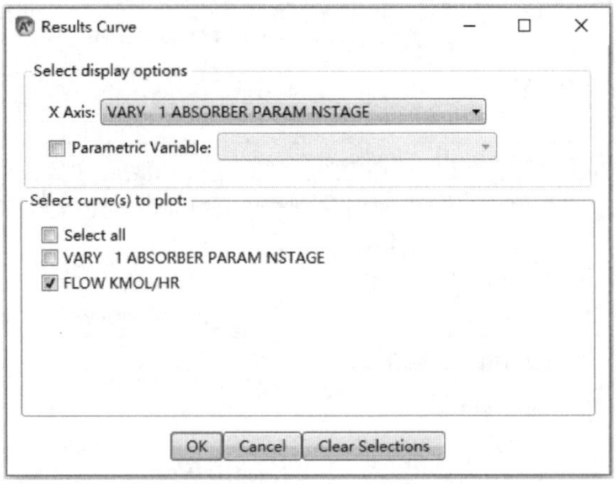

图 12-32 选择作图参数

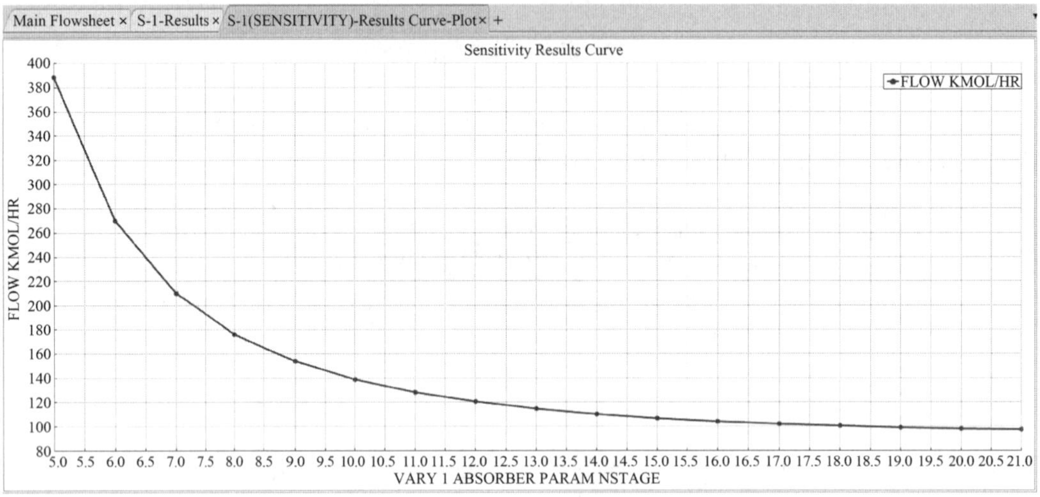

图 12-33 吸收剂用量随理论板数的变化曲线图

由图 12-33 可知，随着理论板数的增加，吸收剂用量减小，但理论板数超过 15 后吸收剂用量减小不明显，故选择最优理论板数为 15。

至此，满足分离要求的吸收塔优化过程已全部完成。分别右击 Model Analysis Tools | Sensitivity | S-1 图标和 Flowsheeting Options | Calculator | C-1 图标，将它们均设置为 Deactivate，点击进入 Blocks | ABSORBER | Specifications | Setup | Configuration 页面，将理论板数更改为 15，点击进入 Blocks | ABSORBER | Specifications | Setup | Streams 页面，将进料物流 GASIN 的进料位置更改为 16。

点击 Run 运行模拟，流程收敛。点击进入 Blocks | ABSORBER | Stream Results 页面查看吸收塔物流结果，如图 12-34 所示。出塔尾气中丙酮摩尔分数为 5.00e-6，满足分离要求，此时所需的用水量为 106.52kmol/h。

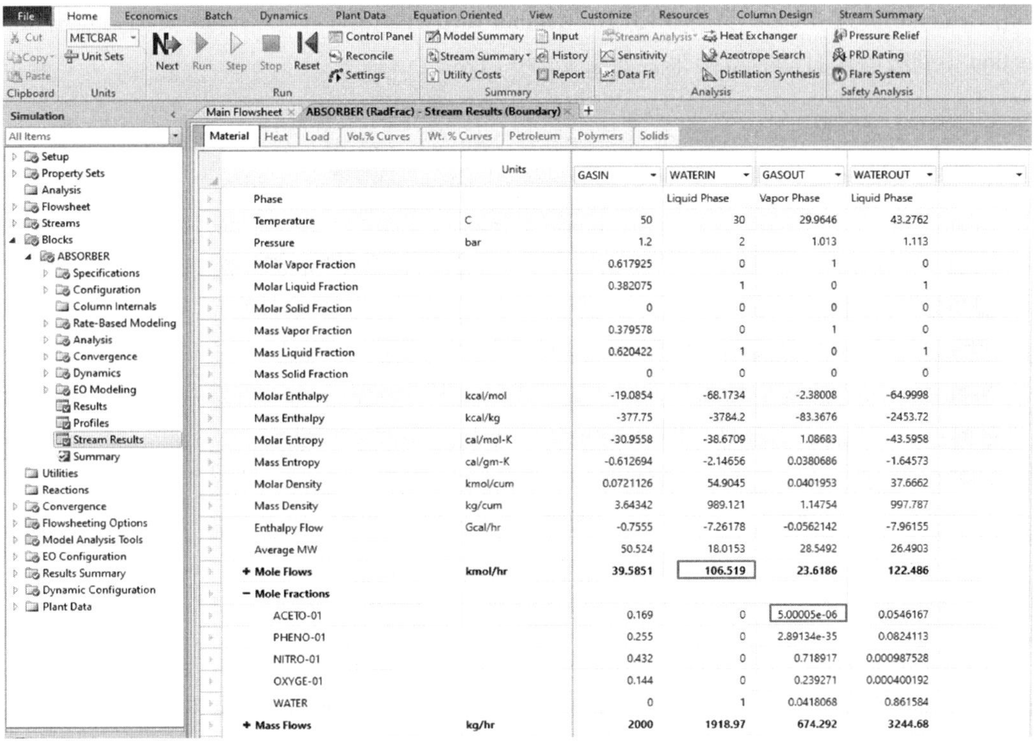

	Units	GASIN	WATERIN	GASOUT	WATEROUT
Phase			Liquid Phase	Vapor Phase	Liquid Phase
Temperature	C	50	30	29.9646	43.2762
Pressure	bar	1.2	2	1.013	1.113
Molar Vapor Fraction		0.617925	0	1	0
Molar Liquid Fraction		0.382075	1	0	1
Molar Solid Fraction		0	0	0	0
Mass Vapor Fraction		0.379578	0	1	0
Mass Liquid Fraction		0.620422	1	0	1
Mass Solid Fraction		0	0	0	0
Molar Enthalpy	kcal/mol	-19.0854	-68.1734	-2.38008	-64.9998
Mass Enthalpy	kcal/kg	-377.75	-3784.2	-83.3676	-2453.72
Molar Entropy	cal/mol-K	-30.9558	-38.6709	1.08683	-43.5958
Mass Entropy	cal/gm-K	-0.612694	-2.14656	0.0380686	-1.64573
Molar Density	kmol/cum	0.0721126	54.9045	0.0401953	37.6662
Mass Density	kg/cum	3.64342	989.121	1.14754	997.787
Enthalpy Flow	Gcal/hr	-0.7555	-7.26178	-0.0562142	-7.96155
Average MW		50.524	18.0153	28.5492	26.4903
+ Mole Flows	kmol/hr	39.5851	106.519	23.6186	122.486
− Mole Fractions					
ACETO-01		0.169	0	5.00005e-06	0.0546167
PHENO-01		0.255	0	2.89134e-35	0.0824113
NITRO-01		0.432	0	0.718917	0.000987528
OXYGE-01		0.144	0	0.239271	0.000400192
WATER		0	1	0.0418068	0.861584
+ Mass Flows	kg/hr	2000	1918.97	674.292	3244.68

图 12-34　查看物流结果

Ⅱ. 塔内件初步设计

A　输入初始结构参数

点击进入 Blocks | ABSORBER | Specifications | Setup | Configuration 页面，点击下方的 Design and specify column internals，弹出 Missing Hydraulic Data 对话框，如图 12-35 所示，

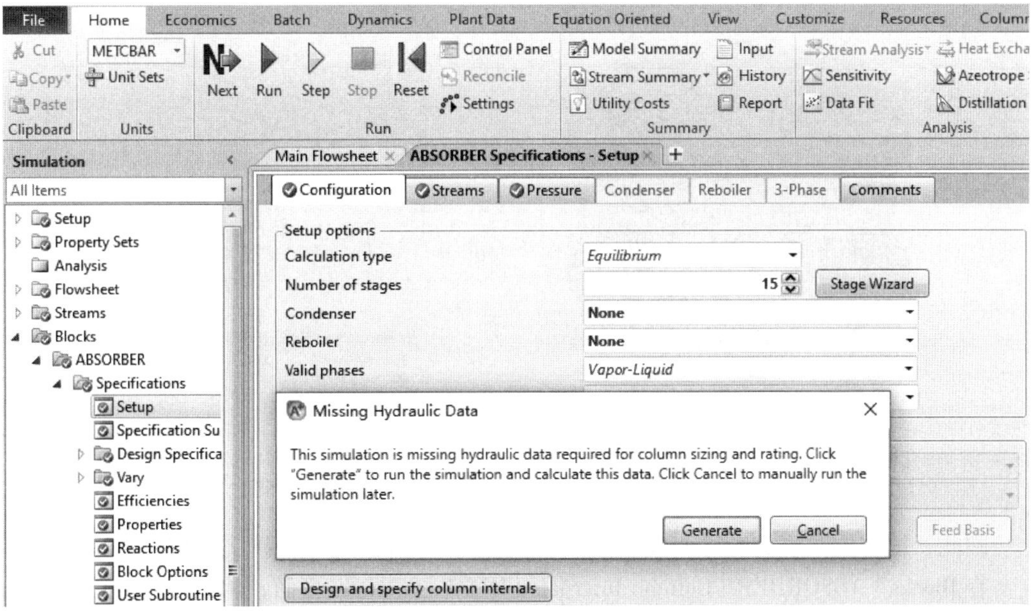

图 12-35　生成吸收塔流体力学数据

点击 Generate 进入 Blocks | ABSORBER | Column Internals | INT-1 | Sections 页面，点击 Auto Section 得到吸收塔自动分段结果，如图 12-36 所示。

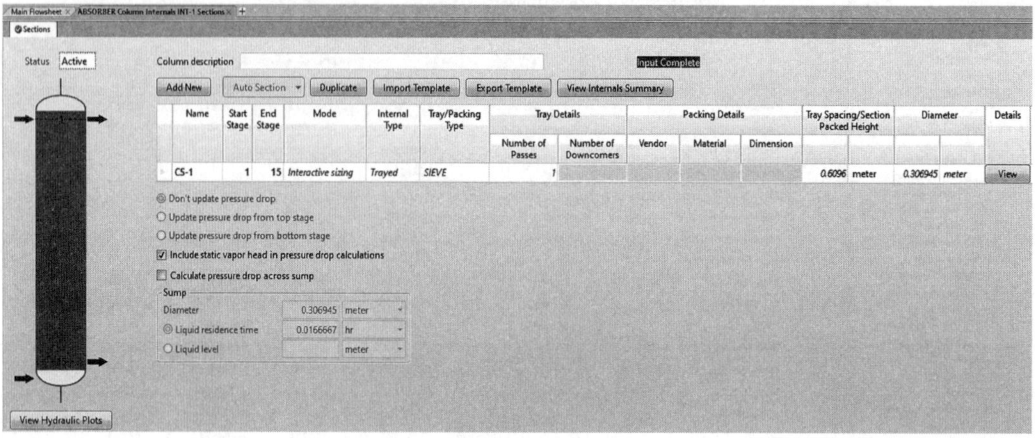

图 12-36 吸收塔自动分段结果

本例中的填料类型选择目前使用较为广泛的 Sulzer 公司新一代孔板波纹规整填料 MellapakPlus（见图 12-37），填料规格选择 452Y。根据生产商 Sulzer 公司提供的规整填料手册《Structured Packings Energy-efficient，innovative and profitable》，该填料的适宜操作范围为气相动能因子 F 介于 $1 \sim 2\mathrm{kg}^{0.5}/(\mathrm{m}^{0.5} \cdot \mathrm{s})$之间，此时的等板高度（HETP）值为 0.25m，如图 12-38 所示。

图 12-37 MellapakPlus 填料

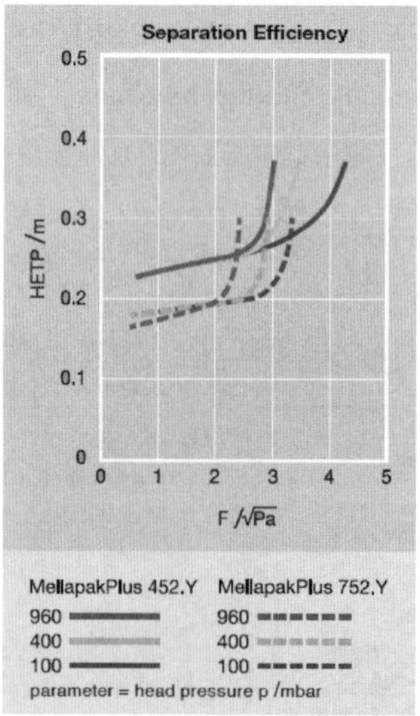

图 12-38 MellapakPlus 452Y 的等板高度

因此，填料层高度为：$Z = \mathrm{HETP} \times N_T = 0.25 \times 15 = 3.75\mathrm{m}$，填料层无需分段。

在 Blocks | ABSORBER | Column Internals | INT-1 | Sections 页面，将其中的 Internal Type（塔内件类型）由 Trayed（板式塔）改为 Packed（填料塔），Packing Type（填料类型）选

择 MELLAPAKPL，Dimension（规格）选择 452Y，Section Packed Height（分段填料层高度）输入 3.75m，如图 12-39 所示。

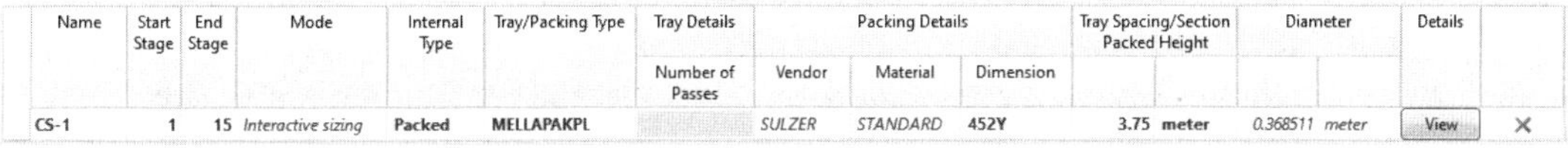

图 12-39　选择填料类型、规格，输入填料层高度

B　输入设计参数

根据设计要求，整个填料层的负荷率应介于 0.4 ~ 0.8 之间。点击进入 Blocks | ABSORBER | Column Internals | INT-1 | Sections | CS-1 | Geometry | Design Parameters 页面，将% Approach to maximum capacity（L/V)(负荷率）的值改为 65%，使填料层的负荷率在合理区间内，其余参数保持默认设置，如图 12-40 所示。

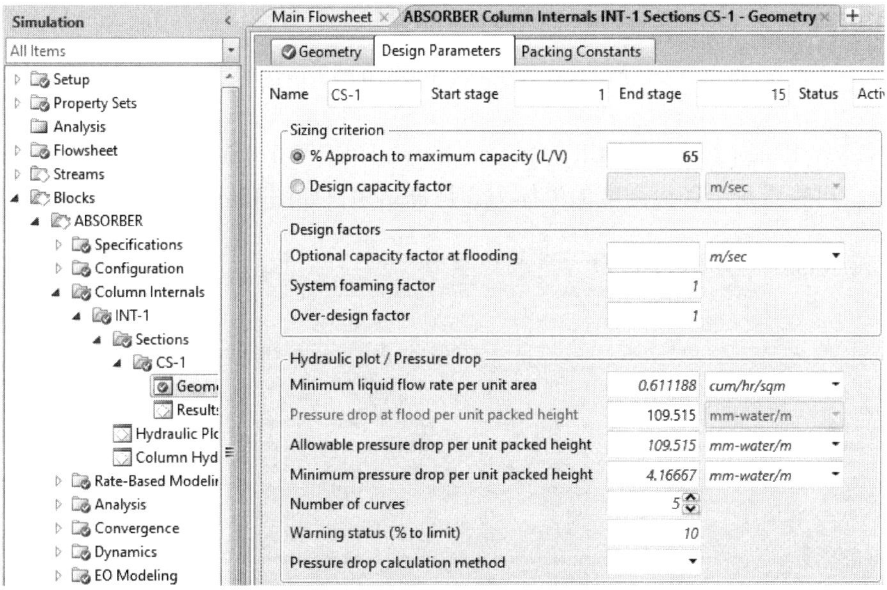

图 12-40　输入设计参数

负荷率是指气相实际负荷占最大负荷（Maximum capacity）的百分比。对 Norton IMTP 和 Intalox 规整填料，最大负荷是指最大有效负荷（Maximum efficient capacity），此时液体的夹带使填料效率开始变差，一般最大有效负荷比泛点低 10% ~20%；对 Sulzer 规整填料（BX、CY、Kerapak、Mellapak），最大负荷是指填料压降达到 12bar/m（即 1200Pa/m）时的操作点，最大负荷比泛点低 5% ~10%；对 Rashing 散装填料和规整填料，最大负荷是指载点（Loading point）；对其他所有填料，最大负荷是指泛点（Flooding point），负荷率即为泛点率。

C　运行模拟并查看结果

点击 Run 运行模拟，流程收敛。点击进入 Blocks | ABSORBER | Column Internals | INT-

1 | Sections | CS-1 | Results | Messages 页面查看设计错误和警告信息，如图 12-41 所示。信息显示无错误和警告。

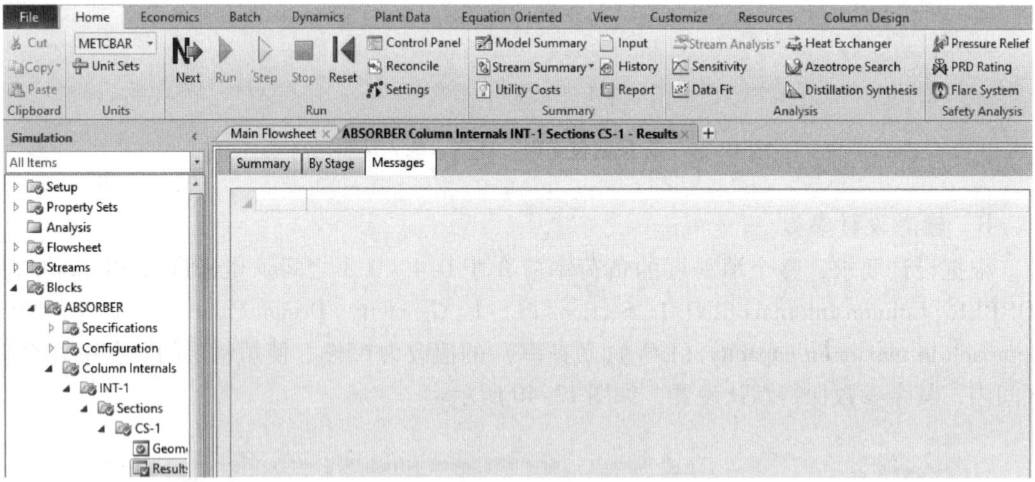

图 12-41　查看设计错误和警告信息

点击进入 Blocks | ABSORBER | Column Internals | INT-1 | Sections | CS-1 | Results | By Tray 页面，可查看每个等板高度的流体力学计算结果，如图 12-42 所示。

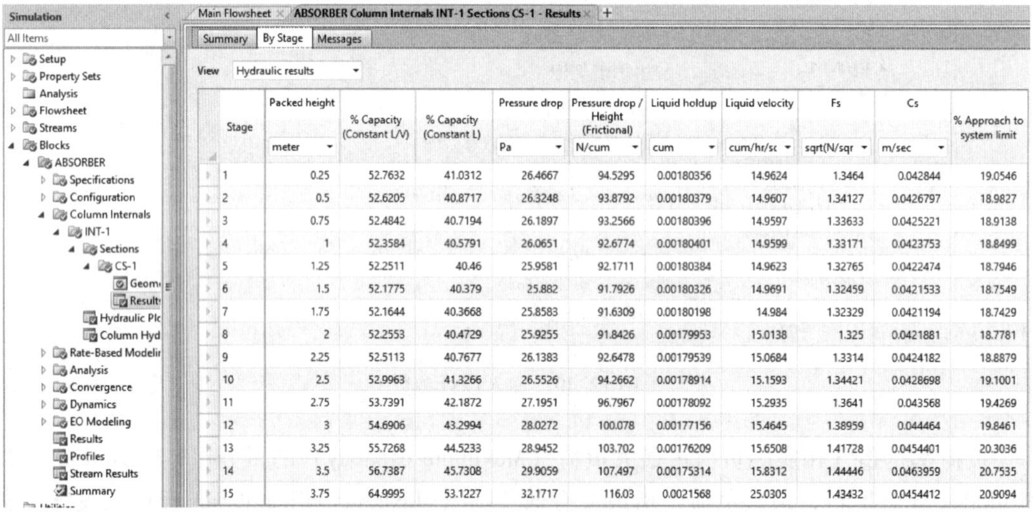

Stage	Packed height (meter)	% Capacity (Constant L/V)	% Capacity (Constant L)	Pressure drop (Pa)	Pressure drop / Height (Frictional) (N/cum)	Liquid holdup (cum)	Liquid velocity (cum/hr/sc)	Fs (sqrt(N/sqr)	Cs (m/sec)	% Approach to system limit
1	0.25	52.7632	41.0312	26.4667	94.5295	0.00180356	14.9624	1.3464	0.042844	19.0546
2	0.5	52.6205	40.8717	26.3248	93.8792	0.00180379	14.9607	1.34127	0.0426797	18.9827
3	0.75	52.4842	40.7194	26.1897	93.2566	0.00180396	14.9597	1.33633	0.0425221	18.9138
4	1	52.3584	40.5791	26.0651	92.6774	0.00180401	14.9599	1.33171	0.0423753	18.8499
5	1.25	52.2511	40.46	25.9581	92.1711	0.00180384	14.9623	1.32765	0.0422474	18.7946
6	1.5	52.1775	40.379	25.882	91.7926	0.00180326	14.9691	1.32459	0.0421533	18.7549
7	1.75	52.1644	40.3668	25.8583	91.6309	0.00180198	14.984	1.32329	0.0421194	18.7429
8	2	52.2553	40.4729	25.9255	91.8426	0.00179953	15.0138	1.325	0.0421881	18.7781
9	2.25	52.5113	40.7677	26.1383	92.6478	0.00179539	15.0684	1.3314	0.0424182	18.8879
10	2.5	52.9963	41.3266	26.5526	94.2662	0.00178914	15.1593	1.34421	0.0428698	19.1001
11	2.75	53.7391	42.1872	27.1951	96.7967	0.00178092	15.2935	1.3641	0.043568	19.4269
12	3	54.6906	43.2994	28.0272	100.078	0.00177156	15.4645	1.38959	0.044464	19.8461
13	3.25	55.7268	44.5233	28.9452	103.702	0.00176209	15.6508	1.41728	0.0454401	20.3036
14	3.5	56.7387	45.7308	29.9059	107.497	0.00175314	15.8312	1.44446	0.0463959	20.7535
15	3.75	64.9995	53.1227	32.1717	116.03	0.0021568	25.0305	1.43432	0.0454412	20.9094

图 12-42　查看每个等板高度的流体力学计算结果

点击进入 Blocks | ABSORBER | Column Internals | INT-1 | Sections | CS-1 | Results | Summary 页面，可查看填料层的流体力学计算结果，如图 12-43 所示。

（1）负荷率。每个等板高度的负荷率（% Capacity（Constant L/V））均介于 0.4 ~ 0.8 之间。

（2）填料层压降。填料层压降（Section pressure drop）为 407.6Pa，小于 10kPa。

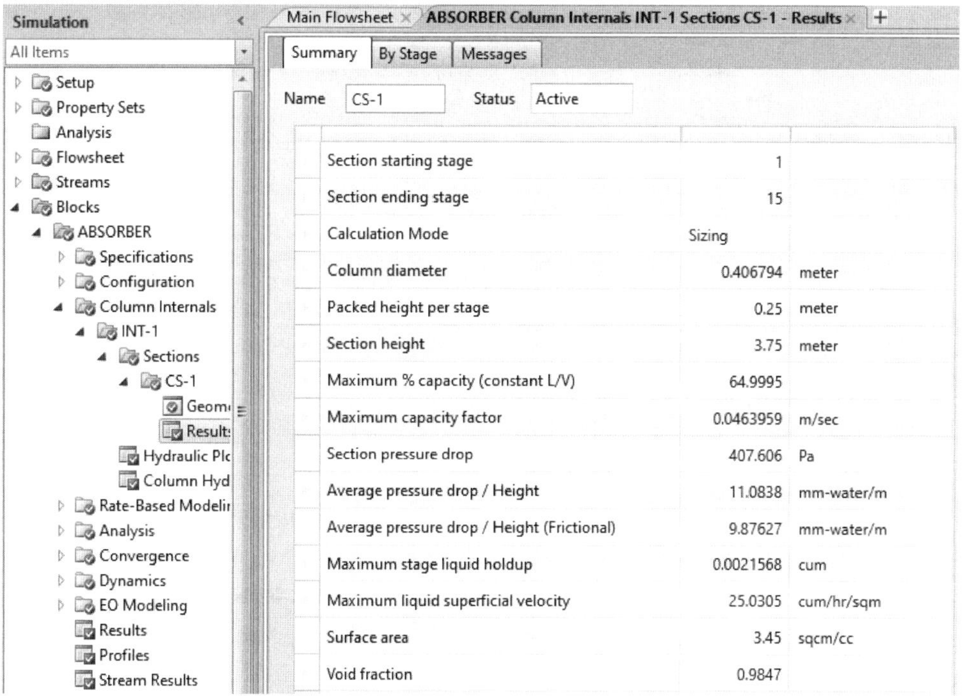

图 12-43 查看填料层的流体力学计算结果

(3) 气相动能因子。每个等板高度的气相动能因子(Fs)均介于 1 ~ 2kg$^{0.5}$/(m$^{0.5}$·s)之间,满足 MellapakPlus 452Y 填料的适宜操作范围。

Ⅲ. 塔内件核算

A 调整结构参数

点击进入 Blocks | ABSORBER | Column Internals | INT-1 | Sections 页面,将 Mode(计算模式)由 Interacive sizing(设计模式)更改为 Rating(校核模式),圆整填料层的 Diameter(塔径)为 0.4m,其余参数不变,如图 12-44 所示。

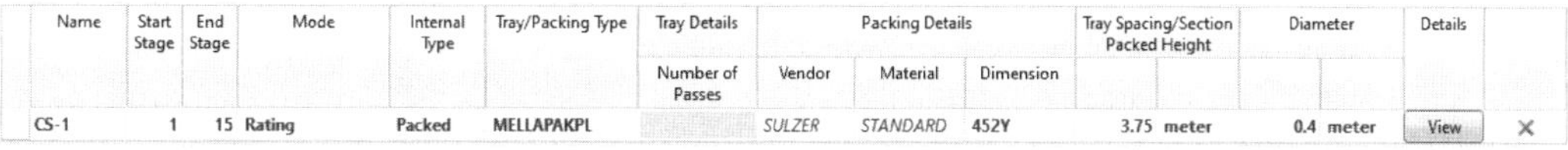

Name	Start Stage	End Stage	Mode	Internal Type	Tray/Packing Type	Tray Details: Number of Passes	Packing Details: Vendor	Packing Details: Material	Packing Details: Dimension	Tray Spacing/Section Packed Height	Diameter	Details
CS-1	1	15	Rating	Packed	MELLAPAKPL		SULZER	STANDARD	452Y	3.75 meter	0.4 meter	View

图 12-44 更改计算模式为校核模式

B 运行模拟并查看结果

点击 Run 运行模拟,流程收敛。点击进入 Blocks | ABSORBER | Column Internals | INT-1 | Sections | CS-1 | Results | Messages 页面查看校核错误和警告信息。信息显示无错误和警告。

点击进入 Blocks | ABSORBER | Column Internals | INT-1 | Sections | CS-1 | Results | By Tray 页面,可查看每个等板高度的流体力学校核结果,如图 12-45 所示。

点击进入 Blocks | ABSORBER | Column Internals | INT-1 | Sections | CS-1 | Results | Summary 页面,可查看填料层的流体力学校核结果,如图 12-46 所示。

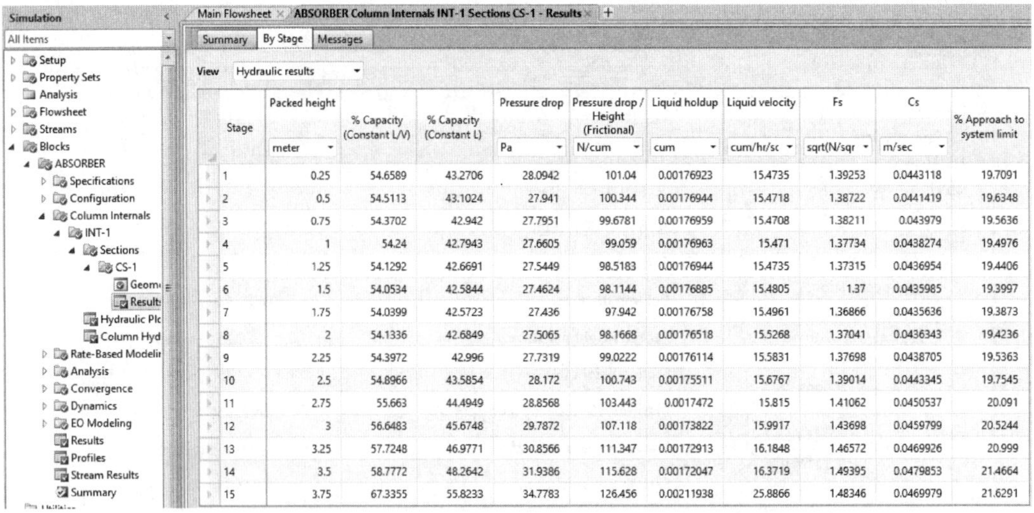

图 12-45 查看每个等板高度的流体力学校核结果

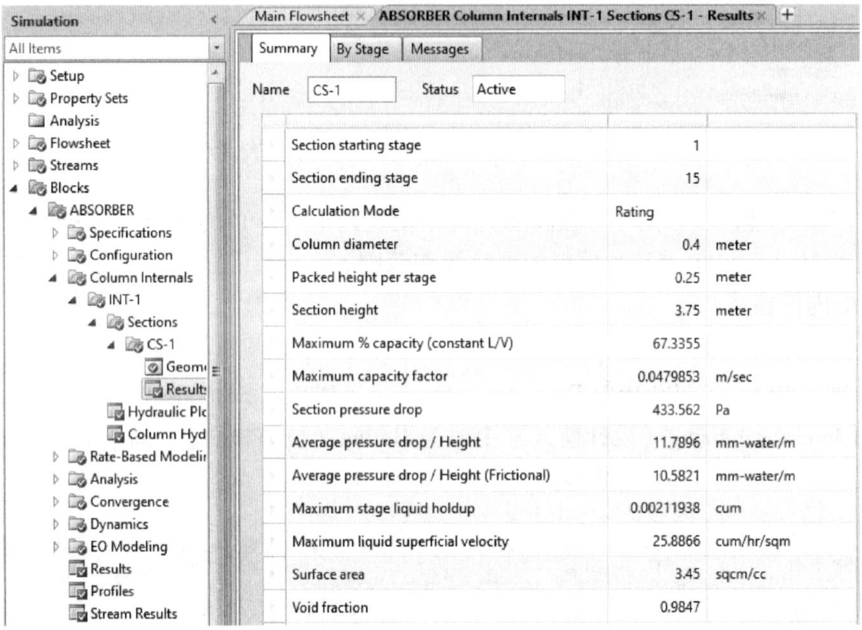

图 12-46 查看填料层的流体力学校核结果

（1）负荷率。每个等板高度的负荷率均介于 0.4 ~ 0.8 之间。

（2）填料层压降。填料层压降为 433.6Pa，小于 10kPa。

（3）气相动能因子。每个等板高度的气相动能因子均介于 1 ~ 2$kg^{0.5}/(m^{0.5} \cdot s)$之间，满足 MellapakPlus 452Y 填料的适宜操作范围。

至此，整个填料层的所有参数均已满足设计要求。

点击进入 Blocks | ABSORBER | Column Internals | INT-1 | Hydraulic Plots 页面，可查看每个等板高度的负荷性能图，如图 12-47 所示。

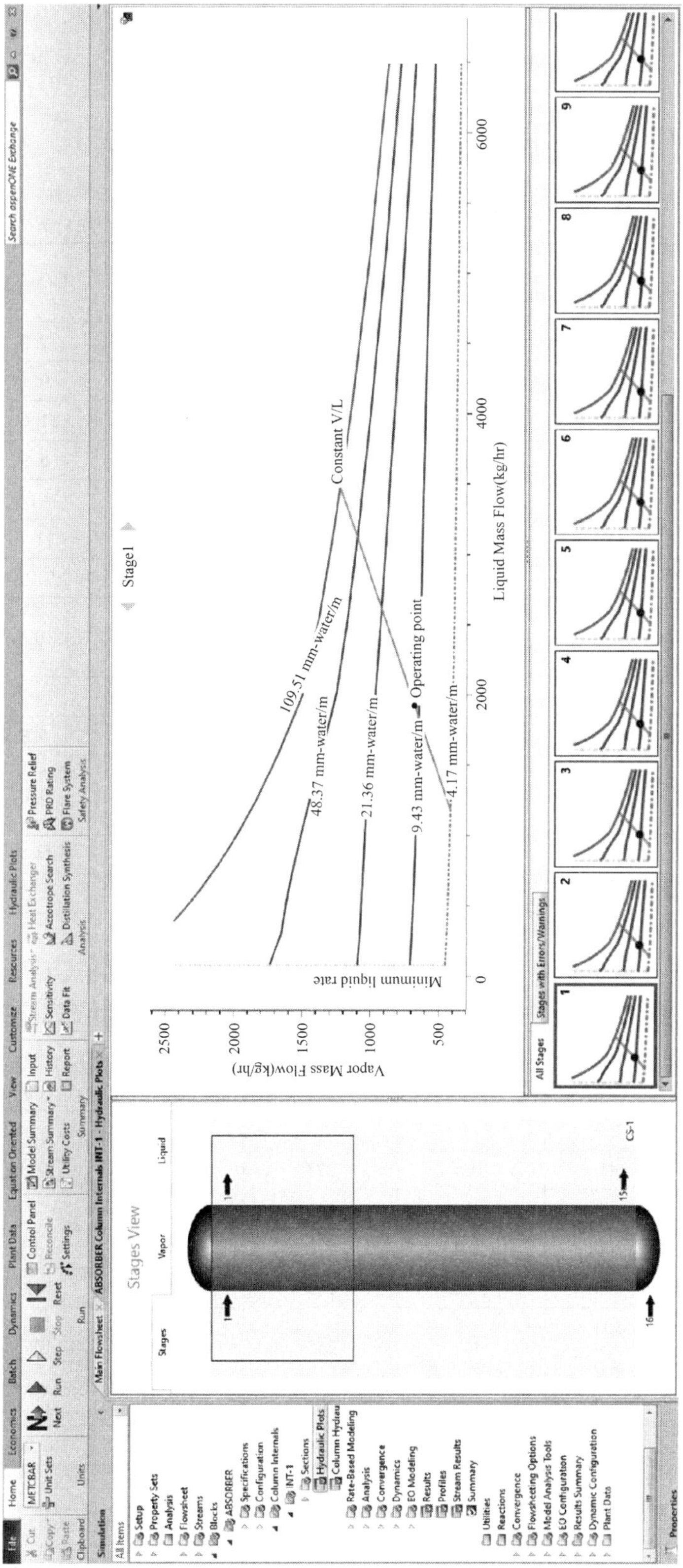

图 12-47 查看每个等板高度的负荷性能图

附　　录

附录 1　塔板结构参数系列化标准

附表 1-1　单溢流型塔板

塔径 D/mm	塔截面积 A_T/m^2	塔板间距 H_T/mm	弓形降液管		降液管面积 A_f/m^2	A_f/A_T/%	l_W/D
			堰长 l_W/mm	管宽 W_d/mm			
600①	0.2610	300	406	77	0.0188	7.2	0.677
		350	428	90	0.0238	9.1	0.714
		450	440	103	0.0289	11.02	0.734
700①	0.3590	300	466	87	0.0248	6.9	0.666
		350	500	105	0.0325	9.06	0.714
		450	525	120	0.0395	11.0	0.750
800	0.5027	350	529	100	0.0363	7.22	0.661
		450	581	125	0.0502	10.0	0.726
		500					
		600	640	160	0.0717	14.2	0.800
1000	0.7854	350	650	120	0.0534	6.8	0.650
		450	714	150	0.0770	9.8	0.714
		500					
		600	800	200	0.1120	14.2	0.800
1200	1.1310	350	794	150	0.0816	7.22	0.661
		450	876	190	0.1150	10.2	0.730
		500					
		600					
		800	960	240	0.1610	14.2	0.800
1400	1.5390	350	903	165	0.1020	6.63	0.645
		450	1029	225	0.1610	10.45	0.735
		500					
		600					
		800	1104	270	0.2065	13.4	0.790
1600	2.0110	450	1056	199	0.1450	7.21	0.660
		500	1171	255	0.2070	10.3	0.732
		600					
		800	1286	325	0.2918	14.5	0.805
1800	2.5450	450	1165	214	0.1710	6.74	0.647
		500	1312	284	0.2570	10.1	0.730
		600					
		800	1434	354	0.3540	13.9	0.797

续附表 1-1

塔径 D/mm	塔截面积 A_T/m^2	塔板间距 H_T/mm	弓形降液管②		降液管面积 A_f/m^2	A_f/A_T/%	l_W/D
			堰长 l_W/mm	管宽 W_d/mm			
2000	3.1420	450	1308	244	0.2190	7.0	0.654
		500	1456	314	0.3155	10.0	0.727
		600					
		800	1599	399	0.4457	14.2	0.799
2200	3.8010	450	1598	344	0.3800	10.0	0.726
		500	1686	394	0.4600	12.1	0.766
		600					
		800	1750	434	0.5320	14.0	0.795
2400	4.5240	450	1742	374	0.4524	10.0	0.726
		500	1830	424	0.5430	12.0	0.763
		600					
		800	1916	479	0.6430	14.2	0.798

① 标注的是整块式塔板，降液管为嵌入式，弓弧部分比塔的内径小一圈；

② 表中的 l_W 和 W_d 为实际值。

附表 1-2 双溢流型塔板

塔径 D/mm	塔截面积 A_T/m^2	塔板间距 H_T/mm	弓形降液管			降液管面积 A_f/m^2	A_f/A_T/%	l_W/D
			堰长 l_W/mm	管宽 W_d/mm	管宽 W_d'/mm			
2200	3.8010	450	1287	208	200	0.3801	10.15	0.585
		500	1368	238	200	0.4561	11.8	0.621
		600						
		800	1462	278	240	0.5398	14.7	0.665
2400	4.5230	450	1434	238	200	0.4524	10.1	0.597
		500	1486	258	240	0.5429	11.6	0.620
		600						
		800	1582	298	280	0.6424	14.2	0.660
2600	5.3090	450	1526	248	200	0.5309	9.7	0.587
		500	1606	278	240	0.6371	11.4	0.617
		600						
		800	1702	318	320	0.7539	14.0	0.655
2800	6.1580	450	1619	258	240	0.6158	9.3	0.577
		500	1752	308	280	0.7389	12.0	0.626
		600						
		800	1824	338	320	0.8744	13.75	0.652
3000	7.0690	450	1768	288	240	0.7069	9.8	0.589
		500	1896	338	280	0.8482	12.4	0.632
		600						
		800	1968	368	360	1.0037	14.0	0.655

续附表 1-2

塔径 D/mm	塔截面积 A_T/m^2	塔板间距 H_T/mm	弓形降液管			降液管面积 A_f/m^2	A_f/A_T/%	l_W/D
			堰长 l_W/mm	管宽 W_d/mm	管宽 W'_d/mm			
3200	8.0430	600	1882	306	280	0.8043	9.75	0.588
			1987	346	320	0.9651	11.65	0.620
		800	2108	396	360	1.1420	14.2	0.660
3400	9.0790	600	2002	326	280	0.9079	9.8	0.594
			2157	386	320	1.0895	12.5	0.634
		800	2252	426	400	1.2893	14.5	0.661
3600	10.1740	600	2148	356	280	1.0179	10.2	0.597
			2227	386	360	1.2215	11.5	0.620
		800	2372	446	400	1.4454	14.2	0.659
3800	11.3410	600	2242	366	320	1.1340	9.94	0.590
			2374	416	360	1.3609	11.9	0.624
		800	2516	476	440	1.6104	14.5	0.662
4200	13.8500	600	2482	406	360	1.3854	9.88	0.584
			2613	456	400	1.6625	11.7	0.622
		800	2781	526	480	1.9410	14.1	0.662

附表 1-3　小直径整块式塔板

公称直径 DN/mm	塔内径 D_i/mm	塔截面积 A_T/m^2	弓形降液管		l_W/D_i	降液管面积 A_f/cm^2	A_f/A_T/%
			堰长 l_W/mm	管宽 W_d/mm			
300	274	0.0706	164.4	21.4	0.60	20.9	2.96
			173.1	26.9	0.65	29.2	4.13
			191.8	33.2	0.70	39.7	5.62
			205.5	40.4	0.75	52.8	7.47
			219.2	48.8	0.80	69.3	9.80
350	324	0.0960	194.4	26.4	0.60	31.1	3.23
			210.6	32.9	0.65	43.0	4.47
			226.8	40.3	0.70	57.9	6.02
			243.0	48.3	0.75	76.4	7.94
			259.2	58.8	0.80	100.0	10.39
400	374	0.1253	224.4	31.4	0.60	43.4	3.45
			243.1	38.9	0.65	59.6	4.74
			261.8	47.5	0.70	79.8	6.35
			280.5	57.3	0.75	104.7	8.33
			299.2	68.8	0.80	236.3	10.85
450	424	0.1590	254.4	36.4	0.60	57.7	3.63
			275.6	44.9	0.65	78.8	4.95

续附表 1-3

公称直径 DN/mm	塔内径 D_i/mm	塔截面积 A_T/m^2	弓形降液管		l_W/D_i	降液管面积 A_f/cm^2	A_f/A_T/%
			堰长 l_W/mm	管宽 W_d/mm			
450	424	0.1590	296.6	54.6	0.70	104.7	6.58
			318.0	65.8	0.75	137.3	8.63
			339.2	78.8	0.80	178.1	11.20
500	474	0.1960	284.4	41.4	0.60	74.3	3.78
			308.1	50.9	0.65	100.6	5.12
			331.8	61.8	0.70	133.4	6.79
			355.5	74.2	0.75	174.0	8.86
			379.2	88.8	0.80	225.5	11.48
600	568	0.2820	340.8	50.8	0.60	110.7	3.92
			369.2	62.2	0.65	148.8	5.26
			397.6	75.2	0.70	196.4	6.95
			426.0	90.1	0.75	255.4	9.03
			454.4	107.6	0.80	329.7	11.66
700	668	0.3840	400.8	60.8	0.60	157.5	4.09
			434.2	74.2	0.65	210.9	5.48
			467.6	89.5	0.70	276.8	7.19
			501.0	107.0	0.75	358.9	9.39
			534.4	127.6	0.80	462.4	12.02
800	768	0.5030	460.8	70.8	0.60	212.3	4.22
			499.2	86.2	0.65	283.3	5.63
			537.6	102.8	0.70	371.2	7.38
			576.0	124.0	0.75	480.3	9.56
			614.4	147.6	0.80	517.2	12.28

注：1. 当塔径不超过500mm时，塔板间距为200mm、250mm、300mm、350mm；

2. 当塔径为600～800mm时，塔板间距为300mm、350mm、450mm。

附录2 常用散装填料特性参数

附表 2-1 金属拉西环（干装乱堆）

公称尺寸 /mm	外径×高×厚 /mm×mm×mm	填料数 /个·m^{-3}	堆积密度 /kg·m^{-3}	比表面积 /m^2·m^{-3}	空隙率 /%	干填料因子 /m^{-1}
25	25×25×0.8	55000	640	220	95.0	257
38	38×38×0.8	19000	570	150	93.0	186
50	50×50×1.0	7000	430	110	92.0	141

附表 2-2 鲍尔环（干装乱堆）

材质	公称尺寸 /mm	外径×高×厚 /mm×mm×mm	填料数 /个·m^{-3}	堆积密度 /kg·m^{-3}	比表面积 /m^2·m^{-3}	空隙率 /%	干填料因子 /m^{-1}
金属	25	25×25×0.8	55900	427	219	93.4	269
	38	38×38×0.8	13000	365	129	94.5	153
	50	50×50×1.0	6500	395	112.3	94.9	131
	76	76×76×1.2	1830	308	71.0	96.1	80
塑料	16	16.2×16.7×1.1	112000	114	188	91.1	249
	25	25.6×25.4×1.2	42900	150	174.5	90.1	239
	38	38.5×38.5×1.2	15800	98	155	89	220
	50	50×50×1.5	6100	73.7	92.1	90	127
	76	76×76×2.6	1930	70.9	73.2	92	94

附表 2-3 阶梯环（干装乱堆）

材质	公称尺寸 /mm	外径×高×厚 /mm×mm×mm	填料数 /个·m^{-3}	堆积密度 /kg·m^{-3}	比表面积 /m^2·m^{-3}	空隙率 /%	干填料因子 /m^{-1}
金属	25	25×12.5×0.6	97160	439	220	93	273.5
	38	38×19×1.0	31890	475.5	154.3	94	185.8
	50	50×25×1.0	11600	400	103.9	95	127.4
	76	76×76×1.2	3540	306	72.0	96	81
塑料	16	16×8.9×1.1	299136	135.6	370	85	602.6
	25	25×12.5×1.4	81500	97.8	228	90	312.8
	38	38×19×1.0	27200	57.5	132.5	91	175.8
	50	50×25×1.5	10740	54.8	114.2	92.7	143.1
	76	76×37×3.0	3420	68.4	90	92.9	112.3

附表 2-4 矩鞍形（乱堆）

材质	公称尺寸 /mm	外径×高×厚 /mm×mm×mm	填料数 /个·m^{-3}	堆积密度 /kg·m^{-3}	比表面积 /m^2·m^{-3}	空隙率 /%	干填料因子 /m^{-1}
陶瓷（湿装）	16	25×12×2.2	269900	686	378	71	1055
	25	40×20×3.0	58230	544	200	77.2	433
	38	60×30×4.0	19680	502	131	80.4	252
	50	75×45×5.0	8710	538	103	78.2	216
塑料（干装）	16	24×12×0.7	365100	167	461	80.6	879
	25	37×19×1.0	97860	133	288	84.7	473
	76	76×38×3.0	3700	104	200	88.5	289

附表 2-5　金属环矩鞍（干装乱堆）

公称尺寸 /mm	外径×高×厚 /mm×mm×mm	填料数 /个·m^{-3}	堆积密度 /kg·m^{-3}	比表面积 /m^2·m^{-3}	空隙率 /%	干填料因子 /m^{-1}
25	25×20×0.6	101160	119.0	185.0	96.0	209.1
38	38×30×0.8	24680	365.0	112.0	96.0	126.6
50	50×40×1.0	10400	291.0	74.9	96.0	84.7
76	76×60×1.2	3230	244.7	57.6	97.0	63.1

附录 3　常用规整填料特性参数

附表 3-1　金属丝网波纹填料

型号	波纹倾角 /(°)	比表面积 /m^2·m^{-3}	空隙率 /%	堆积密度 /kg·m^{-3}	等板高度 /mm	每级压降 /Pa	操作压力 /Pa	最大 F 因子 /$kg^{0.5}$·($m^{0.5}$·s)$^{-1}$
250	30	250	95	70～125	355～400	10～40	10^2～10^5	2.5～3.5
500	30	500	90	140～250	200	40	10^2～10^5	2.0～2.4
700	45	700	85	180～350	100	67	5×10^2～10^5	1.5～2.0

附表 3-2　金属孔板波纹填料

型号	波纹倾角 /(°)	峰高 /mm	比表面积 /m^2·m^{-3}	空隙率 /%	堆积密度 /kg·m^{-3}	理论级数 /m^{-1}	压降 /mmHg·m^{-1}	最大 F 因子 /$kg^{0.5}$·($m^{0.5}$·s)$^{-1}$
125X	30	25.4	125	96～98.5	200	0.8～0.9	1.5	3
125Y	45					1～1.2		
250X	30	12.5	250	93～97	400	1.6～2	2.25	2.6
250Y	45					2～3		
350X	30	9	350	95	280	2.3～2.8	1.5	2.0
350Y	45					3.5～4		
500X	30	6.3	500	91～93	400	2.8～3.2	2.3	1.8
500Y	45					4～4.5		
700Y	45	4.2	700	85	500	6～8	3	1.6

注：125Y、250Y 的板厚为 0.4mm，350Y、500Y 的板厚为 0.2mm。

附表 3-3　塑料孔板波纹填料

型号	波纹倾角 /(°)	比表面积 /m^2·m^{-3}	空隙率 /%	堆积密度 /kg·m^{-3}	理论级数 /m^{-1}	压降 /MPa·m^{-1}	最大 F 因子 /$kg^{0.5}$·($m^{0.5}$·s)$^{-1}$
125X	30	125	98.5	37.5	0.8～0.9	1.4×10^{-4}	3.5
125Y	45				1～2	2×10^{-4}	3
250X	30	250	97	75	1.5～2	1.8×10^{-4}	2.8
250Y	45				2～2.5	3×10^{-4}	2.6

续附表 3-3

型号	波纹倾角 /(°)	比表面积 /$m^2 \cdot m^{-3}$	空隙率 /%	堆积密度 /$kg \cdot m^{-3}$	理论级数 /m^{-1}	压降 /$MPa \cdot m^{-1}$	最大 F 因子 /$kg^{0.5} \cdot (m^{0.5} \cdot s)^{-1}$
350X	30	350	95	105	2.3～2.8	1.3×10^{-4}	2.2
350Y	45				3.5～4	3×10^{-4}	2.0
500X	30	500	93	150	2.8～3.2	1.8×10^{-4}	2.0
500Y	45				4～4.5	3×10^{-4}	1.8

附表 3-4　陶瓷孔板波纹填料

型号	波纹倾角 /(°)	比表面积 /$m^2 \cdot m^{-3}$	空隙率 /%	堆积密度 /$kg \cdot m^{-3}$	水力直径 /mm	理论级数 /m^{-1}	压降 /$mmHg \cdot m^{-1}$	液体负荷 /$m^3 \cdot m^{-3}$	最大 F 因子 /$kg^{0.5} \cdot (m^{0.5} \cdot s)^{-1}$
100X	30	103	90	280	30	1	1.2	0.2～100	3.5
125Y	45	125	88	360	28	1.7	1.5	0.2～100	3
125X	30	125	86	370	28	1.5	1.5	0.2～100	3.2
160Y	45	160	85	370	15	2	2	0.2～100	2.8
160X	30	160	85	350	15	1.8	1.8	0.2～100	3.0
250Y	45	250	82	420	12	2.5～2.8	2.2	0.2～100	2.6
250X	30	250	82	400	12	2.3～2.7	2	0.2～100	2.8
300Y	45	300	81	450	11	3.25～3.5	2.5	0.2～100	2.25～2.3
350Y	45	350	80	470	10	3～4	2.5	0.2～100	2.6
400Y	45	400	79	480	8	2.8～3.2	3.5	0.2～100	2.0
400X	30	400	79	480	8	2.8	3	0.2～100	2.2
450Y	45	450	76	550	7	4	4.5	0.2～100	1.8
450X	30	450	76	550	7	3～4	4.4	0.2～100	2.0
470Y	45	470	75	560	6	5	4.5	0.2～100	1.9
500Y	45	500	73.5	600	7.5	7	4.6	0.2～100	2.1
700Y	45	700	72	650	5	5	4.8	0.2～100	2.3

附表 3-5　金属延压刺孔板波纹填料

型号	波纹倾角 /(°)	比表面积 /$m^2 \cdot m^{-3}$	空隙率 /%	堆积密度 /$kg \cdot m^{-3}$	理论级数 /m^{-1}	每级压降 /Pa
125Y	45	125	98	100	1～1.2	200
200Y	45	200	98	120～150	1.2～2	260
250Y	45	250	97	180～200	2～2.5	300
350Y	45	350	94	280	3.5～4	350
500Y	45	500	92	360	4～4.5	400
700Y	45	700	85	450	4.5～5	450
125X	30	125	98	100	0.8～0.9	140
250X	30	250	97	200	1.6～2	180
350X	30	350	94	280	2.3～2.8	230
500X	30	500	92	360	2.8～3.2	280

参 考 文 献

[1] 陈敏恒，丛德滋，方图南，等. 化工原理(下册) [M]. 4 版. 北京：化学工业出版社，2015.
[2] 柴诚敬，贾绍义. 化工原理(下册) [M]. 3 版. 北京：高等教育出版社，2017.
[3] 田维亮. 化工原理课程设计 [M]. 北京：化学工业出版社，2019.
[4] 张文林，李春利. 化工原理课程设计 [M]. 北京：化学工业出版社，2018.
[5] 王要令. 化工原理课程设计 [M]. 北京：化学工业出版社，2016.
[6] 付家新. 化工原理课程设计 [M]. 2 版. 北京：化学工业出版社，2016.
[7] 王卫东，庄志军. 化工原理课程设计 [M]. 2 版. 北京：化学工业出版社，2015.
[8] 王瑶，张晓冬. 化工单元过程及设备课程设计 [M]. 3 版. 北京：化学工业出版社，2013.
[9] 朱开宪. 塔设备结构与维护 [M]. 北京：化学工业出版社，2002.
[10] 王子宗. 石油化工设计手册(第 3 卷)：化工单元过程(下) [M]. 2 版. 北京：化学工业出版社，2015.
[11] 中石化上海工程有限公司. 化工工艺设计手册 [M]. 5 版. 北京：化学工业出版社，2018.
[12] 梁志武，陈声宗. 化工设计 [M]. 4 版. 北京：化学工业出版社，2015.
[13] 陈砺王，红林，严宗诚. 化工设计 [M]. 北京：化学工业出版社，2017.
[14] 邢晓林，郭宏伟. 化工设备 [M]. 2 版. 北京：化学工业出版社，2019.
[15] 王绍良. 化工设备基础 [M]. 3 版. 北京：化学工业出版社，2019.
[16] 董俊华，高炳军. 化工设备机械基础 [M]. 5 版. 北京：化学工业出版社，2019.
[17] 孙兰义. 化工过程模拟实训——Aspen Plus 教程 [M]. 2 版. 北京：化学工业出版社，2017.